ワイヤレス給電技術の最前線
Frontiers of Wireless Power Transmission Technologies
《普及版／Popular Edition》

監修 篠原真毅

シーエムシー出版

はじめに

「どんな線をも使わずに施設から施設へ電力を送る」

この夢は 2012 年の今語られたものではない。1897 年にアメリカバッファローで講演した Nikola Tesla が語った夢である。実際彼はこの夢を実現するために巨大な実験設備を作り，実証実験を行い，そして失敗した。Tesla は早すぎた天才であった。Edison と交流/直流送電方式で一度は Edison の直流方式に敗北しそうになったものの最終的に Tesla の交流送電は世界のスタンダードとなり，同時に Tesla は Marconi と無線通信の特許をめぐって争っていた。Tesla は電気と電磁気現象と電波がすべて同じエネルギーであるということを 100 年以上前に見抜いていたのである。

Tesla の夢と挫折から 100 年余りが過ぎ，「どんな線も使わずに電力を送る」システムが 21 世紀に暮らす私達の身の回りに現れ始めた。電池を使わずに情報をやり取りする IC カード「Felica」や「RF-ID」，電磁誘導の Qi 規格に準拠した携帯電話非接触充電器，電界共鳴を用いたタブレット端末の非接触充電器，電気自動車の非接触充電システム，周辺電磁波からエネルギーを収穫（ハーベスト）するレクテナ（電磁波エネルギーハーベスター・アンテナ）等，Tesla は今頃ほくそ笑んでいるにちがいない。「やはり私は正しかった」と。

これらのワイヤレス給電の技術は Tesla からいきなり 100 年後の今にジャンプしたわけではない。電磁気学と電波工学の発展による電磁気・電磁波現象の応用の発展，通信技術の飛躍的な進歩による電波利用の爆発的な拡大，60 年代以降行われた数々のマイクロ波無線電力伝送実験とそれを利用した宇宙太陽発電所 SPS の提唱と研究，通信技術が発展させた共振結合を利用した共振器フィルターの技術，IC や LED という半導体・ディジタルデバイスの発展によるユーザー消費電力の低下，ナノテクの発展により発展した MEMS (Micro Electro Mechanical Systems) の実現とエネルギーハーベスティングの概念の深化，等先人達の積み重ねの上に，Tesla の夢が 21 世紀に花開いたのである。今後は情報とエネルギーが融合したコードレスシステムがより一層普及し，宇宙に浮かぶ発電所からマイクロ波エネルギーで地上に電力が送られてくる，そんな未来となることであろう。

この本はそのような未来に向け，過去と現在の研究を網羅したものである。第 1 章では「ワイヤレス給電技術の基礎」として，これまでのワイヤレス給電の概要を述べた後に，エネルギーの伝播と変換に関する基礎理論と基本となる技術について解説する。同時にワイヤレス給電システムを開発する際に必ず問われる電磁界の安全性に関して低周波から高周波まで解説する。そしてエネルギーハーベスティングまで含めたワイヤレス給電の標準化動向の今についてまとめている。第 2 章では主に電磁波，特にマイクロ波を用いたワイヤレス給電の応用例についてまとめている。電磁波エネルギーハーベスティングも本章に含まれている。第 3 章では電磁気や共振現象を用い

たカップリング現象を利用したワイヤレス給電の応用例をまとめている．諸般の事情で最新技術や標準化動向のすべてを網羅できたわけではないが，すべてはマックスウェル方程式へ戻るワイヤレス給電の基礎から応用までを本書はまとめており，これからワイヤレス給電の研究や開発を行う読者に最適な解説書であると自負している．本書がTeslaと共に夢を見たい関係諸氏の一助となれば幸いである．最後になるが，多くの第一線の研究開発でご活躍される研究者，技術者の方々より玉稿をいただいたことに心よりお礼申し上げたい．

京都大学
篠原真毅

普及版の刊行にあたって

　本書は2011年に『ワイヤレス給電技術の最前線』として刊行されました。普及版の刊行にあたり，内容は当時のままであり加筆・訂正などの手は加えておりませんので，ご了承ください。

2016年9月

シーエムシー出版　編集部

執筆者一覧

篠原　真毅	京都大学　生存圏研究所　教授	
篠田　裕之	東京大学　情報理工学系研究科　システム情報学専攻　准教授	
小紫　公也	東京大学大学院　新領域創成科学研究科　先端エネルギー工学専攻　教授	
粟井　郁雄	㈱リューテック　代表取締役	
陳　　強	東北大学　大学院工学研究科　電気・通信工学専攻　准教授	
大野　泰夫	徳島大学　ソシオテクノサイエンス研究部　教授	
本城　和彦	電気通信大学　情報理工学研究科　情報・通信工学専攻　教授	
川﨑　繁男	宇宙航空研究開発機構　宇宙科学研究所　教授	
三谷　友彦	京都大学　生存圏研究所　助教	
藤森　和博	岡山大学　大学院自然科学研究科　助教	
宮越　順二	京都大学　生存圏研究所　特定教授	
黒田　直祐	㈱フィリップス エレクトロニクス ジャパン　知的財産・システム標準本部　システム標準部　部長	
橋本　弘藏	㈶古代學協會　事務担当理事；京都大学名誉教授	
竹内　敬治	㈱NTTデータ経営研究所　社会・環境戦略コンサルティング本部　シニアスペシャリスト	
阪口　　啓	東京工業大学　大学院理工学研究科　電気電子工学専攻　准教授	
古川　　実	日本電業工作㈱　事業開発部　第1R・Dグループ　グループ長	
安間　健一	三菱重工業㈱　航空宇宙事業本部　宇宙事業部　宇宙システム技術部　電子装備設計課	
丹羽　直幹	鹿島建設㈱　技術研究所　上席研究員	
藤野　義之	情報通信研究機構　宇宙通信システム研究室　主任研究員	
佐々木　進	宇宙航空研究開発機構　宇宙科学研究所　教授	
髙橋　俊輔	早稲田大学　環境総合研究センター　参与	
居村　岳広	東京大学大学院　新領域創成科学研究科　先端エネルギー工学専攻　助教	
市川　敬一	㈱村田製作所　技術・事業開発本部　新規事業推進統括部	
原川　健一	㈱竹中工務店　技術研究所　主任研究員	
竹野　和彦	㈱NTTドコモ　先進技術研究所　環境技術研究グループ	
北　　真登	ソニー㈱　半導体事業本部　研究開発部門　先端信号処理研究2部　1課	
佐藤　文博	東北大学　大学院工学研究科　電気・通信工学専攻　准教授	
松木　英敏	東北大学　大学院医工学研究科　医工学専攻　教授	

執筆者の所属表記は，2011年当時のものを使用しております．

目　　次

第1章　ワイヤレス給電技術の基礎

1　ワイヤレス給電技術の概要　篠原真毅…1

2　ワイヤレス給電の伝播技術……………4
  2.1　アンテナと電波伝搬　篠原真毅……4
    2.1.1　電磁波の伝播 ……………………4
    2.1.2　開口アンテナ近似を用いたビーム収集効率の計算 ……………5
    2.1.3　アンテナと効率 ………………11

  2.2　伝送シートを用いたワイヤレス給電
　　　　　　　　　　　　篠田裕之…16
    2.2.1　はじめに ………………………16
    2.2.2　伝送シートによる選択的給電と使用する周波数 ……………16
    2.2.3　伝送シートの特性を記述するパラメータ ……………………18
    2.2.4　伝送シート周囲の電磁場 ………19
    2.2.5　金属共振体との相互作用 ………21
    2.2.6　保護層の導入 …………………23
    2.2.7　電磁場閉じ込め構造による選択給電 …………………………25
    2.2.8　給電の選択制とEMC …………27
    2.2.9　おわりに ………………………28

  2.3　共振器を用いたワイヤレス給電技術
　　　―電磁誘導理論より―　小紫公也…29
    2.3.1　長ギャップを有する電磁誘導と漏れインダクタンス ……………29
    2.3.2　電力伝送効率と指標関数 kQ …31
    2.3.3　高 Q 値コイルを用いたワイヤレス給電 ……………………32
    2.3.4　共振周波数の双峰性とインピーダンス整合 …………………33
    2.3.5　高 Q 値コイル …………………34
    2.3.6　交流周波数の選択 ……………36

  2.4　共振器を用いたワイヤレス給電技術
　　　―フィルター理論より―
　　　　　　　　　　　　粟井郁雄…37
    2.4.1　はじめに ………………………37
    2.4.2　0Ω電源に対するBPF理論……38
    2.4.3　WPT回路に対する条件 ………42
    2.4.4　設計例 …………………………43
    2.4.5　他の設計法との比較 …………45
    2.4.6　システムとしての伝送効率
　　　　　　―むすびに代えて……………47

  2.5　共振器を用いたワイヤレス給電技術
　　　―アンテナの視点より―　陳　強…51
    2.5.1　はじめに ………………………51
    2.5.2　無線電力伝送効率の最大化条件 …………………………51
    2.5.3　インピーダンス整合と電力伝送効率 …………………………52

- 2.5.4 アンテナの導体損失と電力伝送効率 …………………………… 55
- 2.5.5 整合回路の損失と電力伝送効率 ……………………………………… 56
- 2.5.6 おわりに ……………………… 57

3 ワイヤレス給電の変換技術
   ―発生と整流― ……………………… 59
- 3.1 GaN 半導体　大野泰夫 ……… 59
  - 3.1.1 はじめに ……………………… 59
  - 3.1.2 窒化ガリウム ………………… 59
  - 3.1.3 トランジスタ構造 …………… 60
  - 3.1.4 電流コラプス ………………… 62
  - 3.1.5 高耐圧化 ……………………… 63
  - 3.1.6 整流用ダイオード …………… 63
  - 3.1.7 成長基板の選択 ……………… 64
  - 3.1.8 まとめ ………………………… 65

- 3.2 半導体マイクロ波増幅回路
        本城和彦 … 66
  - 3.2.1 高電力効率化を実現する概念 … 66
  - 3.2.2 F級・逆F級増幅器を実現するための回路理論 ………………… 68
  - 3.2.3 寄生素子を含むトランジスタに対するF級・逆F級回路設計理論 ………………… 70
  - 3.2.4 マイクロ波F級の設計試作例 … 72

- 3.3 アクティブ集積アレーアンテナ
        川崎繁男 … 76
  - 3.3.1 概要 …………………………… 76
  - 3.3.2 集積アンテナ ………………… 77
  - 3.3.3 要素技術 ……………………… 78
  - 3.3.4 アレーアンテナ ……………… 80
  - 3.3.5 まとめ ………………………… 83

- 3.4 位相制御マグネトロン　三谷友彦 … 85
  - 3.4.1 はじめに ……………………… 85
  - 3.4.2 マグネトロンの発振スペクトル …………………………… 86
  - 3.4.3 位相制御マグネトロン ……… 87
  - 3.4.4 振幅制御機能を有する位相制御マグネトロン ………………… 90
  - 3.4.5 位相制御マグネトロンを用いたフェーズドアレー …………… 92
  - 3.4.6 おわりに ……………………… 92

- 3.5 レクテナ整流回路理論　藤森和博 ……………………………………… 95
  - 3.5.1 レクテナとは ………………… 95
  - 3.5.2 レクテナの構成 ……………… 95
  - 3.5.3 高周波整流回路の基本動作 … 97
  - 3.5.4 様々なタイプのレクテナ …… 100
  - 3.5.5 レクテナアレー ……………… 103
  - 3.5.6 レクテナ開発の今後の展望 … 105

4 電磁界電磁波防護指針と生体影響
       宮越順二 … 107
- 4.1 電磁波の生体影響 ……………… 107
  - 4.1.1 はじめに ……………………… 107
  - 4.1.2 電磁波による健康問題の歴史的背景 ……………………………… 107
  - 4.1.3 電磁波影響の評価研究 ……… 108
  - 4.1.4 国際がん研究機関（IARC）や世界保健機関（WHO）の評価と動向 ……………………………… 112
  - 4.1.5 電気的（電磁）過敏症 ……… 115
  - 4.1.6 電磁波生体影響とリスクコミュニケーション ………………… 116
  - 4.1.7 おわりに ……………………… 116

5 標準化動向……………………119
  5.1 ワイヤレスパワーコンソーシアムの活動（Qi 規格） 黒田直祐 ………119
    5.1.1 はじめに ………………………119
    5.1.2 WPCの標準化活動……………119
    5.1.3 ワイヤレスパワーコンソーシアム（WPC）について ………120
    5.1.4 Volume-1 規格の概要………122
    5.1.5 WPC規格充電システムの概要 ……………………………123
    5.1.6 電力の制御と通信………………125
    5.1.7 「規格書Part-2」パフォーマンスに関する要求……………128
    5.1.8 「規格書Part-3」規格適合認定試験について……………128
    5.1.9 規格適合認定試験のプロセスとライセンス製品の販売………128
    5.1.10 おわりに ……………………128
  5.2 ITU での無線電力伝送の議論状況 橋本弘藏…130
    5.2.1 はじめに ………………………130
    5.2.2 国際電気通信連合（ITU）……130
    5.2.3 ITU における無線電力伝送に関する議論の概略……………130
    5.2.4 これまでの干渉解析の概要……134
    5.2.5 むすび ………………………135
  5.3 エネルギーハーベスティングコンソーシアムの活動 竹内敬治…138
    5.3.1 はじめに ………………………138
    5.3.2 エネルギーハーベスティングとは ……………………………138
    5.3.3 ワイヤレス給電技術とエネルギーハーベスティング技術との関係 ……………………………140
    5.3.4 エネルギーハーベスティングの標準化動向……………………142
    5.3.5 エネルギーハーベスティングコンソーシアムの活動……………144

第2章　応用技術—電磁波利用—

1 ワイヤレス給電の歴史 篠原真毅……147
  1.1 1960-70 年代…………………147
  1.2 1980-90 年代…………………150
  1.3 2000 年代以降…………………152
  1.4 まとめ…………………………154

2 センサーネットワークへの給電 阪口 啓…158
  2.1 はじめに………………………158
  2.2 ワイヤレスグリッド……………159
  2.3 950MHz 帯周波数スペクトル……159
  2.4 センサーノードのハードウェア構成 ……………………………160
  2.5 面的なワイヤレス給電の設計項目 ……………………………161
  2.6 ワイヤレス給電の回線設計………161
  2.7 ワイヤレス給電のカバレッジ拡大技術……………………………161
  2.8 ワイヤレス給電の特性評価………164

3 電磁波エネルギーハーベスティング
　　　　　　　　　　　古川　実…167
　3.1 エネルギーハーベスティングの概要
　　　　　　　　　　　　……………167
　3.2 受電可能な電磁波エネルギー量…167
　　3.2.1 空間中の電磁波エネルギー…167
　　3.2.2 受電電力の予測……………167
　3.3 電磁波エネルギーハーベスティングの
　　　原理………………………………169
　　3.3.1 ハーベスティングデバイス…169
　　3.3.2 高出力化手法………………169
　3.4 製品例……………………………170
　　3.4.1 無線LAN波収穫用レクテナ（日
　　　　本電業工作㈱）………………170
　　3.4.2 地上デジタル放送波収穫用（日本
　　　　電業工作㈱）…………………171
　3.5 まとめ……………………………171

4 電気自動車無線給電システム
　　　　　　　　　　　安間健一…173
　4.1 開発背景，目的について…………173
　4.2 無線充電システム原理……………173
　4.3 本システムの設備概要……………175
　4.4 本システムの特長・利点…………177
　4.5 現在の開発状況……………………178
　4.6 課題と今後の展望…………………179

5 建築構造物を用いたマイクロ波無線ユビ
　キタス電源　丹羽直幹………………181
　5.1 はじめに……………………………181
　5.2 システム概要………………………181
　5.3 要素技術……………………………183
　5.4 実大空間試作・評価………………189
　5.5 おわりに……………………………191

6 飛翔体への無線給電システム
　　　　　　　　　　　藤野義之…194
　6.1 飛翔体への無線給電の歴史および概論
　　　　………………………………194
　6.2 マイクロ波送電小形模型飛行機実験
　　　（MILAX実験）………………195
　6.3 無人飛行船のマイクロ波駆動実験
　　　（ETHER実験）………………197
　6.4 まとめ……………………………199

7 配管中移動ロボットへの無線給電システム
　　　　　　　　　　　篠原真毅…201

8 宇宙太陽光発電システム
　　　　　　　　　　　佐々木　進…205
　8.1 はじめに……………………………205
　8.2 宇宙太陽光発電システムの仕組み
　　　　………………………………205
　8.3 宇宙太陽光発電システムの研究の歴史
　　　　………………………………206
　8.4 宇宙太陽光発電システムに必要な技術
　　　と課題……………………………207
　8.5 宇宙太陽光発電システムの研究の現状
　　　　………………………………207
　8.6 宇宙太陽光発電システム実現への展望
　　　　………………………………208
　8.7 おわりに……………………………210

第3章　応用技術―カップリング利用―

1　電気自動車用ワイヤレス給電システム
　　（電磁誘導）　高橋俊輔……………211
　1.1　はじめに………………………211
　1.2　電磁誘導方式の原理 …………211
　1.3　電磁誘導方式の開発 …………212
　1.4　電動バスによる実証走行試験……216
　1.5　おわりに………………………217

2　電磁共鳴を用いた電気自動車向け非接触
　　充電システムの開発　居村岳広……218
　2.1　はじめに………………………218
　2.2　磁界共鳴と電気自動車へのワイヤレ
　　　ス充電の適応………………………218
　2.3　MHz から kHz へ ………………223
　2.4　素早いインピーダンスマッチング 225
　2.5　まとめ…………………………228

3　非対称結合構造を用いた電界結合型ワイ
　　ヤレス給電システム　市川敬一………230
　3.1　はじめに………………………230
　3.2　基本構造と電力伝送システムの構成
　　　………………………………………230
　　3.2.1　基本構造……………………230
　　3.2.2　電力伝送システムの構成……231
　3.3　等価回路………………………231
　　3.3.1　電界結合部の等価回路………231
　　3.3.2　電力伝送システムの等価回路
　　　　………………………………………233
　3.4　応用例…………………………235
　　3.4.1　給電システムの構成…………235
　　3.4.2　給電システムの組込み試作例
　　　　………………………………………236
　3.5　おわりに………………………237

4　ワイヤレス電力伝送技術を統合した直流
　　給電システム　原川健一……………239
　4.1　はじめに………………………239
　4.2　理想の姿を考える ……………239
　4.3　電力・通信統合層 ……………240
　　4.3.1　直流送電……………………240
　　4.3.2　通信機能……………………243
　4.4　ワイヤレス電力伝送 …………243
　　4.4.1　直列共振電力伝送方式………244
　　4.4.2　並列共振電力伝送方式………246
　　4.4.3　フリーポジション電力供給技術
　　　　………………………………………246
　　4.4.4　通信機能……………………247
　　4.4.5　安全性………………………247
　4.5　適用イメージ …………………247
　4.6　まとめ…………………………248

5　携帯電話用ワイヤレス充電器の試作概要と
　　エネルギー効率評価　竹野和彦………251
　5.1　はじめに………………………251
　5.2　ワイヤレス充電器の概要 ……252
　5.3　位置と効率の関係 ……………255
　5.4　充電場所と効率の関係 ………256
　5.5　充電時の放射雑音 ……………257
　5.6　環境（省エネルギー）分析 …258
　5.7　まとめ…………………………259

6　非接触 IC カード技術「FeliCa」での電力
　　／信号伝送　北　真登……………261
　6.1　FeliCa の概要 …………………261
　　6.1.1　FeliCa とは …………………261
　　6.1.2　導入事例……………………261
　6.2　FeliCa の技術 …………………261

- 6.2.1 FeliCa の仕組み……………261
- 6.2.2 ハードウェア構成とその課題 ……………………………263
- 6.2.3 ソフトウェア処理によるメモリ保護 ……………………………267

7 医療用給電システム
　　　　　　佐藤文博, 松木英敏…269
- 7.1 はじめに……………………269
- 7.2 人工臓器へのワイヤレス・エネルギー伝送技術……………………269
- 7.3 治療機器へのワイヤレス・エネルギー伝送技術……………………272
- 7.4 計測機器へのワイヤレス・エネルギー伝送技術（ワイヤレス通信）………274

第1章　ワイヤレス給電技術の基礎

1　ワイヤレス給電技術の概要

篠原真毅[*]

　エネルギーとは物体が仕事をする能力のことであり，仕事とは，物体に力が加わりその物体が加えられた力の方向に移動した場合にその力と移動距離をかけあわせた量のことである。この「仕事をする能力」であるエネルギーの種類として位置エネルギーと運動エネルギーがあり，そして熱エネルギーがあり，振動エネルギーがあり，光エネルギーがあり，電気エネルギー等がある。現代においてはこの電気エネルギーが最も利便性と汎用性が高く，私たちの文明の基盤となっている。この電気エネルギーは元々かみなりの観察から始まり，「電気とは？」という学問の進展と共にライデン管やボルタ電池が発明され，我々は電気エネルギーの理解と利用が一気に発展した。ライデンびん（1745年発明）やヴォルタ電池（1799年発明）は電気と電磁波の科学を一気に進展させたが，発電量は非常に小さく，電気エネルギーに仕事をさせ文明を発展させるまでには至らなかった。人類の文明を一気に発展させたのは発電所の建設による大規模電気エネルギーの発生とともに，送電技術の発明・発展による電気エネルギーの集中発生と分配システムである。つまり，我々の文明を発展させた電気エネルギーは送電技術の革命があってこそ始めて有効活用できるようになったということである。

　これまでの送電技術は有線による送電がすべてであった。20世紀初頭の交流送電対直流送電の議論を経た現在の交流送電システム網の完成，発電所の大型化を可能とした送電電圧の上昇（115kV, 500kV, 1MV…）による送電損失の低減，超伝導送電の研究と試用等，有線送電の進化と共に電気エネルギーの利便性も向上してきた。さらに発電所と送電線の関係にユーザー側も加えてネットワーク化して情報技術と組み合わせ，「賢い送電網」として不安定な自然エネルギーを用いた発電所（太陽光，風力等）の利用を可能にしようという「スマートグリッド」という送電技術も導入に向けた研究が急速に発展している。スマートグリッドは発電・送電・消費に加え，「蓄電」というヴォルタ電池の発展系である電池技術も加えてネットワーク化されている。そして現在最も注目されている電気エネルギーの送電・配電技術が「無線電力伝送」もしくは「非接触給電」と呼ばれる技術である。ライデン管やボルタ電池が発展させた電磁波理論と技術を使い，コードレスで電気エネルギーを送電，給電しようというものである。

　電波や電磁界の現象はすべて電界ベクトル$\vec{E}$と磁界ベクトル$\vec{H}$の時空間発展として以下のマックスウェル方程式ですべて表すことができる。

---

[*]　Naoki Shinohara　京都大学　生存圏研究所　教授

ワイヤレス給電技術の最前線

$$\nabla \times \vec{H} = \vec{J} + \frac{\partial \vec{D}}{\partial t}$$

$$\nabla \times \vec{E} = -\frac{\partial \vec{B}}{\partial t}$$

$$\nabla \cdot \vec{D} = \rho$$

$$\nabla \cdot \vec{B} = 0$$

ただし $\vec{H}$：磁束 [A/m], $\vec{E}$：電界 [V/m], $\vec{B} = \mu\vec{H}$：磁束密度 [T], $\vec{D} = \varepsilon\vec{E}$：電束密度 [C/m²], $\vec{J} = \sigma\vec{E}$：電流密度 [A/m²], μ：透磁率 [H/m], ε：誘電率 [F/m], σ：導電率 [1/Ω・m], ρ：電荷密度 [C/m³] である。媒体（物質）によって決まる誘電率，透磁率，導電率，及び異なる媒体（物質）によって決まる境界条件（各領域でマックスウェル方程式が満たされ，かつ境界面で連続でなければならない）によって電界磁界の分布が決まっていく。すべての変数は複素数である。電磁波は $\vec{E}$ と $\vec{B}$ が直交して時空間変動して伝達していくものであり，その電力のポインティングベクトル（エネルギーの流れの面密度を示すベクトル）$\vec{S}$ は

$$\vec{S} = \vec{E} \times \vec{B} \ [W/m^2]$$

と表される。つまり，電磁波はその存在自体がエネルギーであり，電磁波の伝搬はエネルギー伝送である，ということである。そして電磁波は何もない空間を伝搬可能であるため，エネルギーを無線で伝送できる，ということになる。

　これまでの電気は直流もしくは数十Hzという非常に低周波であったために導体中しか伝搬できなかったため，有線送電しか出来なかった。周波数を kHz（=10³Hz），MHz（=10⁶Hz）と高くすると同じ電気でも電磁界現象として発現しはじめ，電磁波として取り扱いが出来るようになる。発見の順は逆ではあるが，電気を記述するオームの法則も，電磁気を取り扱うアンペールの法則やファラデーの法則も，すべてはマックスウェル方程式という電磁波現象をすべて記述する基礎方程式の近似として考えればよい。現在盛んに研究されている無線電力伝送もしくは非接触給電には，電磁誘導を用いたもの，共鳴（共振）現象を用いたもの，電磁波特にマイクロ波を用いたもの，と大きく3つの方式が存在する。詳細説明は次節以降に譲るが，周波数が非常に低いと電磁気現象としてよりもオームの法則として取り扱う方がよい電気となり，有線送電となる。少し周波数が高くなると，アンペールの法則やファラデーの法則で記述される電磁気現象が発現し，磁場や電場を介したエネルギー輸送が可能となり，これが一般に電磁誘導による無線電力伝送と呼ばれる。さらに周波数が高くなるとアンテナという共振器を介して空間に電磁波として放射/受電されるようになり，近似のないマックスウェル方程式で記述される電磁波としてのエネルギー輸送＝無線電力伝送となる。共鳴（共振）現象は，アンテナと同じ共振器を用いてエネルギーの授受を行うものであるが，複数の共振器間のカップリング現象によりエネルギーが輸送されるのであるが，こちらは何もしないと共振器内にエネルギーが留まるという点が異なっている。アンテナも共振現象を利用しているため，アンテナと共振器は本質的に同じものであるといえる

第1章　ワイヤレス給電技術の基礎

が，アンテナの「共振」は導体の物理的な長さを利用するため，ある程度周波数が高くないと空間にエネルギーを放射するものが作りにくいのに対し，共振器はコイルとキャパシタという集中素子で実現できるために共鳴（共振）送電ではある程度周波数が低くても実現できるという違いがある。

電気も電磁気も電磁波も突き詰めれば同じマックスウェル方程式で記述される同じ現象であるため，電磁波エネルギーは電気エネルギーと同等と考えてよいが，異なる点が1つ存在する。周波数である。エネルギーとして空間を伝搬させるためにはある程度高い周波数が必要とされるが，電気の場合は直流もしくは非常に低周波（50,60Hz）で利用される。電子レンジと電熱器を考えればわかりやすい。電子レンジは2.45GHz（＝2.45×10^9Hz）を，電熱器は50または60Hzを用いて，共に熱エネルギーを利用する装置である。ともに「熱」というエネルギー形態では同等であるが，2.45GHzの電磁波を利用しての「熱」では電気製品を使うことは出来ない。つまり，空間を伝搬可能な電磁波はエネルギーそのものであるが，私たちが電気として利用するためには低周波への「周波数変換」が必要なのである。周波数変換には直流への変換，つまり整流も含まれる。マイクロ波というGHzオーダーの電磁波を用いた無線電力伝送では，この整流変換器とアンテナを組み合わせた素子を古くからレクテナ（Rectenna＝Rectifying antenna）と呼ぶ。電磁波のうち，マイクロ波と呼ばれる周波数1～10GHz程度，波長30～3cm程度の電磁波を用いた無線電力伝送がマイクロ波無線電力伝送もしくはマイクロ波送電と呼ばれるのである。

通信や放送も電磁波を用いているため，無線電力伝送を行っているともいえる。放送局や通信基地局で電気を用いて放送波や通信波を発生させ，ユーザーにその電磁波エネルギーを届けているのである。しかし，通信や放送では受取った電磁波エネルギーをそのまま利用する。放送波や通信波に乗った（変調された）情報を取り出し，雑音に埋もれないようにユーザーがさらに電気を使って情報を増幅して利用している。「ユーザーがさらに電気を使って」いる点が通信や放送は電力が電磁波に乗って届いている実感を与えないだけである。逆に，放送波や通信波であってもこれを周波数変換または整流し，電力として利用することも可能である。これは電磁波を用いたEnergy Harvestingと呼ばれる。Energy Harvestingは私たちの周辺に微弱に分散して存在する様々なエネルギーをあたかも果実を収穫するがごとく利用しようという技術であり，電磁波だけでなく，振動や熱，光エネルギーを「収穫」する，普通の言い方をすれば発電する技術である。

本書第1章ではワイヤレス給電技術の基礎として，電磁現象の伝播及び発生と整流の理論と実際の解説を行うと共に，無線電力伝送システムの実現のために知っておかなくてはならない電磁界電磁波防護指針を示し，現在の標準化動向についてまとめている。第1章では電磁誘導，共鳴（共振）送電，マイクロ波無線電力伝送，そしてEnergy Harvestingという主要技術について理論と実践を総括できるようにまとめている。第2章ではEnergy Harvestingを含む電磁波利用の無線送電システムの応用例を，第3章では電磁誘導と共鳴（共振）送電というカップリング現象を利用した無線電力伝送システムの応用例を示している。本書を通じ，マックスウェル方程式に戻るすべての無線電力伝送技術を俯瞰することができるはずである。

2 ワイヤレス給電の伝播技術

篠原真毅*

2.1 アンテナと電波伝搬

電磁波を用いた無線電力伝送では，アンテナを介して電磁波エネルギーを空間に放射/空間から受電する必要がある。空間に放射された電磁波はマックスウェル方程式にしたがって伝播する。マイクロ波を用いる場合，空気中では雨や霧の場合でも媒質による吸収や散乱といった伝播損失はほぼないと考えてよい。

2.1.1 電磁波の伝播

マイクロ波無線電力伝送で重要なのは放射されたマイクロ波が受電アンテナにどれだけ集中/受電されるかというビーム収集効率である。90%を超える高いビーム収集効率を実現するためマイクロ波及びさらに高い周波数が必要とされる。ビーム収集効率を最も簡単に計算する式はフリスの式である。

$$P_r = \frac{\lambda^2 G_t G_r}{(4\pi D)^2} P_t = \frac{A_t A_r}{(\lambda D)^2} P_t \tag{1}$$

ただし λ は波長，G_t，G_r はそれぞれ送電アンテナと受電アンテナの利得，A_t，A_r はそれぞれ送電アンテナと受電アンテナの有効開口面積，D は送受電間距離，P_t，P_r はそれぞれ送電及び受電電力である。

しかしフリスの公式は平面波近似が可能な遠方界における点と点の考え方での計算である。90%以上のビーム収集効率を実現するためには受電アンテナ中心と端で強度差ができるような近傍界での球面波を用いたエネルギー伝送となるため，フリスの公式では誤差が大きい。そこで送受電アンテナを開口アンテナとしてビーム収集効率を求めることが必要となる。

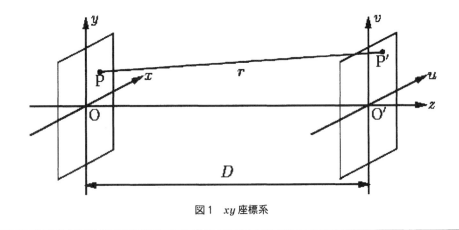

図1　xy 座標系

---

* Naoki Shinohara　京都大学　生存圏研究所　教授

第1章　ワイヤレス給電技術の基礎

2.1.2　開口アンテナ近似を用いたビーム収集効率の計算

開口面アンテナの指向性は，次のようにして求められる[1,2]。図1のような座標系を考える。アンテナ開口の中心を原点 O とし，開口面に垂直な方向を z 軸にとる。開口面上の電界は同一位相であるとし，その強度を $g(x, y)$ とすると，開口面と距離 D だけ離れた平行な面上の点 (u, v) における電界 $f(u, v)$ は，

$$f(u,v) = \frac{1}{j\lambda} \int_{-\infty}^{+\infty}\int_{-\infty}^{+\infty} g(x,y)\frac{e^{-j\vec{k}\cdot\vec{r}}}{|\vec{r}|}dxdy \tag{2}$$

と表される。ただし，$\vec{r}$ は点 (x, y) から点 (u, v) に向かうベクトルで，$\vec{k}$ は波数ベクトル（大きさは波数 k，向きは z 軸正の向き）である。この式は波動光学で用いられるものと同等である。開口面の大きさが距離 D に比べて小さい（$\sqrt{x^2+y^2} \ll D$）場合，z 軸の近傍（$\sqrt{u^2+v^2} \ll D$）の電界は，

$$f(u,v) = \frac{1}{j\lambda D}e^{-jkD}\int_{-\infty}^{+\infty}\int_{-\infty}^{+\infty} g(x,y)e^{-\frac{jk}{2D}[(u-x)^2+(v+y)^2]}dxdy \tag{3}$$

と表される（近軸近似）。電界強度は，

$$|f(u,v)| = \frac{1}{\lambda D}e^{-jkD}\left|\int_{-\infty}^{+\infty}\int_{-\infty}^{+\infty} g(x,y)e^{-\frac{jk}{2D}(x^2+y^2)}e^{\frac{jk}{D}(ux+vy)}dxdy\right| \tag{4}$$

となり，これが近傍界領域での式となる。

さらに，開口面の大きさが十分小さく，$\exp\left[-\frac{jk}{2D}(x^2+y^2)\right]$ の項が無視できるような遠方界領域では，

$$|f(u,v)| = \frac{1}{\lambda D}\left|\int_{-\infty}^{+\infty}\int_{-\infty}^{+\infty} g(x,y)e^{\frac{jk}{D}(ux+vy)}dxdy\right| \tag{5}$$

となり，(u, v) 面上の電界強度は開口面上の電界強度のフーリエ変換で得られることが分かる。

次によく用いられる円形開口面アンテナの指向性を求める。開口面上（(x, y) 平面）で極座標 (ρ, θ)，(u, v) 平面で極座標 (r, ϕ) を考える。このとき，$g(\rho, \theta)$ が θ に依存しないとすると，対称性から $f(r, \phi)$ も ϕ に依存せず，近傍界の (4) 式は，

$$|f(r)| = \frac{2\pi}{\lambda D}\left|\int_0^{+\infty} g(\rho)e^{\frac{jk\rho^2}{2D}}J_0\left(\frac{k}{D}r\rho\right)\rho d\rho\right| \tag{6}$$

のようになる。同様に，遠方界の式 (5) は，

$$|f(r)| = \frac{2\pi}{\lambda D}\left|\int_0^{+\infty} g(\rho) J_0\left(\frac{k}{D}r\rho\right)\rho d\rho\right| \tag{7}$$

となる。

送電アンテナとして半径 R_t の円形開口面を，受電アンテナとして半径 R_r の円形開口面を考え，それらが距離 D だけ離れて同軸で平行に向かいあっているとする（図2）。座標系をそれぞれの開口面の半径で規格化して

$$P = \frac{\rho}{R_t},\ q = \frac{r}{R_r} \tag{8}$$

とし，

$$\tau = \frac{\pi R_t R_r}{\lambda D} \tag{9}$$

とおくと，(6) 式，(7) 式は次のようになる。

$$|f(q)| = 2\tau\frac{R_t}{R_r}\left|\int_0^{+\infty} g(p) e^{-\tau\frac{R_t}{R_r}p^2} J_0(2\tau p q)p dp\right| \tag{10}$$

$$|f(q)| = 2\tau\frac{R_t}{R_r}\left|\int_0^{+\infty} g(p) J_0(2\tau p q)p dp\right| \tag{11}$$

したがって，受電アンテナ面上の電界分布の形は送電アンテナ面上の電界分布の形と τ パラメータだけで決まり，電界強度はアンテナの大きさの比で決まることになる。

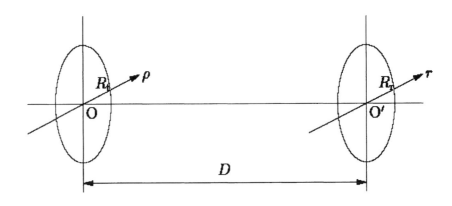

図2 円形開口面の円筒座標系

第1章 ワイヤレス給電技術の基礎

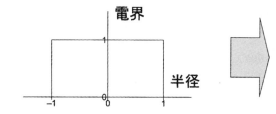
開口面電界分布(矩形関数)

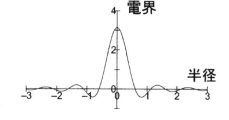
遠方の電界分布
(第一次第一種ベッセル関数)

図3 開口面の電界分布 $g(p)$ と遠方界領域での電界分布 $f(q)$ の関係例

例えば開口面の電界分布 $g(p)$ が図3左に示すような矩形分布であるとすれば，(11)式で示される遠方界領域での電界分布 $f(q)$ は図3右のようなベッセル関数で示されるパターンとなる。送電アンテナから放射される電力や受電アンテナで受けることのできる電力を求めるには，マイクロ波の強度をアンテナ面全体で積分すればよい。

送電電力 P_t は，

$$P_t = 2\pi R_t^2 \int_0^1 \frac{[g(p)]^2}{2Z_0} p dp$$
$$= \frac{\pi R_t^2}{Z_0} \int_0^1 [g(p)]^2 p dp \tag{12}$$

となる。ただし，Z_0 は真空中の固有インピーダンスである。

同様に受電電力 P_r は，近傍界の場合，

$$P_r = 2\pi R_r^2 \int_0^1 \frac{[f(q)]^2}{2Z_0} p dp$$
$$= \frac{4\pi \tau^2 R_t^2}{Z_0} \int_0^1 \left[\int_0^1 g(p) e^{-\tau \frac{R_t}{R_r} p^2} J_0(2\tau pq) p dp \right]^2 q dq \tag{13}$$

となる。

収集効率 η は，送電アンテナから放射されたマイクロ波電力のうち，どれだけ受電アンテナに入射するかを表す割合，すなわち P_r と P_t の比であるので，近傍界領域の場合，

$$\eta = \frac{P_r}{P_t} = \frac{\dfrac{4\pi\tau^2 R_t^2}{Z_0}\int_0^1 \left[\int_0^1 g(p)e^{-\tau\frac{R_t}{R_r}p^2}J_0(2\tau pq)pdp\right]^2 qdq}{\dfrac{\pi R_t^2}{Z_0}\int_0^1 [g(p)]^2 pdp}$$

$$= 4\tau^2 \frac{\int_0^1 \left[\int_0^1 g(p)e^{-\tau\frac{R_t}{R_r}p^2}J_0(2\tau pq)pdp\right]^2 qdq}{\int_0^1 [g(p)]^2 pdp} \qquad (14)$$

で求められる。

遠方界領域の場合には,

$$\eta = \frac{P_r}{P_t} = \frac{\dfrac{4\pi\tau^2 R_t^2}{Z_0}\int_0^1 \left[\int_0^1 g(p)J_0(2\tau pq)pdp\right]^2 qdq}{\dfrac{\pi R_t^2}{Z_0}\int_0^1 [g(p)]^2 pdp}$$

$$= 4\tau^2 \frac{\int_0^1 \left[\int_0^1 g(p)J_0(2\tau pq)pdp\right]^2 qdq}{\int_0^1 [g(p)]^2 pdp} \qquad (15)$$

となる。したがって,ビーム収集効率は送電アンテナ面上の電界分布の形とτだけで決まる。

フリスの公式は平面波近似が可能な遠方界における点と点の考え方であり,τパラメータを導入した本ビーム収集効率の考え方は受電アンテナ中心と端で強度差ができるような近傍界での面と面の考え方である。この両公式はτパラメータを少し変数変換することで比較できるようになる。τ^2を以下のようにと置き換えると,

$$\tau^2 = \frac{A_t A_r}{\lambda^2 D^2} \qquad (16)$$

τ^2はフリスの公式(1)そのものとなる。この新しいτを用いて面と面で考えるビーム収集効率は上記の厳密な計算をせずに,簡単に

$$\eta = 1 - e^{-\tau^2} \qquad (17)$$

と表すことができる[3]。τとビーム収集効率の関係を図4に示す。

第1章　ワイヤレス給電技術の基礎

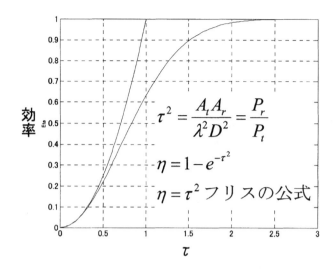

図4　τパラメータとビーム収集効率

　τパラメータを用いて距離とビーム収集効率を計算した例を図5に示す。数mの距離での無線電力伝送においては高いビーム収集効率を示すことがわかる。しかし，実際はアンテナ間距離を小さくしすぎると逆に効率が落ち始める。図6は京都大学で行われた電気自動車無線充電に関するFDTDシミュレーションによるビーム収集効率の距離依存性である。図よりわかるように，約$\lambda/2$の周期性によりビーム収集効率が大きく変動している。これはτパラメータで表現できていない，送受電アンテナ間の相互結合の発生によるアンテナインピーダンスの変化とその結果のアンテナ放射効率の低下によるものである。図7は詳細パラメータは図6の場合とは異なるが，同様の電気自動車無線充電の有限要素法によるシミュレーション結果である。送電/受電アンテナが存在しない場合，受電/送電アンテナの共振周波数は2.45GHzとなるように設計されていたのであるが，受電アンテナが送電アンテナの近傍に設置されたために送受電間で相互結合が起こり，送電/受電アンテナの共振周波数が2.45GHzからずれてしまったことを図は示している。このように，τパラメータを大きくするだけではビーム収集効率を向上させることはできず，ある程度送受電間距離が短くなると（＜λ程度）送受電間の相互結合を考慮しなければならない。これは逆にアンテナという共振器がカップリングを起こしているとも考えられ，共鳴（共振）送電との類似性の証拠ということができる。

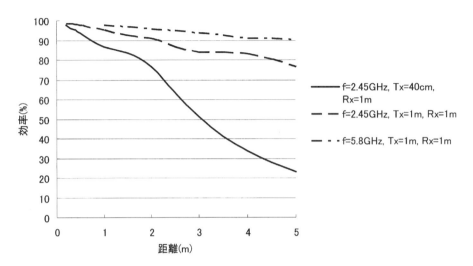

図5　送電距離とビーム収集効率

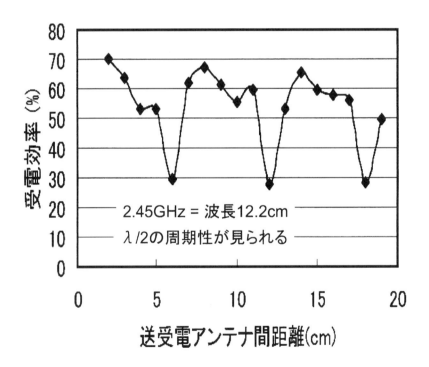

図6　電気自動車無線充電における送受電アンテナ間距離とビーム収集効率との関係（FDTDシミュレーション）

第1章　ワイヤレス給電技術の基礎

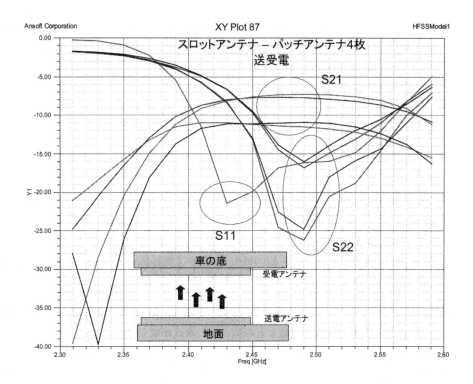

図7　近接する送受電アンテナ配置によるアンテナ共振周波数の変化（有限要素法によるシミュレーション）

2.1.3　アンテナと効率

アンテナの放射効率ηは一般に以下の式で表すことができる。

$$\eta = \frac{1}{1+\dfrac{R_l}{R_a}} \times 100 (\%) \tag{18}$$

ここでηはアンテナの放射効率，R_aはアンテナの放射抵抗，R_lは損失抵抗である。この式は通信用を含むすべてのアンテナで成り立つ効率の式であり，送電する前，逆に受電した後のアンテナでの抵抗損失を表していると考えればよい。

それでは空間を伝播してきた電磁波のアンテナへの入射効率はどうであろうか。結論を先に述べると，レクテナ及びレクテナアレーはアンテナで受電した電力の理論上100%を受電することができる。これはレクテナ以前のアレーアンテナの理論である[4,5]。Diamond[4]やStark[5]などによって行われている無限フェイズドアレーの動作インピーダンスの解析を基本とし，素子間隔とグレーティングローブの発生条件（到来角），及び動作コンダクタンスGにより，受電効率を計算する。

スロットアンテナを例に取る。以下の計算は文献6)に述べられているものである。幅δ，長

さ L のスロットアンテナの無限アレーを考える。配列は長方形配列とし，アレー間隔は x 軸方向に a，y 軸方向に b とする。また，入射平面波は xz 平面内に z 軸に対して θ の角度から入射しているものとし，偏波方向は xz 平面に水平であるとする。スロット上の電界分布を

$$E_x = \begin{cases} \dfrac{V_0}{\delta}\cos\dfrac{\pi y}{L} & \left(|y| \leq \dfrac{L}{2}\right) \\ 0 & \left(|y| > \dfrac{L}{2}\right) \end{cases} \tag{19}$$

と仮定し，Stark の手法を用いるとこの無限スロットアレーの動作アドミタンス Y は次式のように表わされる。

$$Y = \frac{L^2}{Z_0 ab}\left(\frac{2}{\pi}\right)^2 \sum_{m=-\infty}^{\infty}\sum_{n=-\infty}^{\infty}\frac{k^2-h_n^2}{k\gamma_{nm}^{\star}}\cdot\left\{\frac{\cos(h_n L/2)}{1-(h_n L/\pi)^2}\right\}^2\cdot\left\{\frac{\sin(\beta_m \delta/2)}{(\beta_m \delta/2)}\right\}^2 \tag{20}$$

ここで，Z_0 は空間のインピーダンスであり，β_m，h_n，γ_{mn} はそれぞれ各空間高調波の伝搬定数の x，y，z 成分で，入射平面波の波数 k との間には，次式が成り立つ。

$$\frac{\beta_m}{k} = \sin\theta + \frac{m}{a}\lambda \tag{21a}$$

$$\frac{h_n}{k} = \frac{n}{b}\lambda \tag{21b}$$

$$\gamma_{mn} = \sqrt{k^2 - \beta_m^2 - h_n^2} \tag{21c}$$

各空間高調波は，(m, n) 次のグレーティングローブに対応するが，

$$\beta_m^2 + h_n 2 > k^2 \tag{22}$$

を満足するモードは γ_{mn} が虚数となり，つまり，z 軸に沿って減衰することになり，実空間では伝搬し得ない。したがって，(m, n) 次のグレーティングローブが発生し始める条件は，

$$\left(\sin\theta + \frac{m}{a}\lambda\right)^2 + \left(\frac{n}{b}\lambda\right)^2 = 1 \tag{23}$$

となる。よって，ここで最低次である $(-1,0)$ 次及び $(0,-1)$ 次のグレーティングローブを考えることにより，すべてのグレーティングローブが生じない最大素子間隔を得ることができる。それらを $a_{\max}$，$b_{\max}$ とすると

第 1 章　ワイヤレス給電技術の基礎

$$a_{max} = \frac{\lambda}{1+\sin\theta}$$
$$b_{max} = \frac{\lambda}{\cos\theta}$$
(24)

が得られる。例えば $\theta=0°$ のときは $a_{max}=\lambda$, $b_{max}=\lambda$ であり, $\theta=30°$ のときは $a_{max}=0.667\lambda$, $b_{max}=1.155\lambda$ となる。

　無限アレーの受電効率 η を一素子当たりの入射電力に対する最大受信電力の割合で定義する[7]と, グレーティングローブが生じてない場合, その動作コンダクタンス G は（20）式,（21a）式,（21b）式,（21c）式より

$$G = \frac{L^2}{Z_0 ab}\left(\frac{2}{\pi}\right)^2 \frac{1}{\cos\theta}$$
(25)

で与えられる。このとき, 受信短絡電流を I_0 とすると最大受信電力 W_r は

$$W_r = \frac{|I_0|^2}{4G}$$
(26)

となる。そこで, 入射平面波の磁界成分 H_0 及びスロットの実効長 l_e を用いることにより（26）式を書き直すと

$$W_r = \frac{|H_0|^2 l_e^2}{G}$$
(27)

以上より, 受電効率 η は次式で表わされる。

$$\eta = \frac{W_r}{Z_0 |H_0|^2 ab \cos\theta} = \left(\frac{l_e \pi}{2L}\right)^2$$
(28)

ここで,（19）式より $l_e = 2L/\pi$ となるので

$$\eta = 1$$
(29)

となり, 入射平面波の完全吸収が可能となる。つまり, アンテナアレーでの 100% の収集効率が可能となるのである。

　この計算は円形マイクロストリップアンテナ（CMSA）を用いたレクテナアレーの受電効率の計算に用意に拡張できる[6]。図 8 は CMSA アレーにおける CMSA の素子間隔と受電効率の理論値である。素子間隔が小さく, かつアンテナ損失がほぼないときはほぼ 100% の電力が受電で

きていることがわかる。同様の計算は文献 7) に
おいて反射板上のダイポールの場合の無限アレー
の受電効率についてグレーティングロープが生じ
ない範囲において 100%となることも示されてい
る。文献 7) の反射板付ダイポールアンテナの場
合，$\lambda/4$ の間隔で反射板を置くことによってダ
イポールからの再放射を打ち消しているのに対し
て，文献 6) のスロットアンテナでは，導体板か
らの反射波とスロットからの再放射波が直接打ち
消し合うことにより受電効率 100%となると説明
されている。

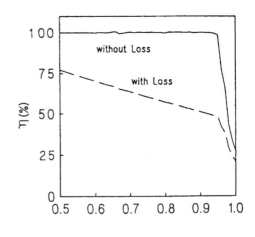

図8　CMSA の素子間隔と受電効率[6]

　上記無限アレーの理論を有限アレーに拡張し，
実際のレクテナアレーを用いて受電効率の実験を
行った例がある（図9）[8]。図9は有限レクテナアレーの受電効率の理論式に整流効率 73.9%を乗
じたものである。素子間隔が広くなると受電効率が小さくなるが，素子間隔が十分に小さいと高
い効率で電磁波を受電できていることがわかる。

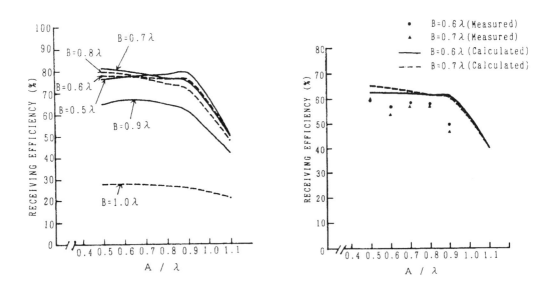

図9　(a) レクテナアレーの素子間隔（x 方向）と受電効率（計算値）[7]　(b) レクテナアレーの素子間隔（x
　　方向）と受電効率の計算値と実験値[7]

第 1 章　ワイヤレス給電技術の基礎

このようにレクテナアンテナはアレー化しても指向性は素子の指向性と同等なれど有効開口面積は素子数分増え，受電効率の理論値は 100% となる。

文　　　献

1) Goubau, G., "Microwave power transmission from an orbiting platform," *Journal of Microwave Power,* Vol. 5, pp.223–231, Dec. 1970
2) Brown, W. C., "Beamed microwave power transmission and its application to space", *IEEE Trans. MTT,* Vol. 40, No. 6, pp.1239–1250 (1992)
3) ITU SG1 Delayed contribution Document 1A/18-E, "UPDATE OF INFORMATION IN RESPONSE TO QUESTION ITU-R 210/1 ON WIRELESS POWER TRANSMISSION", 9 Oct. 2000
4) Diamond, B. L., "A generalized approach to the analysis of infinite planar array antennas", Proc. of IEEE, Vol.56, pp.1837–1851 (1968)
5) Stark, L., "Microwave theory of phased array antenna - A review", Proc. of IEEE, Vol.62, pp.1661–1701 (1974)
6) 伊藤精彦, 大鐘武雄, 小川恭孝, "磁流アンテナを用いたレクテナの受電効率", 信学技報 AP84-69, pp.9–14 (1984)
7) 安達三郎, 鈴木修, 阿倍哲, "反射板上の無限フェイズドアレーアンテナの受信効率", 信学論 (B), Vol.J64-B, No.6, pp.566–567 (1981)
8) 大塚昌孝, 大室統彦, 柿崎健一, 斉藤誠司, 黒田道子, 堀内和夫, 福島光積, "有限レクテナアレーの素子間隔と受電効率", 信学論誌 B-II, Vol.J74-B-II, No.3, pp.133–139 (1990)

2.2 伝送シートを用いたワイヤレス給電

篠田裕之[*]

2.2.1 はじめに

ワイヤレス給電の実用形態は，その使用環境によっていくつかのタイプに収斂していくと思われる。例えば宇宙空間や装置の内部など，一般の人々が近付くことがない状況と，一般環境，すなわち不特定の人々が自由に触れることを前提とする場合では，EMCの観点からの要求条件は著しく異なったものとなる。後者においては，電磁場が人体に直接悪影響を及ぼさないのはもちろんのこと，その周囲に置かれた導電体や誘電体がエネルギーを吸収・散乱したり，電子回路が悪影響を受けたりすることがないようにしなければならない。あらゆる電磁的作用は近接作用であるため，給電対象の周囲には給電電力に見合った電磁場が形成される。したがってワイヤレス給電を安全に行うためには，給電対象を取り囲む物体を制約するシステム上の仕組みが必要である。

給電のための電磁場と周囲物体との結合を確実に回避する一つの考え方として，面状の媒体に接触（近接）した物体に給電する形態が考えられる。決まった場所にデバイスを置いて無接点給電する方法はすでに馴染みの深い技術であるが，この給電エリアを2次元面に拡張すれば，新たな利便性が得られる。そこで給電コイルをアレイ化したり，可動式にするなどして接触エリアを拡大する開発が行われている。伝送シート給電（2次元導波路給電，サーフェイス給電，エバネッセント波給電）は，このときの給電面の構造を大幅に簡略化することができる手法であると位置付けられる[1,2]。

図1は，伝送シート給電のデモシステムの写真である。薄いシート状の媒体にマイクロ波（受電用カプラの大きさと同程度の波長をもつ電磁波）を伝送させて電力を供給する。給電面はマイクロ波を伝送する構造を備えていればよく，安価で耐久性の高い材料で実現できる。マイクロ波の発生や，受信したマイクロ波の整流については空間伝搬型の無線給電と共通であるが，後述するような選択性，すなわち一般物体としての誘電体や金属体とは強く相互作用することがなく，特殊な構造をもつカプラのみが電磁結合する性質を付与することができる。給電中であってもシートに接触する一般物体が強い電磁場に曝されることがなく，空間伝搬型のワイヤレス給電より一段階安全な給電が可能となる。媒体となる伝送シートは必要であるが，導波路の構造をあらかじめ机などに組み込んでしまえば付加コストはわずかである。またそのような導波路は，給電だけでなく空間と干渉の少ない広帯域信号伝送路としても利用することができる。本項では，このような伝送シート給電の基本原理をまとめ，最新の研究例を紹介する。

2.2.2 伝送シートによる選択的給電と使用する周波数

これまで研究されてきている伝送シートの構造を図2に示す。図中の誘導層（Inductive layer）は金属層にメッシュ状のパターンを与えることで実現され，このような伝送シートにマ

---

[*] Hiroyuki Shinoda 東京大学 情報理工学系研究科 システム情報学専攻 准教授

第 1 章　ワイヤレス給電技術の基礎

イクロ波領域の電磁波を伝播させて給電する。本方式の特長は以下のようにまとめられる。

（1）構造が単純である。伝送路としては金属層 2 層を備え，一方の金属層がメッシュ状のパターンを有していればよく，層間の配線などが必要ない。

（2）導波路をそのまま高速信号伝送路として活用できる。

（3）「選択的給電」が可能である。後に説明するメッシュのシートインダクタンスを適度に小さな値に設定し，表面に保護層を付加すると，普段は電磁界漏洩が少なく，特殊カプラのみに給電する選択性を付与することができる。ここでいう特殊カプラとは，シート表面とで電磁場の閉じ込め構造を形成し，高い Q 値で共振する特殊な（偶然には発現しにくい）構造体である。

図 1　伝送シート給電。薄いシート状の媒体に電磁波を伝播させて給電する

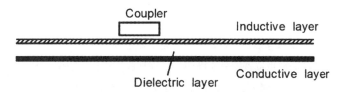

図 2　伝送シートの基本構造。「Inductive layer」はメッシュ状の導体で実現される

シート伝送の最適な電磁波周波数を決定する原理的要因は，①媒体内での電磁波の減衰，②電力供給する対象の大きさ，③ EMC 対策の容易さ，の 3 点に集約される。導体層の材料としてアルミなどを用い，使用条件として 1mm 程度の厚さで 1m 角程度までのシートを考える場合，①にあげた電磁波の減衰の観点から実用上の伝送周波数が 1GHz を著しく上回ることは難しいと考えられる。またカプラのサイズはなるべく小さい方が実用上は好ましいが，それが波長より著しく小さくなると，選択的給電が難しくなり，③にあげた EMC の要求を満たしにくくなる。

本稿では，カプラの大きさとしてカードサイズ以下を想定し，それに対して選択性を最大限に高めた設計例を紹介する。この設計例において伝送周波数は，カプラの代表長が電磁波の半波長と同程度になる 2.4GHz に設定されている。そしてこの条件で最適設計されたカプラが目標伝送

効率をぎりぎりで達成できる程度にまで伝送シートからの電磁界漏洩を抑制するよう，諸パラメータを設定する。

なお，ここまでの考察では，電磁波の発生効率と受電時の整流効率は考慮されていない。原稿作成時に市販されている半導体素子の 2.4GHz での最大発生効率は 55%程度，整流回路の実用上の変換効率は 80%程度であり，まだ十分に高い効率には到達していない。しかしこれらは原理上の上限ではなく，シート給電とは独立な問題として特性向上が図られる技術課題であるため，ここでは除外して考察している。

2.2.3 伝送シートの特性を記述するパラメータ

図 3 はシート媒体の断面図と，ここで設定する座標系である。最も下の B 層は開口のない良導体層，その上に厚さ h の誘電体層が存在している。灰色で示された最上層 S 層が波長スケールにおいては均質とみなせる場合，その「シートインピーダンス」

$$\eta \equiv R + jX \equiv \frac{E_x}{i_x} \quad [\Omega] \tag{1}$$

がシート媒体周辺の電磁場を決定する主要パラメータとなる。ただし j は虚数単位である。これは，S 層の単位長線分を横切って流れる電流 i_x [A/m] と，電流に沿った電界 E_x との比であり，実部 R は S 層のシート抵抗に相当する。なお，本シートの特性を記述するもうひとつ重要なインピーダンスとして

$$Z_0 \equiv \frac{V}{i_x} \quad [\Omega m] \tag{2}$$

がある。V は B 層に対する S 層の電圧であり，エネルギーの流れを決める重要なパラメータとなる。特に無限に大きいシートに対する Z_0 を，本稿ではシートの「特性インピーダンス」と呼ぶこととする。

S 層が連続した良導体，すなわち $\eta = 0$ の場合には，シート媒体の外部にはまったく電磁場が染み出すことがなく，通信層内のエネルギーを表面から外部に取り出すことはできない。しかし η の虚部 X が有限である場合には，S 層の上方にエバネッセント波が形成され，外部と相互作

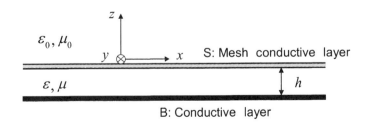

図3　3層構造シート媒体の断面図

第1章　ワイヤレス給電技術の基礎

用するようになる。そしてこれを実現する簡単な方法は，S層を良導体のメッシュとすることである。電磁波長よりも十分細かいメッシュを作成した場合，そのメッシュ周期でのE_xおよびi_xの平均値によってηを定義すれば（1）式の定義をそのまま使える。メッシュを用いた場合には，Xは誘導性となり，αを定数として

$$X = a\omega \tag{3}$$

と書かれる。

2.2.4　伝送シート周囲の電磁場

　空中およびシート内部の誘電率，透磁率をそれぞれε_0，μ_0およびε，μとする。このとき，エネルギーの大半がシート内部にあり，$+x$方向に伝播する電磁波のモードは，マックスウェルの方程式を解くことによって

$$E_z = \frac{k_2^2}{k_1} V \exp(-k_1 z)\exp(-jkx)\exp(j\omega t) \quad (z > 0) \tag{4}$$

$$E_z = \frac{V}{h} \exp(-jkx)\exp(j\omega t) \quad (-h < z < 0)$$

$$\begin{pmatrix} k_1^2 = (\mu\varepsilon - \mu_0\varepsilon_0)\omega^2 - \dfrac{j\eta\varepsilon\omega}{h} \\ k_2^2 = \dfrac{j\eta\varepsilon\omega}{h} \\ k^2 = \mu\varepsilon\omega^2 - \dfrac{j\eta\varepsilon\omega}{h} \end{pmatrix}$$

*　ただし$|k_1 h| \ll 1$かつ$|k_2 h| \ll 1$における近似値として

と書かれる[1]。ここでは電磁場の各成分のうち，電界のz方向成分のみを表記した。また通信層の厚さhは誘電体中の波長より十分小さいことを仮定し，近似計算を行なっている。式中VはB層に対するS層の電圧振幅であり，とくに$x=t=0$での電圧値に一致する。

　この式より，S層にメッシュ良導体を用いた場合の波動の速度は，$c = \omega/k$と（3）式$\eta = j\alpha\omega$を用いて，

$$c = \frac{1}{\sqrt{\mu\varepsilon + \alpha\varepsilon/h}} \tag{5}$$

で与えられ，電磁波の速さが周波数によらず上式のように減速したものとみなせる。

　つぎにシート媒体における波動伝播の基本特性として，波動の減衰距離ζ（振幅が$1/e$に減衰する距離）を結果のみ記しておく。

$$\varepsilon = \varepsilon_{\mathrm{re}} - j\varepsilon_{\mathrm{im}}(\varepsilon_{\mathrm{re}} \gg \varepsilon_{\mathrm{im}}), \ \tan\theta = \varepsilon_{\mathrm{im}}/\varepsilon_{\mathrm{re}}\ （誘電正接） \tag{6}$$

とすると (5) 式の c を用いて

$$\zeta = \frac{1}{-\mathrm{Im}[k]} \approx \frac{1}{\frac{\omega}{2c}\tan\theta + \frac{\varepsilon_{\mathrm{re}}c}{2h}R_t} \tag{7}$$

である（ただし $|\mathrm{Re}[k]| \gg |\mathrm{Im}[k]|$ を前提としている）。R_t は表皮効果を考慮した導電層のシート抵抗であり，S層，B層両方のシート抵抗の和である。数値例として，誘電体の厚さ h を 2 mm，誘電体の比誘電率を 2 とし，シート抵抗 R_t を注目する周波数において 0.1Ω と仮定すると，誘電体の誘電正接を 0 としたときの ζ は 11m となる[1]。この距離は，誘電体の厚さ h に比例して大きくなる。

このような波動場が伝播しているとき，シート媒体の内部と外部のエネルギー比を把握しておくことは有用である。シート媒体が単独で存在するときに，シートの内部を流れる電力 J_2 に対して外に染み出して流れる電力 J_1 の比を漏出比 r として定義すると，

$$r \equiv \frac{J_1}{J_2} = \frac{\pi\varepsilon_0}{\varepsilon}\frac{\gamma^2}{\sqrt{1+\gamma^3}}h\sqrt{\frac{1}{\lambda^2} - \frac{1}{\lambda_0^2}} \tag{8}$$

のように書かれる[2]。ただし λ_0 は空気中の電磁波長，λ は通信層の誘電体が空間を埋め尽くしている場合の平面波電磁波長である。また γ はシートリアクタンス X を下記のように正規化した値である。

$$\gamma \equiv X\frac{\varepsilon}{h(\varepsilon\mu - \varepsilon_0\mu_0)\omega} \tag{9}$$

後で示される設計例において r は 0.1% 程度である。周期 4mm のメッシュシートの表面から z 軸に沿っての磁界の減衰の様子が図 4 に示されている[3]。この値 r を十分低めておくことは，安全な電力伝送の必要条件であるが，これだけでは安全性のごく一部を議論したに過ぎない。本電力伝送システムの EMC 全体を論じるためには，シート媒体に近接する誘電体や金属との相互作用を評価する必要がある。特に散乱の効果が大きい金属共振体との相互作用について以下で考察する。

1　S層のリアクタンスによる c の減速分を無視して計算している。
2　メッシュ構造近傍の電磁場をミクロに観察すると，導体の周囲でメッシュの周期の電磁場分布（メッシュの周期で平均化すると消えてしまう成分）が生じているが，そのエネルギーは計算に含めていない。
3　z 軸に沿って数 mm 以内で急速に減衰する成分が，前脚注で無視した成分の寄与である。この成分は保護層によって物体と相互作用することはない。

第1章 ワイヤレス給電技術の基礎

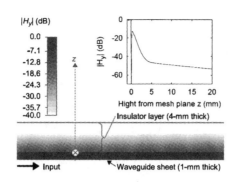

図4 シート周辺の電磁場の計算例(表1のシート仕様において)

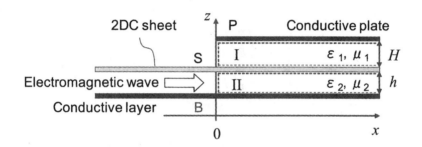

図5 金属板の近接

2.2.5 金属共振体との相互作用

カプラ設計やEMCの考察の基本となる金属板との相互作用について考察する。図5のように,$x>0$において伝送シート上方に金属板が配置されており,y方向すなわち紙面と垂直な方向については一様な電磁場を考える。

いま,$-x$の方向から電磁波が進行してきたことを仮定する。このとき領域Ⅰすなわち伝送シートの最上層Sと近接導体Pの間の空間に吸い上げられる電磁場は解析的に求めることができる。

図5の$x>0$に示すような5層構造の中を伝播する電磁場は,

$$A \equiv (\mu_2\varepsilon_2 - \mu_1\varepsilon_1)\omega^2 \tag{10}$$

として,

$$\left|\omega\eta\left(\frac{\varepsilon_1}{H}+\frac{\varepsilon_2}{h}\right)\right| \ll |A| \tag{11}$$

のとき以下の近似式で与えられる。

モード a（領域 I にエネルギーが局在）

$$\begin{pmatrix} k_1^2 \\ k_2^2 \\ k^2 \end{pmatrix} \approx \begin{pmatrix} -j\omega\eta\dfrac{\varepsilon_1}{H} \\ A+j\omega\eta\dfrac{\varepsilon_1}{H} \\ -j\omega\eta\dfrac{\varepsilon_1}{H}+\mu_1\varepsilon_1\omega^2 \end{pmatrix}, \quad \begin{pmatrix} E_z^U \\ E_y^U \\ E_z^L \\ B_y^L \end{pmatrix} \approx C \begin{pmatrix} 1 \\ -\dfrac{\varepsilon_1\mu_1\omega}{k} \\ -\dfrac{j\omega\eta\varepsilon_1}{Ah} \\ \dfrac{\varepsilon_2\mu_2\omega}{k}\dfrac{j\omega\eta\varepsilon_1}{Ah} \end{pmatrix} \exp(-jkx) \quad (12)$$

モード b（領域 II にエネルギーが局在）

$$\begin{pmatrix} k_1^2 \\ k_2^2 \\ k^2 \end{pmatrix} \approx \begin{pmatrix} A-j\omega\eta\dfrac{\varepsilon_2}{h} \\ j\omega\eta\dfrac{\varepsilon_2}{h} \\ -j\omega\eta\dfrac{\varepsilon_2}{h}+\mu_2\varepsilon_2\omega^2 \end{pmatrix}, \quad \begin{pmatrix} E_z^U \\ E_y^U \\ E_z^L \\ B_y^L \end{pmatrix} \approx C \begin{pmatrix} \dfrac{j\omega\eta\varepsilon_2}{AH} \\ -\dfrac{\varepsilon_1\mu_1\omega}{k}\dfrac{j\omega\eta\varepsilon_2}{AH} \\ 1 \\ -\dfrac{\varepsilon_2\mu_2\omega}{k} \end{pmatrix} \exp(-jkx) \quad (13)$$

＊ ただし $|k_2 h| \ll 1$ および $|k_1 H| \ll 1$ を仮定

なお，E_z^U および B_y^U は領域 I における電界の z 成分および磁束密度の y 成分であり，E_z^L および B_y^L は領域 II における値である．

$$\left|\omega\eta\left(\frac{\varepsilon_1}{H}+\frac{\varepsilon_2}{h}\right)\right| \gg |A| \quad (14)$$

の場合の近似解も解析的に求まるが，ここでは割愛する．この条件は領域 I, II 内での波長が同程度，すなわち $\varepsilon_1 \approx \varepsilon_2$ である場合に満たされるが，この場合に大面積の導体が近接すると電力を領域 II に強く吸い上げてしまう可能性があり，伝送シートとして避けるべき設定であると考えられるためである．以下で示す実例では，(14) 式の状況が発生しないようにパラメータが選択されている．

第 1 条件 (11) 式を仮定すると，領域 I に染み出す電力の比率は領域 II を流れる電力に対して以下のように与えられる．

$$\xi = \varepsilon_1\varepsilon_2 \frac{X^2}{(\mu_2\varepsilon_2-\mu_1\varepsilon_1)^2\omega^2 Hh} \quad (15)$$

なおモード a とモード b の干渉により強度は空間的に不均一であるが，ここではその空間的平均値を示しており，位置 $x=0$ において電力が全てシート媒体内に存在することを仮定している．

第1章　ワイヤレス給電技術の基礎

特に領域Iの誘電率が空気中のそれに近い場合，すなわち $\varepsilon = \varepsilon_2$, $\mu = \mu_2$ とし，$\varepsilon_0 = \varepsilon_1$, $\mu_0 = \mu_1$ と近似できる場合には，(9) 式の γ を用いて

$$\xi = \gamma^2 \frac{\varepsilon_1 h}{\varepsilon_2 H} \tag{16}$$

である。これが金属体が近接した際にシート媒体から吸い出される電力の目安を与える。

この式は，距離 H が小さくなることで単純金属板においても電力の吸出しが生じることを示唆している[4]。したがって，一般の物体が電力を吸収しないようにするためには，物体がS層に近付きすぎないように表面に一定の厚み d をもった保護層を設ける必要がある。そこで次の項では保護層の役割について詳述する。

$H = d$ としたときの ξ が小さいほど，意図せずシート外に出てしまう電力は小さく安全性は高くなるが，損失のないカプラを実現するためのハードルも高くなる。以下の例では $d = 4\,\mathrm{mm}$, $h = 1\,\mathrm{mm}$ とし，$\xi = 2\%$ 程度になるようにパラメータを設定している。

2.2.6　保護層の導入

選択的給電は，シート媒体の表面に保護層を導入することではじめて実現される。まず誘電層の誘電率 ε_2 とは異なる誘電率 ε_1 をもつ一定厚みの保護層を設けることで，金属板が近接した際，式 (16) の ξ が一定値以上になること防ぐ。保護層にはもう一つ重要な効果があり，それは一般の金属体とS層の間の空間が空洞共振器となってしまうことを防ぐ役割である。金属体の辺縁部とS層との間隔が小さいと，空間Gに染み出した電磁エネルギーは間隙から空間に放射することができずそこに閉じ込められる。空間Gの空洞の共振周波数が信号周波数に一致すると，一般物体に対しても強い吸出しが生じる可能性がある。これに対し，S層の表面に一定の厚みをもつ保護層を設けた場合には，一般物体への給電の可能性を大幅に低下させることができる。このことを理解するため，野田らによって示された解析にしたがって以下の考察を行う[2]。

S層－B層間に閉じ込められた電磁波が接触物体の下に到達し，そこを通過する状況を考える。S層直上の y 方向磁界を H_U，直下のそれを H_L（振幅の複素表示）とすると，S層を横切って上

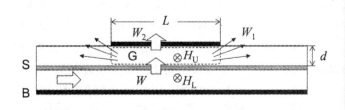

図6　保護層をもつシート媒体に金属板が近接した状況。右写真は保護層をもつ伝送シートの写真

4　H が非常に小さい場合には式 (11) の条件が成り立たなくなるが，その場合にもこの結論はかわらない。

に吸収される電力は単位面積あたり

$$W = \frac{1}{2} X |H_U||H_L|\sin\theta \qquad (17)$$

で与えられる[2]。θ は H_U と H_L の位相差である。すなわち，S層のある地点から吸出可能な電力密度の最大値は，その地点で図6の空間Gに生じている磁界強度に比例する。そのため一般物体に対して空間Gにエネルギーが蓄積しないようにすれば電力の吸出しを防ぐことができる。そのための有効な方法が，保護層の厚み d を大きくすることである。

なお H_L はシート媒体中の高さによらず一定とすると，シートの下側導体B層を流れる電流は単位幅あたり $I = -H_L$ である。したがってシート媒体を伝達してきた電磁場からみたとき，物体の下ではS層に見かけのシート抵抗成分

$$R = X \left|\frac{H_U}{H_L}\right|\sin\theta \qquad (18)$$

が生じており，これによって電力 W の吸い上げが生じていると理解することもできる。もしこのような R が生じていなければ，シート媒体内の波動はそのまま素通りし上方への電力流は発生しない。

図7は，表1のようなパラメータの伝送シート，すなわち保護層の厚み d を4mmに設定し，表面にさまざまな大きさの金属板を置いたときに空間へ放射される電力を数値計算した結果である。ここでは2次元問題，すなわち y 方向に位相の揃った単位電力の波動が $+x$ 方向に進行し，金属板は y 方向に無限にのびているものと仮定している。典型的な金属板の幅に対する放射の割合を，電磁波周波数を横軸としてプロットしている。この図をみると，共振が生じた場合の電力放出率の最悪値はシート媒体を流れる電力の9%であり，共振が生じない周波数では1%程度の放射であることがわかる。

図7は2次元問題，すなわちシート媒体の一方向を完全に被覆する導体が配置された場合の電力吸収率であることに注意する必要がある。例えば1m角のシートに一様な10Wの平面波すなわち10W/mの電力が流れている場合に10cm角の金属片が置かれた場合の放射は，単純計算で 10cm×10W/m×0.01＝10mW 程度であり，共振が生じた場合の漏出は90mWである。共振時の漏出をさらに減少させるためには，保護層誘電率 ε_1 に対する ε_2 の比率を大きくし，保護層内と誘電層内での波長の違いがより顕著になるようにすることが有効であり，その最適設計は今後の課題である。なお，このような金属片がシートの全面に密に敷き詰められた場合にも，空中での電磁波の電力密度は 90mW/(10cm×10cm)＝0.9mW/cm^2 の程度以下であり，一般環境における電波防護指針基準値を超えることはない。カプラ付近に皮膚が密着した場合のSARについては現在評価中である。

第1章 ワイヤレス給電技術の基礎

表1 シート媒体のパラメータ設定例

	記号	設定値
保護層誘電率	ε_1	1.17
保護層厚み	d	4.0mm
誘電層誘電率	ε_2	2.1
誘電層厚み	h	1.0mm
S層メッシュの周期	p	4.0mm
S層メッシュの線幅	w	1.0mm

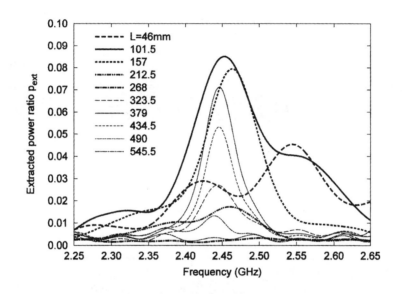

図7 金属板による放射。幅 46mm, 101.5mm,…の金属板が空中に放射する電力比。シート媒体を，y 方向に位相の揃った単位電力の波動が $+x$ 方向に進行し，金属板は y 方向に無限にのびている2次元問題を仮定

2.2.7 電磁場閉じ込め構造による選択給電

図6のような保護層を有するシート媒体と結合するためには，S層とカプラの間に電磁場を閉じ込める構造を備えている必要がある。閉じ込め構造がなければ図6の空間Gに強い電磁場が形成されることはなく，有意な吸収は起こらない。このような閉じ込め構造は，野田らによって提案された図8のような共振体によって実現することができる。これはカプラを電磁バンドギャップ（EBG）構造で取り囲むことによって電磁放射を抑制する小林らの研究[3]を基礎においている。

図8のカプラにおいて Conductor patch の長辺はほぼ保護層内電磁波長の半分となるように設定されている。Conductor cavity wall と Conductor patch の間の空間は，保護層と同じ誘電率の材料で満たされている。Conductor patch の短辺部は磁界の節であり，シート表面に垂直な電界成分も，保護層表面を境に方向が逆向きになっているため，端部からの電力の放射が生じ

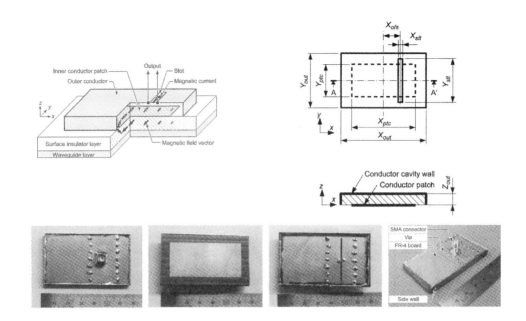

図8 試作カプラの構造と写真

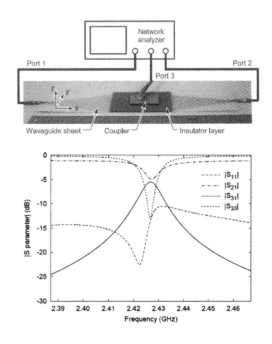

図9 実験の状況（上）と測定されたSパラメータ（下）

第 1 章　ワイヤレス給電技術の基礎

にくい構造になっている。

　表 1 に示したシート媒体の部分片で図 9 のような帯状の導波路を試作し，実験を行った結果をその下に示す。カプラの Q 値は 258 であり，シート媒体左側からカプラに到達した電力の反射は 5% である（$|S11|=-13$ dB）。32% が媒体を通過してポート 2 に到達（$|S12|=-5$ dB）し，残りの 63% がシートから消失，そのうちの 28% をカプラが電力として取り出すことができた（$|S31|=-5.5$ dB）。細長いシートの端から空中に放射された分の見積もりは，カプラが置かれていないときの消失分（$1-|S11|^2-|S12|^2$）の測定値 19% をそのまま適用[5]すると，カプラの内部効率

$$e_{\mathrm{int}} \equiv \frac{カプラを通して取り出せたマイクロ波電力}{カプラが吸収した総電力} \tag{19}$$

は 63% と見積もれる。この場合，残りの 37% はカプラ内部で熱になっている。ここで示したのは一つの実験例であるが，この損失を最小化していくことが今後の技術課題となる。特に現時点では，カプラ内の金属表面の抵抗を減少させる工夫が行われておらず，これによって内部効率を向上する余地が大きい。またシステムの EMC 特性と伝送効率はトレードオフの関係にあり，伝送シートからの電磁界漏出の条件をいくらか緩和することでも効率は向上する。なおここまでの実験では伝送シート端を吸収端としているが，実際の応用では端をショート（導体で S 層と B 層を接続）し，電磁波を伝送シートに留めておく利用法が中心になると思われる。そのような場合，一般物体の散乱・吸収と専用カプラの吸収効率はいずれも増加する。

2.2.8　給電の選択制と EMC

　本稿のシステムにおいて，カプラとシート媒体の有意な電磁結合が生じるためには，接触物体が電磁場の閉じ込め構造を有し，かつその共振周波数が給電周波数に一致する必要がある。そのため，偶然の給電はきわめて発生しにくいことがわかる。この条件が満たされない限りエネルギーの授受という側面だけでなく，物体が強い電磁場にさらされることもないことは重要な特徴である。一般物体との干渉が生じにくい理由は以下のようにまとめられる。

(1) 波長と同程度かそれより大きい一般金属構造物は空間とも結合しやすいため，伝送シートと連成して電磁場を強く閉じ込める状況が偶然には発生しにくい。

(2) 伝送シートに近接する構造物が電磁波長より著しく小さい場合，それらが高い Q 値で共振することがあったとしてもそれだけで有意な電力がシート外へ吸い出されることはない。波長と同程度の範囲で S 層の実効抵抗 R が変化しなければ有意な電力がシート外へ吸い出されることはないため，この場合も（波長と同程度の範囲におよぶ）電磁場の閉じ込め構造は不可欠である。なお，閉じ込め構造の中にさらに小型共振体が存在してもエネルギー

---

[5] 広いシートの表面に漏出しているエバネッセント波の電力はシート内電力の 0.1% であるが，ここでは小片を切り出しているためその辺縁からの放射や同軸線路とシートの結合部からの放射が強く影響し，顕著な消失となっている。

の余計なロスを招くだけであって,カプラ内での電磁エネルギーが均一になるように設計された専用カプラの効率を上回ることはない。

なおここまでは伝送シートに接触する一般物体による電磁放射を議論してきたが,これ以外の漏洩経路として

(1) 専用カプラからの漏洩：専用カプラの接触が完全に理想的でない場合にその周囲から強い放射が生じる可能性がある。

(2) 導波路の端部からの放射

がある。項目 (1) については,共振体の配列でカプラを取り囲み,カプラとS層の間を伝搬する電磁波を遮断することが有効と考えられ[3],研究が進められている。また (2) の導波路端部からの放射については,端部を導体で短絡することで空中への漏出率 r の程度以下の値[6]に抑制できる。これに加え,端部近くのS層のメッシュパターンを工夫してエバネッセント波を端部手前で消失させることもでき,端部からの漏洩をさらに抑制できることも報告されている[3]。

2.2.9 おわりに

本項では,シート状媒体を2次元伝播する電磁波を用いた電力伝送技術について要点をまとめた。本方式は電力伝送媒体を必要とするものの,安全・低干渉な選択的給電が可能であること,伝送媒体は低コストで実現できる簡単な構造であり,1mを越える範囲で小型の機器に給電できること,が特長である。微弱電力の給電においては実用化に際して大きな困難はないが,数ワットを越える電力供給においてはその伝送効率向上が現時点での課題である。

文　　献

1) 篠田裕之,素材表面に形成する高速センサネットワーク,計測と制御,Vol. 46, No. 2, pp.98-103 (2007)

2) Akihito Noda and Hiroyuki Shinoda, Selective Wireless Power Transmission through High-Q Flat Waveguide-Ring Resonator on 2D Waveguide Sheet, IEEE Transactions on Microwave Theory and Techniques, Vol. 59, No. 8, pp.2158-2167, August 2011

3) N. Kobayashi, H. Fukuda and T. Tsukagoshi, "Challenging EMC problems on two-dimensional communication systems", Proc. Seventh International Conference on Networked Sensing Systems, pp.130-137 (2010)

---

6 (8) 式で与えられている。本稿のシート仕様において r は 0.1% である。

2.3 共振器を用いたワイヤレス給電技術－電磁誘導理論より－

小紫公也[*]

Kurs等[1]は，光やマイクロ波の方向性結合器の技術の延長として，共振するコイル間で電力伝送が可能であることを理論展開し，その後10 MHz帯の交流を用いて約1.8m離れた場所から60Wの電球に対して効率40%のワイヤレス給電に成功した。1対の音叉の共鳴現象のように1対の等しい共振周波数を持つコイルが強く結合する現象を利用するため"Magnetic resonance"給電と命名されたが，後述するように従来よりも高い周波数で作動する電磁誘導非接触給電技術と位置づけてもよい。

まずは電磁誘導に基づいた非接触給電技術について概説する。

2.3.1 長ギャップを有する電磁誘導と漏れインダクタンス

図1に示す様に，自己インダクタンス L_1, L_2 の2つのコイルの鉄芯間に，空間あるいは絶縁物のギャップを有する電磁誘導給電装置について考える。その電気回路図を図2に示す。回路図は従来のトランスと同一であるが，ギャップを有することにより漏れ磁界が多く発生し，相互インダクタンスが小さいことが特徴である。

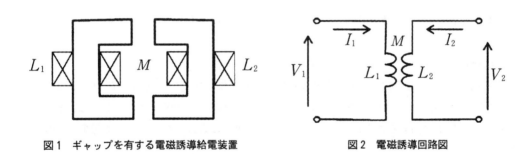

図1　ギャップを有する電磁誘導給電装置　　図2　電磁誘導回路図

相互インダクタンスを M，1次側回路に流れる交流電流 I_1 により2次側回路に誘起される起電力 V_2，交流電流 I_2 により1次側回路に誘起される起電力 V_1 とすると，キルヒホフ電圧則より以下のように表すことができる。

$$\begin{bmatrix} V_1 \\ V_2 \end{bmatrix} + \begin{bmatrix} -L_1 & M \\ M & -L_2 \end{bmatrix} \frac{d}{dt} \begin{bmatrix} I_1 \\ I_2 \end{bmatrix} = \begin{bmatrix} 0 \\ 0 \end{bmatrix} \tag{1}$$

相互インダクタンス M は結合係数 k ($0 \leq k \leq 1$) を用いて $M = k\sqrt{L_1 L_2}$ と表せ，k は2つのコイルあるいは鉄芯の幾何学的な位置関係，この場合はギャップ長，により決まる。

---

[*] Kimiya Komurasaki　東京大学大学院　新領域創成科学研究科
先端エネルギー工学専攻　教授

ワイヤレス給電技術の最前線

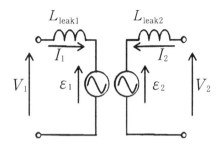

図3 漏れインダクタンス等価回路

ギャップ長が大きくなると，漏れ磁界に伴う漏れインダクタンスが大きくなる。漏れインダクタンス L_{leak} を考慮した電気回路[2]を図3に示す。L_{leak} とは，回路の結合が完全でないときにコイルの一部がインダクタンスとして働くもので，$L_{leak1, leak2} = (1-k^2)L_{1,2} \to L_{1,2}$ ($k \to 0$) である。(1) 式を以下のように変形し

$$\begin{bmatrix} k\sqrt{L_2/L_1}\,V_1 \\ k\sqrt{L_1/L_2}\,V_2 \end{bmatrix} + \begin{bmatrix} -M & k^2L_2 \\ k^2L_1 & -M \end{bmatrix} \frac{d}{dt}\begin{bmatrix} I_1 \\ I_2 \end{bmatrix} = \begin{bmatrix} 0 \\ 0 \end{bmatrix} \qquad (2)$$

さらに (1) 式から (2) 式を引いて次式を得る。

$$\begin{bmatrix} V_1 \\ V_2 \end{bmatrix} = \begin{bmatrix} -k\sqrt{L_1/L_2}\,V_2 + (1-k^2)L_1(dI_1/t) \\ -k\sqrt{L_2/L_1}\,V_1 + (1-k^2)L_2(dI_2/t) \end{bmatrix} = \begin{bmatrix} \varepsilon_1 \\ \varepsilon_2 \end{bmatrix} + \begin{bmatrix} L_{leak1}(dI_1/t) \\ L_{leak2}(dI_2/t) \end{bmatrix} \qquad (3)$$

コイル間のギャップ長が大きくなり k が小さくなると，以下の2つの効果で電力の伝送効率が低下する。

1) 2次誘起電圧の低下

k の減少に比例して2次側に誘起される電圧（等価電源電圧 $\varepsilon_2 = -k\sqrt{L_2/L_1}\,V_1$）が減少し，出力に対して相対的に2次側回路の銅損が増大する。それに伴う効率低下に対しては，電源周波数を10kHz以上に高めることによって，1次側と2次側の両方の電圧を上げる対策が一般的に取られる。

2) 力率の低下

漏れインダクタンスが大きくなると，電圧に対して電流の位相遅れが生じ，2次側に伝送できる電力が減少する。すなわち，力率が低下する。電源角周波数を ω，2次側の負荷を R とすると，力率 $\cos\theta$ は以下のように表わせる。

$$\cos\theta = \frac{R}{\sqrt{R^2 + (\omega L_{Leak})^2}} \qquad (4)$$

漏れインダクタンス対策としては，2次側回路に補償コンデンサを付加し位相のずれを相殺するのが一般的である。同様に1次側回路にも補償コンデンサを挿入することによって，1次側電源から効率よく電力を投入することができる。1次側と2次側の補償コンデンサ C_1, C_2 をそれぞれに直列に挿入した電気回路を図4に示す。（これらをコイルと並列に付加することもできる。）$k \to 0$ で力率が1となる条件は $\omega C = 1/\omega L$ で，これはすなわち送受電回路の固有角周波数 $\omega_{1,2}$

第1章 ワイヤレス給電技術の基礎

がωと一致する条件 $\omega_{1,2} = 1/\sqrt{L_{1,2}\,C_{1,2}} = \omega$ である。

2.3.2 電力伝送効率と指標関数 kQ

効率を定量的に議論するには，回路の Q 値について考える必要がある．送受電回路の固有角周波数を虚数成分も合わせて示すと

$$\beta_{1,2} = 1/\sqrt{L_{1,2}\,C_{1,2}} + i(R_{1,2}/2L_{1,2}) = \omega_{1,2} + i\Gamma_{1,2} \quad (4)$$

となる．$\Gamma_{1,2}$ は銅損や放射損によるエネルギー散逸をレートで表したものであり，次のように交流電流の角周波数との比として定義される無次元量を Q 値と呼ぶ．

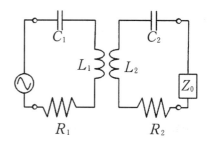

図4 補償用コンデンサを直列に挿入し力率改善を行った回路
$Z_0 = R_0$ は電力を取り出すための負荷

$$Q \equiv \frac{\omega}{2\Gamma} = \frac{\omega}{(R/L)} \quad (5)$$

Q 値が高いとコイルに蓄えられた電気エネルギーがコイルに長時間保持され，高品質なコイルと呼ばれる．例えば Q 値が 1,000 であればコイルに蓄えられたエネルギーが電源交流周期の 1,000 倍の時間で $1/e$ に減少することを意味する．しかし一方で，高い Q 値では共振特性が急峻となり，共振できる周波数帯域が狭くなる．その場合，1 次側と 2 次側の回路の固有周波数を精密に電源周波数と一致させるコイル製作技術が必要となる．

前項で解説したように，漏れインダクタンスを補償コンデンサで完全にキャンセルする共振条件，すなわち $\omega_{1,2} = 1/\sqrt{L_{1,2}\,C_{1,2}} = \omega$ では，以下のキルヒホフ電圧則が成立する．

$$\begin{bmatrix} V_{\rm src} \\ 0 \end{bmatrix} = \begin{bmatrix} R_1 & i\omega M \\ i\omega M & Z_0 + R_2 \end{bmatrix} \begin{bmatrix} I_1 \\ I_2 \end{bmatrix} \quad (6)$$

電流 I_1, I_2 は $Z_0 = R_0$ として

$$\begin{bmatrix} I_1 \\ I_2 \end{bmatrix} = \frac{V_{\rm src}}{R_1(R_0+R_2)+(\omega M)^2} \begin{bmatrix} R_0+R_2 \\ -i\omega M \end{bmatrix} \quad (7)$$

と求めることができる．共振条件では反射する電力がないので，伝送効率 η は（7）式および Q 値を用いて次のように表せる．

$$\eta = \frac{Z_0 I_2^2}{V_{\rm src} I_1} = \frac{R_0 \omega^2 M^2}{\{R_1(R_0+R_2)+(\omega M)^2\}(R_0+R_2)} = \frac{1}{\left\{\dfrac{1}{k^2 Q_1 Q_2}(r+1)+1\right\}\left(1+\dfrac{1}{r}\right)} \quad (8)$$

ここで r は出力インピーダンス比で $r = R_0/R_2$ である．ある $k^2 Q_1 Q_2$ に対して効率を最大にする r は，

$$r_{\rm opt} = \sqrt{1+k^2 Q_1 Q_2} \quad (9)$$

であり，そのときのηは

$$\eta_{\max} = \frac{k^2 Q_1 Q_2}{\left\{1+\sqrt{1+k^2 Q_1 Q_2}\right\}^2} \tag{10}$$

となる。これらの式が示す様に，ηはkとQの積のみの関数であり，$k\sqrt{Q_1 Q_2}$をこの回路の指標関数（Figure of Merit）と呼ぶ。この関係を図5に示す。kが小さくても，その分Q値を大きくしてやれば同等の伝送効率を維持できることを意味している。

電磁誘導で用いられるコイルのQ値は高々数10程度であるが，10MHz帯の高周波数交流電流を用いると1000程度の高Q値が実現できる。そうすると，たとえギャップが大きくてkが0.01と小さくても，kQ=10を実現でき80％以上の高伝送効率を得ることができる。

2.3.3 高Q値コイルを用いたワイヤレス給電

図6のように2つの高Q値のソレノイドコイルを対向させてワイヤレスで給電することを考える。この場合，1次側，2次側のコイルのインダクタンスをそれぞれL_1, L_2，巻き線間の静電容量（寄生容量）をC_1, C_2，巻き線の内部抵抗（放射抵抗を含む）をR_1, R_2とすれば，等価回路は図4と同一となる。また，2つのコイル固有周波数が電源交流の周波数と等しいという条件下では，伝送効率も式(10)，図5と同一となる。

2つの円形コイルの場合，結合係数kとコイル間距離の関係は，単純な積分で求めることができる。伝送効率とコイル間距離の関係を図7に示す。コイル間距離はコイル直径で無次元化してある。

Q=1000のコイルを用いれば，コイル直径と同程度の伝送距離，すなわち数センチから数メートルの距離を90％以上の効率でワイヤレス給電が可能となる。

一方，図の右側のコイル直径の3倍から4倍の距離でも10％以上の伝送効率を保っており，1

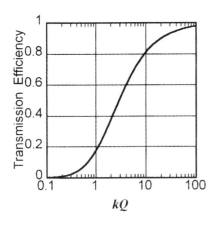

図5　伝送効率ηと指標関数kQの関係
　　　$r = r_{\mathrm{opt}} = \sqrt{1+k^2 Q_1 Q_2}$

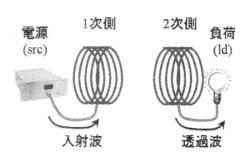

図6　高Q値コイルを用いたワイヤレス給電

次側と2次側のコイルの相対位置・姿勢が時間的に大きく変動しても，比較的大電力を供給し続けることが可能である。従来の電磁誘導のギャップ長の限界が1ミリメートル程度であったことを考えると，自由度が増し，応用分野が大きく広がると期待される。

2.3.4 共振周波数の双峰性とインピーダンス整合[3)]

伝送にMHz帯の高周波交流を用いているが，電磁放射を利用しているわけではなく，むしろ放射が起こらないようコイルの全線長を電磁波波長の10分の1以下に抑えつつ高Q値を実現する。近傍場で結合するため，1次側の出力は2次側の負荷の変化の影響を受けて変化する点が電磁放射を利用した給電と比べ複雑である。従来の電磁誘導非接触給電でも既知のことであるが，kが大きくなる（ギャップが小さくなる）と共振周波数が分裂し双峰性を有する。この双峰性を含めて伝送効率を考えてみよう。

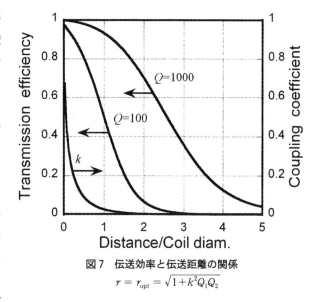

図7 伝送効率と伝送距離の関係
$r = r_\mathrm{opt} = \sqrt{1+k^2Q_1Q_2}$

送受電側それぞれの回路のインピーダンスは

$$Z_{1,2} \equiv R_{1,2}+i\left(\omega L_{1,2}-\frac{1}{\omega C_{1,2}}\right) = R_{1,2}(1+ix) \tag{11}$$

と表せる。ここで電流と電圧の位相差 $x=\tan\phi$ は

$$x = \sqrt{\frac{L_{1,2}}{C_{1,2}}}\frac{1}{R_{1,2}}\left(\frac{\omega}{\omega_0}-\frac{\omega_0}{\omega}\right) = Q_{1,2}\left(\frac{\omega}{\omega_0}-\frac{\omega_0}{\omega}\right)$$

である。Q値が大きいと，少しの電源周波数のずれによって，大きな電流と電圧の位相差を生じ，反射が増大する。

10MHzを超えるような高周波では反射電力の再利用が困難なので損失とし，伝送効率を s パラメーターを用いて定義する。高周波4端子回路と考えれば

$$\eta = |s_{21}|^2 = \frac{4\omega^2M^2Z_{01}Z_{02}}{|(Z_1+Z_{01})(Z_2+Z_{02})+(\omega M)^2|^2} = \frac{4k^2Q_1Q_2r_1r_2}{|(1+ix+r_1)(1+ix+r_2)+k^2Q_1Q_2|^2} \tag{12}$$

と定義できる。この関係を図8に示す。簡単のために1次側と2次側のインピーダンス比が同一と仮定している。

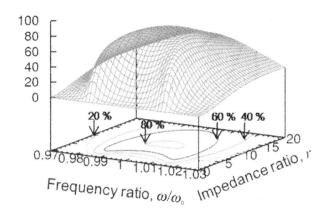

図8 伝送効率 η の周波数比 ω/ω_0 およびインピーダンス比 r 依存性
$k=0.01$, $Q=1000$

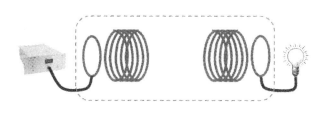

図9 4素子給電
左から励起コイル,送電用共振コイル,受電用共振コイル,ピックアップコイル

図にみられるように,最適なインピーダンス比 $r_{1,2}=r_{opt}$ および $\omega=\omega_0$ のときに最大効率を得るが,インピーダンス比 r が r_{opt}(この場合 $r_{opt}=10$)よりも小さな場合,η が周波数に対して双峰性を有し,共振周波数が分裂する。

このような条件下で,高い伝送効率を得るには2つの方法がある。まず一つ目は,インピーダンス比を固定しておいて(固定されていて),電源の周波数を制御して双峰性の尾根の条件を実現する方法である。もう一つは電源の周波数を ω_0 に固定しておいて,インピーダンス比を制御する方法である。この方法であれば必ず最大効率を実現できる。

Q 値を高く保ったままインピーダンスを整合するには,図9に示すように入出力に変成器(入出力トランス)を用いる。変成器は,励起コイルと共振コイル,あるいは共振コイルとピックアップコイルを比較的高い k で結合させつつ,その k を変化させることによって,コイルから見た電源や負荷のインピーダンスを自由に整合させることができるものである。

図10にインピーダンスの整合を取らない場合,送信側か受信側の何れか一方だけで整合を取る場合,両方で整合を取る場合の伝送効率の伝送距離依存性を示す。伝送距離0.2mで最適な伝送効率が得られるように初期インピーダンスを設定すると,そのあたりの距離では高効率が維持できるが,インピーダンスの整合を取らずに伝送距離をそれよりも短くすると急激に効率が低下する。どちらか1方で整合を取るだけでも距離の短い領域で大幅に効率が改善されることがわかる。

2.3.5 高 Q 値コイル

高い Q 値を実現するためには内部抵抗,放射抵抗の少ないコイルを製作する必要がある。内部抵抗に関しては高周波の表皮効果を考慮しなければならない。表皮厚は周波数の平方根に反比例するので,導線の内部抵抗 R_{ohm} は線半径を a,線長を l,胴体の電気抵抗を ρ とすると

$$R_{\text{ohm}} = \sqrt{\frac{\mu_0 \omega}{2\rho}} \frac{l}{2\pi a} \tag{13}$$

と表される。μ_0 は真空の透磁率である。このため一般には周波数をあまり大きく取れず，代表的な周波数としては 1 MHz から 10 MHz が選ばれる。表皮効果による実効断面積の減少を防ぐためリッツ線（絶縁被膜された細線を束ねたもの）を用いることが考えられる。線材の皮膜の誘電損が無視できず皮膜材料の選択も重要である。

一方放射抵抗はコイルの直径を D，巻き数 n，交流電流の波長を λ とすると，およそ

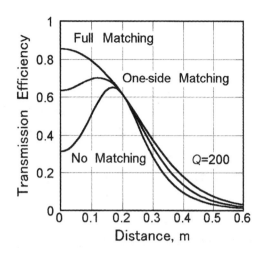

図 10　インピーダンス整合の効果

$$R_{\text{rad}} = 20n^2 \pi^6 \left(\frac{D}{\lambda}\right)^4 \tag{14}$$

となり[4]，D/λ の 4 乗に比例して増加するため D/λ は数%以下に抑えたい。

さらに，伝送距離 l_{gap} で $k=0.01$ を実現するには $l_{\text{gap}}/D \approx 1$ 程度のコイル径が必要（図 5 参照）なので，これらのスケールパラメータのおおよその関係は

$$l_{\text{gap}} \approx D \leq \lambda/100 \tag{15}$$

と制限される。例えば 10MHz の交流を用いるならば $\lambda \approx 30$m であるから，数十センチの径のコイルを用いてコイル径程度の距離の伝送が可能である。

静電容量 C の与え方には，ソレノイドコイルの寄生容量を利用する方法や単巻きループにコンデンサを挿んで共振回路を作る方法など，いろいろと方法がある。

ソレノイドコイルの場合，C は線間のピッチに反比例する。ピッチの精密な制御が困難なため，共振周波数を設計値通りに製作することが難しいが，内部抵抗は小さいため高い Q 値を達成しやすい。コンパクトに作るとなるとコイルの巻き方に工夫が必要である。一方，単巻きループの場合には，周波数の設定が容易でコイルがコンパクトになる利点がある。しかしコンデンサの誘電抵抗が主たる損失の原因となるため，現在入手可能な高 Q 値コンデンサを選んでも 1000 オーダーの Q 値を達成することは難しい。

コイルの設計に際して，インダクタンス L に関する色々な近似式があるが，コイルの線径が a，1 辺の長さが b の正方形単巻きループの場合は以下の式[5]が使える。

$$L = \frac{2\mu_0 b}{\pi}\left(\ln\frac{2b}{a} - 1.21712\right) \tag{16}$$

2.3.6　交流周波数の選択

　MHz 帯の電源は，kHz 帯の低周波数の電源に比べて制御が複雑で，一般に低効率・高価格である。また高い周波数を使うと周波数に比例して誘起される電圧が高くなるので，特に大きな電力を送ろうとすると高耐圧な設計が不可欠となり困難を生じる。

　また，数メートルの距離を伝送したいとなると，大きなコイル径 D を要するため，放射抵抗が（14）式に示したように D/λ の 4 乗に比例して急激に増え，Q 値が減少しがちである。このようなことが問題となる場合，数百 kHz 帯の利用も考えられる[6]。但し共振に大きな L および C が必要となるため，必然的に送受電コイルは大型化する。逆に GHz 帯の交流を利用すれば微細なコイルを使って伝送するアプリケーションも可能である。

文　　　献

1) André Kurs, Aristeidis Karalis, Robert Moffatt, J. D. Joannopoulos, Peter Fisher, Marin Soljačić, "Wireless Power Transfer via Strongly Coupled Magnetic Resonances," *Science,* Vol. 317, No. 5834, pp. 83–86, 2007.
2) 安部英明，"携帯用電子機器への非接触給電技術，" 非接触電力伝送技術の最前線，シーエムシー出版，pp.159–170, 2009.
3) T. Komaru, M. Koizumi, K. Komurasaki, T. Shibata, K Kano, "Compact and Tunable Transmitter and Receiver for Magnetic Resonance Power Transmission to Mobile Objects," *Wireless Energy Transfer based on Electromagnetic Resonance: Principles and Engineering Explorations,* edited by K. Y. Kim, ISBN 979–953–307–152–6, InTech, 2011.
4) J. D. Kraus, *Antennas.* New York: McGraw-Hill, 1988.
5) Frederick Warren Grover, "Inductance Calculations: Working Formulas and Tables," Dover Phoenix Edition 2004.
6) 居村岳広，岡部浩之，小柳拓也，加藤昌樹，Teck Chuan Beh，大手昌也，島本潤吉，高宮真，堀洋一，"Hz～MHz～GHz における磁界共振結合によるワイヤレス電力伝送用アンテナの提案，" 電子情報通信学会総合大会講演論文集 1, pp. 24–25, 2010.

2.4 共振器を用いたワイヤレス給電技術－フィルター理論より－

粟井郁雄*

2.4.1 はじめに

2つの共振器の結合によって信号が空中を伝送されることは高周波回路技術者にとっては周知の事柄であり，古くから帯域通過フィルタ（BPF）として広く利用されていた。さらに，よりワイヤレス伝送という意識を前面に出した応用例として，筆者らにより2006年にミリ波インターコネクトへの応用を目的として特許が申請されている[1]。しかし信号を電力に変更してワイヤレス電力伝送（WPT）が可能であることを示したのはMITグループが初めてであり[2]世界中がその意外性に目を見張ったことは記憶に新しい。

このような背景があるため，我々はMITの発表を知ったときからこのシステムはBPFに他ならないと理解し，一貫してその考えに基づいて設計法の開発を行ってきた[3~5]。我々の高周波技術者としてのバックグラウンドは言うまでも無く50Ω高周波電源，Sパラメータ表示，ベクトルネットワークアナライザによる測定であるから，基本的に線形系を前提としている。それは線形系であるBPF回路と適合しており，50Ω電源を前提とするBPF理論によってWPTシステム設計法を構築することにつながった。

ところが50Ω電源はA級，AB級増幅器を用いており，その電源効率は50％にすら満たない。従って小電力ならともかく10W, 100Wを超える電力伝送では使うことが出来ない。このような電力になると高い電源効率が得られなければ，省エネルギーや発熱対策の点で大きな困難に遭遇するからである。それを救済する方法として高効率なスイッチング電源の使用が考えられる。KHzオーダーの交流を出力するスイッチング電源はインバータとしてパワーエレクトロニクスの分野では広く使われてきたが，最近D級，E級増幅器の名前で高周波化が進められている。そして偶然にもこれらの増幅器はLC共振器を用いているため，結合共振器型のワイヤレス給電とある意味で適合性が良い。

従ってここではD級，またはE級増幅器を高周波電源として用いることを想定し，伝送系はBPFと考えてシステム設計を行う。このとき電源の出力インピーダンスを規定する事が必要であり，その視点からD，E級増幅器を定義するならばスイッチするべき直流電源の出力インピーダンスによって基本的に左右されることが分かる。ここではより多く使用される定電圧直流電源を想定し，D，E級増幅器の出力インピーダンスはほぼ0Ωとして，定電圧源であると考えることにする。その結果本解説では0Ω電源に対するBPF設計法に基づいてWPTシステムを設計する。

しかし事はこれではまだ収まらない。D級，E級増幅器は高効率化とスイッチングノイズ低減のためソフトスイッチング技術を用いる。それにはFETのON/OFFのタイミングが非常に重要であり，例えばFETが1個でよいE級電源では負荷抵抗と共振インダクタンスとの間の一定

---

* Ikuo Awai ㈱リューテック　代表取締役

の関係つまり外部Qの条件が保たれないとタイミングがずれてしまう。これは伝送系に対して適用しようとするBPF設計と競合する可能性がある。つまり全体としての伝送効率最大化のためには電源と伝送系の間での損失配分に関するトレードオフが必要になりそうだということである。

したがってこの報告ではスイッチング電源を念頭において0Ω系でのBPF設計理論を展開するが、決してこれだけで閉じることはできない。必ず電源回路設計との再調整が必要となることを予告しておきたい。

2.4.2 0Ω電源に対するBPF理論

この章では0Ω電源に対するBPF設計法を解説する。従来筆者は50Ω（より正確には有限抵抗）電源に対するBPF設計法を結合共振器型WPTシステムに適用してきた[3~5]。また50Ωシステムを用いる限りBPF理論は他の設計法に比べて動作帯域、伝送効率の2点に関して最適解を与えることを証明した[6]。

しかし上に述べたように、高効率を目指すためには0Ωの出力インピーダンスを持つスイッチング電源を用いる必要があるので、そのようなシステムに対してもBPF設計法が優れていることを示さねばならない。そこでいくつかの例に対して筆者は試算を試み、常に低損失な動作をすることを見出した。最終的に電源側の要求との調整を取らねばならないとしても伝送側の要求を整理しておくという意味でこの理論に基づく設計法を明らかにしておきたい。また0Ω電源に対するBPF設計法の導出の過程を説明した文献は筆者の知る限り存在しないので、ここでそれを示すことはBPF設計と言う観点からも有意義であろうと考える。

（1）原型ローパスフィルタ

動作関数法を用いた現代BPF設計は常に原型ローパスフィルタから出発する。このフィルタはおおよそ次のようにして求める。まずいくつかの理想的なローパス特性の中から一つを選び出し、その規格化周波数の関数としての透過特性から反射特性を算出、そして反射係数から入力インピーダンスを計算する。最後に得られた入力インピーダンスを連分数展開して、はしご型の素子の並びに至るという手順である[7]。結果だけを示すと図1に表示された規格化素子値は以下の式によって計算される[8]。

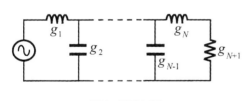

図1　原型LPF

$$a_n = \sin\frac{\pi}{2}\frac{2n-1}{N}(n=1,2...N) \tag{1a}$$

$$c_n = \cos^2\left(\frac{\pi n}{2N}\right)(n=1,2...N) \tag{1b}$$

$$g'_0 = 1,\ g'_1 = a_1 \tag{1c}$$

第1章 ワイヤレス給電技術の基礎

$$g'_n = \frac{a_n a_{n-1}}{c_{n-1} g'_{n-1}} (n = 2,3...N) \tag{1d}$$

$$g_n = g'_{N-n+1} \quad (n = 1,2 \cdots N, N+1) \tag{1e}$$

原型ローパスフィルタの素子値は負荷抵抗 R_0，カットオフ角周波数 ω_c によって以下のように規格化され，無次元化されている。

$$g_R = \frac{R}{R_0}, \; g_L = \frac{\omega_c L}{R_0}, \; g_C = \omega_c C R_0 \tag{2}$$

このため，実際の素子値 R, L, C を求めるには式（2）を逆に解けばよい。

（2）インバータによる等価変換

図2(a)のような原型ローパスフィルタが与えられたとして，まず式（2）によって L_n, C_n, R_n を求めると回路は(a)から(b)に変換される。

$$L_1 = \frac{g_1 R_0}{\omega_c}, \; C_2 = \frac{g_2}{\omega_c R_0}, \; L_3 = \frac{g_3 R_0}{\omega_c} \cdots$$

$$L_N = \frac{g_N R_0}{\omega_c}, \; R_{N+1} = \frac{R_0}{g_{N+1}} \tag{3}$$

次にシャントに挿入された容量 $C_2, C_4 \cdots$ をインバータ K_0 によって左右から挟まれた $L_2, L_4 \cdots$ に変換すると(c)図が得られる。

$$L_2 = K_0^2 C_2, \; L_4 = K_0^2 C_4 \cdots L_{N-1} = K_0^2 C_{N-1} \tag{4}$$

そこで偶数番目のインダクタ $L_2, L_4 \cdots$ を図(d)のように別の値のインダクタ $L_{02}, L_{04} \cdots$ に変換するため左右のインバータ値を K'_{12}, K'_{23} などへと変更する。

$$K'_{12} = K'_{23} = K_0 \sqrt{\frac{L_{02}}{L_2}}, \; K'_{34} = K'_{45} = K_0 \sqrt{\frac{L_{04}}{L_4}},$$

$$\cdots K'_{N-2,N-1} = K'_{N-1,N} = K_0 \sqrt{\frac{L_{0N-1}}{L_{N-1}}} \tag{5}$$

これらのついでに負荷を変換しておく。

$$K_{N,N+1} = \sqrt{R_{N+1} R_B} \tag{6}$$

次いで奇数番目のインダクタを同じく図(e)のように変更するとそれらの両端のインバータは

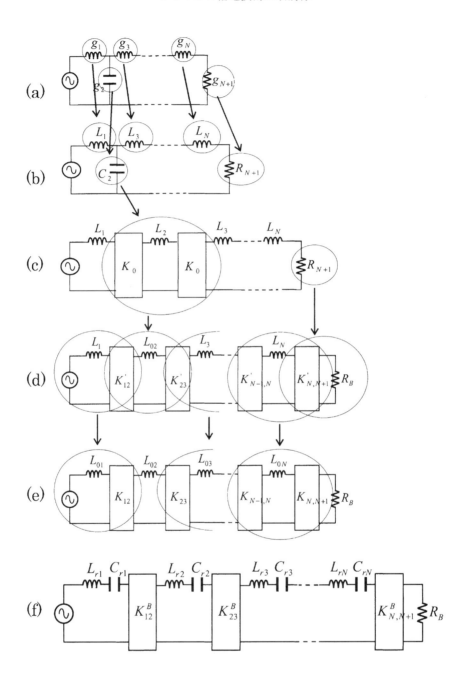

図2 原型 LPF からインバータつき BPF への変換

$$K_{23} = K'_{23}\sqrt{\frac{L_{03}}{L_3}},\ K_{34} = K'_{34}\sqrt{\frac{L_{03}}{L_3}},$$

$$\cdots K_{N-1,N} = K'_{N-1,N}\sqrt{\frac{L_{0N}}{L_N}},\ K_{N,N+1} = K'_{N,N+1}\sqrt{\frac{L_{0N}}{L_N}} \tag{7}$$

などと変更せねばならない。L_1 は

$$K_{12} = K'_{12}\sqrt{\frac{L_{01}}{L_1}} \tag{8}$$

によって L_{01} に変換される。
以上の式を順番にさかのぼって代入していくと最終的に

$$K_{n,n+1} = \omega_c\sqrt{\frac{L_{0n}L_{0n+1}}{g_n g_{n+1}}} \quad (n = 1,2\cdots N-1) \tag{9a}$$

$$K_{N,N+1} = \sqrt{\frac{\omega_c R_B L_{0N}}{g_N g_{N+1}}} \tag{9b}$$

を得る。

(3) 周波数変換による BPF 回路の決定と回路定数の関係

低域通過フィルタ（LPF）から帯域通過フィルタ（BPF）は

$$L_{0n} = \frac{w\omega_0}{\omega_c}L_{rn},\ C_{rn} = \frac{1}{L_{rn}\omega_0^2} \tag{10}$$

という変換によって得ることが出来る。すると式（9）は

$$K^B_{n,n+1} = \omega_0 w\sqrt{\frac{L_{rn}L_{r,n+1}}{g_n g_{n+1}}} \quad (n = 1,2\cdots N-1) \tag{11a}$$

$$K^B_{N,N+1} = \sqrt{\frac{w\omega_0 R_B L_{rN}}{g_N g_{N+1}}} \tag{11b}$$

と書き換えられる。ここに ω_0 は BPF の中心角周波数，w は比帯域であり

$$w = \frac{\Delta\omega}{\omega_0} \tag{12}$$

と表される。$\Delta\omega$ は 3dB 帯域幅である。変換された回路は図2（f）のように書くことが出来よう。以上によって必要な中心角周波数，比帯域が決まると回路素子は式（10）によって決まりその間の結合強度を与えるインバータ値は式（11）によって決めれば BPF が実現できることになる。

2.4.3 WPT回路に対する条件

前項の理論を結合共振器型ワイヤレス給電システムに適用する例として，ここでは広く知られている磁気結合共振器型システムを取り上げる。その等価回路は図3 (a) のように与えられているので，等価変換を用いてインバータを介した回路に書き換えることが出来る。この結果WPT回路は前項で求めたBPFの標準的な回路に変換される。

たいていの場合結合共振器型WPTシステムは2つの共振器を用いた2段構成であるが，ここではリピータによって遠距離伝送する可能性も考えて，より一般的な多段システムを取り上げる。N段の磁気結合共振器型WPTシステムは図3 (b) のような等価回路で表現されるので図2 (f) との対応関係を求める必要がある。そのためにまず相互インダクタンスを図3 (c) のようにT型等価回路で表示する。ところがこのT型回路は図3 (d) のようにインピーダンスインバータに等しいことが知られているので，結局図3 (b) の回路は図2 (f) と同じ構造をもつことが明らかとなる。そこで両者の対応関係を示すと

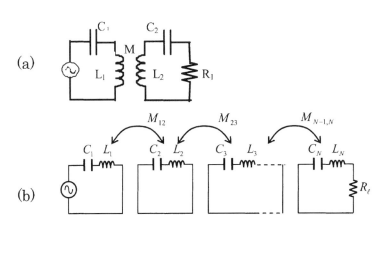
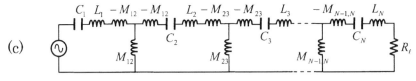
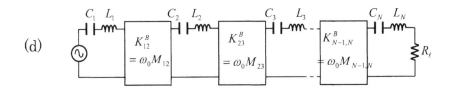

図3　WPT回路のインバータつきBPFへの変換

第 1 章　ワイヤレス給電技術の基礎

$$C_n = C_{rn} \quad (n=1, 2\cdots N-1) \tag{13a}$$

$$L_n = L_{rn} \quad (n=1, 2\cdots N-1) \tag{13b}$$

$$w\omega_0 \sqrt{\frac{L_{rn}L_{r,n+1}}{g_n g_{n+1}}} = \omega_0 M_{n,n+1} \quad (n=1,2\cdots N-1) \tag{13c}$$

$$\sqrt{\frac{w\omega_0 L_{rn} R_B}{g_N g_{N+1}}} = \sqrt{R_B R_\ell} \tag{13d}$$

となる。なおここで図 2（f）の 1 番右側のインバータと負荷 R_B は式（6）と同じように変換して図 3（d）の負荷抵抗 R_ℓ に等しいとしている。

式（13c）に（13a），（13b）を代入するとともに相互誘導による結合係数の定義を用いて

$$k_{n,n+1} = \frac{M_{n,n+1}}{\sqrt{L_n L_{n+1}}} = \frac{w}{\sqrt{g_n g_{n+1}}} \quad (n=1,2\cdots N-1) \tag{14}$$

が得られ，また同様にして（13d）から

$$L_{rN} = \frac{g_N g_{N+1}}{w\omega_0} R_\ell \tag{15}$$

が得られる。ここに示した式（14），（15）が WPT 回路設計に必要な関係式であり，この 2 式を BPF 条件と呼ぶことにする。

2.4.4　設計例

（1）2 段システム

結合共振器型 WPT 回路の基本となるのが 2 段システムである。式（1）で $N=2$ とすることによって

$$g_1 = \sqrt{2} \quad g_2 = \frac{1}{\sqrt{2}} \quad g_3 = 1$$

がまず求まる。つぎに動作周波数 f_0 を 1MHz，負荷抵抗 R_ℓ を 50Ω，結合係数 k を 0.2 と与える。k は共振器間距離の 2 乗と反比例に近い関係を持つので予め想定可能である。

式（14）（15）においても $N=2$ として

$$k = \frac{M}{\sqrt{L_1 L_2}} \quad (16a) \qquad k = \frac{w}{\sqrt{g_1 g_2}} \quad (16b) \qquad L_2 = \frac{g_2 g_3}{w\omega_0} R_\ell \quad (16c)$$

を得るので式（16b）によって比帯域 w を計算すればやはり 0.2 となる。以上の値を（16c）に代入して $L_2 = 23.135\mu\mathrm{H}$ を得る。

ここで L_1 には自由度が残っているので2次コイルの1次コイルに対する小型化を想定して仮に $L_1=5L_2$ と仮定すれば $L_1=140.68\mu H$，式（16.a）から $M=12.582\mu H$ を得る．最後に式（13），(10) によって C_1 を 180.06pF，C_2 を 900.31pF と定める事ができ，すべてのパラメータが明らかとなる．

このパラメータを図3（c）の回路パラメータに焼き直し PSpice によってシミュレーションした．結果は図4に示したが，設計通りの BPF 特性となっている．

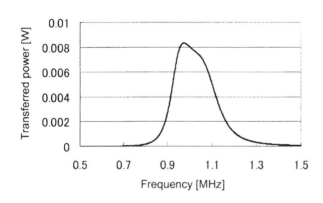

図4　2段システムの伝送電力周波数依存性

(2) 4段システム（リピータシステム）

多くのコイルをアドホックな形で床の上に間隔を置いて並べ，任意の場所に給電したいという要求に対処することを想定して4段システムの設計法を説明する．式（1）において $N=4$ とおくと

$$g_1=1.531,\ g_2=1.577,\ g_3=1.082,\ g_4=0.3827,\ g_5=1$$

を得る．リピータシステムではすべての共振器が等しいと扱いやすいであろうから

$$L_1=L_2=L_3=L_4=L \tag{17a}$$
$$C_1=C_2=C_3=C_4=C \tag{17b}$$

とする．共振器間隔が最も広いときに結合係数は最も小さくなるのでその限界を例えば 0.05 とすると上に求めた g 値と式（14）を勘案して k_{12} がもっとも小さくなることが分かる．そこで

$$w = k_{12}\sqrt{g_1 g_2}$$

に上記の値を代入して

$$w=0.0777$$

を得る．式（15）は R_l と L_4 の関係を決めるので例えば R_l を 20Ω，動作周波数を 2MHz とすると

$$L_4 = \frac{0.3827\times 20}{0.0777\times 2\pi\times 2\times 10^6} = 7.84\mu H$$

第1章　ワイヤレス給電技術の基礎

となる。仮定により他のインダクタンスも同じに決め式（17b）と式（10）により

$$C = \frac{1}{7.84 \times 10^{-6} \times (2\pi \times 2 \times 10^6)^2} = 808\mathrm{pF}$$

が得られた。$M_{n,n+1}$ は式（14）により

$$M_{n,n+1} = \frac{w}{\sqrt{g_n g_{n+1}}} L$$

であるから

$$M_{12} = 0.392\,\mu\mathrm{H},\ M_{23} = 0.466\,\mu\mathrm{H},\ M_{12} = 0.947\,\mu\mathrm{H}$$

となって後段の共振器ほど近付けて配置せねばならない。この設計値を用いて構成した回路をPSpiceによってシミュレーションした結果，図5の特性が得られた。

2.4.5　他の設計法との比較

図6のように損失を考慮した2段のシステムを考える。各共振器の損失をそれぞれの直列抵抗 R_1，R_2 で表す事とする。ここで電源の両端から負荷側を見たインピーダンスが実数であれば力率が1となり，電源から負荷側に流れる電流は極大となるからそれでよさそうである。少なくとも電磁誘導型WPTシステムはそのような方針で設計されている。しかし結合共振器型システムではより条件を限定して，2つの共振器の共振周波数を等しくした上でその周波数又は近傍で動作させる。それは2つの共振器は同じ周波数で共振するときに最も結合が強くなり，伝送効率が高くなるからである。即ち

$$L_1 C_1 = L_2 C_2 = \frac{1}{\omega_0^2} \quad (18)$$

という関係，及び ω_0 近傍での動作を要求する。この条件を力率条件と呼ぶことにする。しかし，式（18）は2つの共振器の LC の積が等しいことを要求するだけでその比については何も言っていない。つまりまだ LC の選択には自由度が残っているという事ができる。

そこで式（18）の関係を保ってそれらを

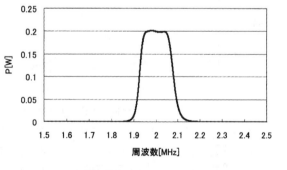

図5　4段システムの伝送電力周波数依存性

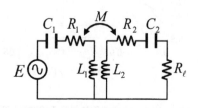

図6　損失を含む2段システムの等価回路

45

色々変えると何が起こるのか調べてみよう。1次/2次側の共振器は共振周波数だけでなく L, C の値まで同じにした方が製作の手間がかからない。そこで表1の3つの場合を比較してみる。上から下に向かって L/C 比が 1/4 ずつ減少している。比較を公平にするために動作周波数 f_0=1MHz とし，共振器間結合係数 k=0.1，各共振器の無負荷 Q，Q_u=300 と，全体を通じて一定に保っている。各共振器の無負荷 Q は

$$Q_{un} = \frac{\omega_0 L_n}{R_n} \tag{19}$$

によって計算でき，結合係数 k は式（14）または（16a）で表されている。結合係数の違いは動作帯域幅と伝送効率，Q_u の違いは伝送効率に反映されるので，これから LC の値の組によって動作帯域幅，伝送効率がどう変化するかを見ようというときには注意を払わねばならないのである。また見方を変えれば，k, Q_u は共振器に固有の量であり，これらの値を大きくすることはそれ自身が研究テーマになるくらい困難な課題であるからと言う事もできる。

表1　力率条件を満たす3つの例

No	L_1, L_2/(μH)	C_1,C_2(nF)	M(μH)	R_1,R_2(Ω)
1	22.508	1.1254	2.2508	0.4714
2	11.254	2.2508	1.1254	0.2357
3	5.627	4.5016	0.5627	0.1178

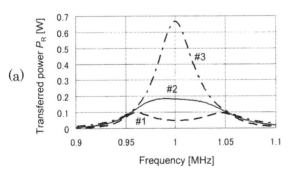

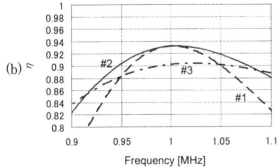

図7　表1の3つの例に対する周波数応答
(a) 出力電力　(b) 効率

図6の各回路素子に表1の値を用いて PSpice によって計算した。負荷抵抗 R_l（ここでは 10Ω）で消費される電力 P_R と，それに対する全消費電力のうち負荷で消費される電力の割合つまり伝送効率

$$\eta = \frac{P_R}{E R_e[I_1]} \tag{20}$$

を電源電圧が 1V に対して周波数の関数として図7に表した。ここで Re$[I_1]$ とは I_1 の実数部という意味である。伝送電力 P_R の周波数特性を見ると #2 が最も動作帯域が広く，かつ伝送効率 η も最大である事が分かる。実は #2 は BPF 条件式（14），（15）を満た

第1章　ワイヤレス給電技術の基礎

している。

P_R の絶対値は#1 から#3 に向かって大きくなるが，これは図6の相互インダクタンス回路が図3（d）に示すようにインピーダンスインバータに他ならないことから理解できる。そのため共振時（$f=1$MHz）には負荷抵抗は1次側から見たとき $(\omega_0 M)^2/R_l$ となり M が小さいほど小さくなるからである。また電源インピーダンスが0であるために R_l を大きくすれば P_R はいくらでも大きくすることも出来るので（もちろん実際にはトランジスタによる限界がある），P_R の絶対値は問題ではなく周波数特性の平坦性が問題である。

更に負荷抵抗変化時の特性を調べよう。表2及び図8は R_l を1Ω，10Ω，100Ωと変え，他のパラメータは表1の#2と全く変えずに特性を比較したものである。ここで再び#2 は BPF 条件（14），（15）を満たしており，他は力率条件式（18）のみを満たしている。負荷抵抗の変化に対しては BPF 条件が他に比べて圧倒的に優れた特性を示している。

表2　負荷抵抗の異なる3つの例

No	R_l（Ω）
1	1
2	10
3	100

2.4.6　システムとしての伝送効率 ―むすびに代えて

WPT システムは図9のように3つの部分によって構成されている。したがって全伝送効率は電源回路効率，伝送回路効率，整流回路効率の3者によって決定されるわけであり，このうちどれか一つでも低ければ全体としての高効率は望めない。幸い整流回路効率は10MHz 以下では90％以上の値を実現できるのでここでは割愛することにして，電源回路効率と伝送回路効率について考察する。

我々高周波通信技術者は50Ω電源と50Ω負荷を前提として通信システムの研究・開発を行うの

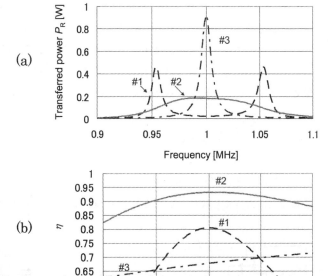

図8　表2の3つの例に対する周波数応答（a）出力電力（b）効率

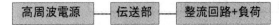

図9　WPT システムを構成する3要素

で，ワイヤレス給電システムに対してもそのような条件を当然のことと考えがちであった。しかし電力伝送を目的とした高周波電源には100％に近い効率が求められるため50Ω電源を用いることは出来ない。その理由は50Ω高周波電源が線形増幅器を電力増幅器として用いているからである。線形増幅器とはいわゆるA級増幅器，B級プッシュプル増幅器であり，それらの電力効率はそれぞれ原理的に50％，79％以下であるためである。さらに50Ω出力インピーダンスを広範囲にわたって確保するためには3dB減衰器を加えることがあるために，そのときにはそれぞれ25％，40％以下の効率に低下することになって，到底高効率を望むことは出来ない。

それに対して電力技術者は早い時期からインバータと呼ばれるスイッチング電源を用いている。スイッチング電源は原理的には100％近い高効率が得られ，数10kHzのスイッチング周波数ではほぼその値が実現されている。しかし周波数が上がるにつれて損失やノイズが増大するため応用上問題が多かったが，回路上の工夫であるソフトスイッチング技術や，Si半導体素子そのものの改良，SiC，GaNFETなど新しい半導体素子の導入によって高周波での使用も可能となってきた。

回路技術上の工夫の代表例としてD，E級増幅器を挙げることが出来る[9, 10]。例えば図10に示すD級増幅器においては共振回路が用いられている。この共振回路のお陰でFETを流れる電流および端子電圧は図11のような正弦波となりON/OFF時におけるスイッチング損失を限りなく小さくすることが出来る。スイッチング周波数と共振回路の共振周波数を一致させることによって図のように整った正弦波出力が得られる。この際に電流/電圧の正弦波形がうまく位相差を保ち，スイッチング損失を極小化するために共振器の負荷Qに対して一定の条件が課される。

$$Q_L = \sqrt{\frac{L}{C}} \Big/ R = 2 \sim 5$$

それは共振器の選択度が一定以上でなければならないが，逆にスイッチングFETの端子電圧を規格値以上に大きくしないという要求に基づいている。なおここでは説明を割愛するが，E級増

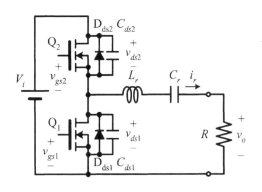

図10 D級増幅器回路

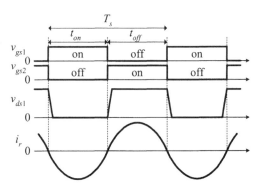

図11 D級増幅器回路の電圧，電流

第1章　ワイヤレス給電技術の基礎

幅器も同様に負荷に共振回路を含むため同様な条件が課される。

　以上のような D，E 級増幅器を結合共振器型 WPT システムに採用すれば何が起こるであろうか。増幅器は上述のように共振回路を負荷回路として要求する，伝送回路は結合共振器で構成されるということから考えると結局増幅器の共振回路として結合共振器回路を採用するしかないであろう。そうすると電源回路は伝送回路を複共振回路として取り込み，あたかも負荷回路の一部とみなすことになってしまう。さらに電源回路は負荷回路と一体化して設計されるという伝統に従うならば，伝送回路を電源回路の一部として吸収してしまったことになる。これは非常に重要な技術課題を生み出すことになる。

　なぜなら従来電源回路はパワーエレクトロニクス技術者が担当し，伝送回路は高周波通信技術者が担当するという住み分けに基づいて開発が進められてきた。ところが高効率スイッチング電源を採用することによって両者の一体化が強制されることになり，独立な開発だけでは非効率であることが明らかになったわけである。そこで両者は緊密な関係を取りながら開発を進めることが必要となるが，その課題は下のように整理できるであろう。それを維持しながら独自の開発を進めなければならないであろう。

電源技術者；スイッチング損失を極小化するため，また出力電力の制御のために必要な伝送回路の伝達関数を明示すること
高周波通信技術者；2 つの共振器の組み合わせについてその種類，形状，寸法，配置に対して伝達関数を提示すること。

　一方両者の行うべき独自の開発のうち電源技術者のものは専門外であるから差し控えるが，高周波通信技術者のものはここで示すことが出来る。それは上記の 2 つの共振器を用いた伝送部分の特性の最適化である。各種の用途に対して用意するべき共振器のさまざまな属性の検討はきわめて多様な範囲の開発を要求するし，伝送損失の極小化をそれに合わせて常に考えていかなければならないであろう。

文　　献

1) 特願 2006-242098, 特許 4835334 号「高周波信号伝送装置」
2) A. Karalis, J. D. Joanopoulos and M. Soljacic, "Efficient wireless non-radiative mid-range energy transfer", Ann. Phys., vol.323, no.1, pp.34-48, (2008-1)
3) 粟井郁雄：「共鳴型ワイヤレス電力伝送の新しい理論」，電学論 C，130 巻，6 号，pp.966-971 2010 年 6 月

4) 粟井郁雄，小森琢也，「共振器結合型ワイヤレス給電システムの簡便な設計」，電学論 C, 130 巻, 12 号, pp. 2198-2203, 2010 年 12 月
5) 粟井郁雄：「磁気結合共振器型ワイヤレス給電システムの BPF 理論による設計法」，電学論 C, 130 巻, 12 号, pp. 2192-2197, 2010 年 12 月
6) Ikuo Awai and Toshio Ishizaki, "Superiority of BPF Theory for Design of Coupled Resonator WPT System", Proc. APMC 2011, Dec. 2011 (To be presented)
7) 小林, 鈴木, 古神, "マイクロ波誘電体フィルタ", 電子情報通信学会, 東京, (2007)
8) G. Matthaei, L. Young and E. M. T. Jones, "Microwave Filters, Impedance-Matching Networks and Coupling Structures", Artech House Inc. Norwood MA, (1980)
9) 細谷達也，原田和郎，石岡好之，戸髙敏之，岡本太志，10MHz 級零電圧スイッチングインバータによる無電極ランプ点灯回路"，照明学会誌，79 巻，11 号，平成 7 年
10) 細谷達也，原田和郎，石原好之，戸髙敏之，"整流デッドタイムを有する 10MHz 級 E 級コンバータ"，信学技報，PE94-77，1995 年 3 月

2.5 共振器を用いたワイヤレス給電技術―アンテナの視点より―

陳　強*

2.5.1　はじめに

　共振器を用いたワイヤレス給電は，近傍電磁界の空間結合により，電力を無線で伝送する技術である。無線である以上，送信アンテナと受信アンテナが必須であり，アンテナの特性がシステム全体の性能を左右する。本章では，アンテナの視点から，近傍電磁界の結合を利用した無線電力伝送システムの特性解析を行い，アンテナ特性と電力伝送効率との関係について述べる。

　無線通信や，遠距離の無線電力伝送では，電磁波の遠方界を利用するため，アンテナ単体の入力インピーダンスや，各偏波の放射指向性，放射効率などのパラメーターでアンテナの特性を評価する。しかし，近傍電磁界の結合を利用した無線電力伝送では，送受信アンテナが互いに近傍界の領域に置かれるため，アンテナ単体の特性の意味がなくなり，送受信アンテナ間の相互結合を考慮したシステム全体の解析と評価が必要となる。

　本章では，まず，送受信アンテナを含めた電力伝送システムを2端子回路に等価し，散乱行列を用いて送受信アンテナのインピーダンス整合と電力伝送効率との関係を説明する。次に，アンテナの導体損失及びインピーダンス整合回路の損失による伝送効率の低下を数値シミュレーションにより示し，実環境における無線電力伝送効率を向上するための条件について考察する[1～3]。

2.5.2　無線電力伝送効率の最大化条件

　無線電力伝送システムを図1に示すように表すことができる。送信側では，電圧源と送信アンテナ，受信側では，受信アンテナと負荷から構成されている。電圧源の内部インピーダンスはZ_sであり，受電側の負荷インピーダンスはZ_lである。また，送信アンテナと受信アンテナの入力インピーダンスはそれぞれZ_{tin}とZ_{rin}である。ただし，Z_{tin}とZ_{rin}はアンテナ単体のインピーダンスではなく，送受信システムに置かれたアンテナの入力インピーダンスであり，送受信アンテナ間の距離と負荷インピーダンスにも依存する。

　電源からの入射電力P_{inc}として，負荷の吸収電力をP_lとすれば，無線電力伝送システムの電力伝送効率

$$\eta_t = \frac{P_l}{P_{inc}} \quad (1)$$

を最大化することがシステム設計の目標である。しかし，送信アンテナの入力インピーダンスZ_{tin}と電源

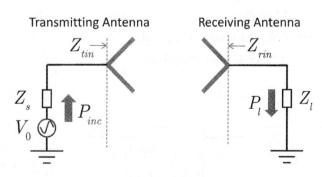

図1　無線電力伝送システムにおける送受信アンテナ

＊　Chen Qiang　東北大学　大学院工学研究科　電気・通信工学専攻　准教授

の内部インピーダンスとの不整合による反射電力 P_{tr}, 及び送信アンテナの損失電力 P_{tc} も存在し，受信アンテナの入力インピーダンス Z_{rzin} と負荷インピーダンスとの不整合による反射電力 P_{rr}, 及び受信アンテナの損失電力 P_{rc} も存在する。また，送信アンテナの放射と受信アンテナからの再放射により，一部の電力 P_{rad} は送受信システムの外に放射してしまい，損失となる。これらの電力は

$$P_{inc} = P_{tr} + P_{tc} + P_{rad} + P_{rr} + P_{rc} + P_l \tag{2}$$

という関係があり，電力伝送効率を高めるために，P_{tr}, P_{tc}, P_{rad}, P_{rr}, P_{rc} を抑える必要がある。最大電力伝送効率を実現するために，以下の理想条件が考えられる。

1. 送受信アンテナのインピーダンス整合をする。すなわち，$Z_s = Z_{tin}^*$, $Z_l = Z_{rin}^*$。これにより，P_{tr} と P_{rr} がなくなる。
2. 整合回路を含めたアンテナの導体損失を減らし，P_{tc} と P_{rc} を小さくする。
3. 送受信アンテナの電気長を小さくし，P_{rad} を低減する。

しかしながら，現実では，これらの条件をすべて満たすことが困難である。アンテナを小さくすると，アンテナの導体損失が大きくなり，さらに整合回路への負担が大きくなるため，整合回路の損失も大きくなる。一方，アンテナを大きくすると，アンテナと整合回路の損失が小さくなるが，アンテナの放射損失が大きくなってしまう。そのため，近傍電磁界の空間結合を利用した無線電力伝送システムを設計する際に，これらの損失電力を正確に把握することが重要である。以下に，インピーダンス整合，アンテナ損失，及び整合回路損失と電力伝送効率との関係について述べる。

2.5.3 インピーダンス整合と電力伝送効率

アンテナの放射界を利用する場合は，送受信アンテナ単体の入力インピーダンス，または散乱行列の S_{11} から，インピーダンスの不整合による反射損失を評価することができるが，送受信アンテナは互いに近傍界の領域に置かれた場合は，アンテナ単体の入力インピーダンスだけでは，反射損失を計算することができない。そのため，送受信アンテナを図2に示すような2端子等価回路に置き換え，送受信アンテナ間の相互結合を考慮した反射損失を評価する必要がある。散乱行列を用いた回路網の解析手法は，このような2端子回路の解析に有効であり，散乱行列も測定，または数値解析から容易に得られる。以下に，散乱行列を用いて2端子回路を解析し，散乱行列と電力伝送効率との関係，及び反射損失をなくすためのインピーダンスの整合条件を示す。

無線電力伝送システムの電力伝送効率は式（3）に定義されているが，送信端の反射損失を無視し，負荷インピーダンスとの整合だけ着目する場合は，電力伝送効率を

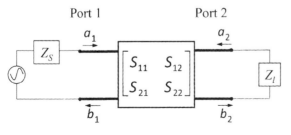

図2 無線電力伝送システムの等価回路

第1章 ワイヤレス給電技術の基礎

$$\eta_p = \frac{P_l}{P_{in}} \tag{3}$$

と定義する場合もある。ここで，P_{in} は送信アンテナへの入力電力であり，$P_{in} = P_{inc} - P_{tr}$。

散乱行列の定義から，電力伝送効率と散乱行列との関係は

$$\eta_t = \frac{|b_2|^2 - |a_2|^2}{|a_1|^2} = \frac{(1-|\Gamma_l|^2)(1-|\Gamma_s|^2)|S_{21}|^2}{|(1-S_{11}\Gamma_s)(1-S_{22}\Gamma_l)-S_{12}S_{21}\Gamma_s\Gamma_l|^2} \tag{4}$$

または，

$$\eta_p = \frac{|b_2|^2 - |a_2|^2}{|a_1|^2 - |b_1|^2} = \frac{(1-|\Gamma_l|^2)|S_{21}|^2}{|1-S_{22}\Gamma_l|^2 - |S_{11}-\Delta\Gamma_l|^2}, \tag{5}$$

となる。ここで，$\Delta = S_{11}S_{22} - S_{12}S_{21}$。$\Gamma_s$ と Γ_l は，それぞれ電源の内部インピーダンス Z_s と負荷インピーダンス Z_l の基準インピーダンス Z_0 に対する反射係数であり，

$$\Gamma_s = \frac{Z_s - Z_0}{Z_s + Z_0} \tag{6}$$

$$\Gamma_l = \frac{Z_l - Z_0}{Z_l + Z_0} \tag{7}$$

である。

2端子回路の入出力端の反射損失をなくすために，送受信端におけるインピーダンスの共役整合条件

$$\Gamma_s = \Gamma_{in}^*, \tag{8}$$
$$\Gamma_l = \Gamma_{out}^*, \tag{9}$$

を満たす必要がある。ここで，Γ_{in} と Γ_{out} はそれぞれ入出力端子での反射係数であり，それぞれ

$$\Gamma_{in} = S_{11} + \frac{S_{12}S_{21}\Gamma_l}{1 - S_{22}\Gamma_l} \tag{10}$$

と

$$\Gamma_{out} = S_{22} + \frac{S_{12}S_{21}\Gamma_s}{1 - S_{11}\Gamma_s} \tag{11}$$

である。式 (8) と式 (9) の連立方程式から，最適な電源インピーダンスと負荷インピーダンスの反射係数

ワイヤレス給電技術の最前線

$$\Gamma_s = \frac{B_1 \pm \sqrt{B_1^2 - 4|C_1|^2}}{2C_1} \tag{12}$$

$$\Gamma_l = \frac{B_2 \pm \sqrt{B_2^2 - 4|C_2|^2}}{2C_2} \tag{13}$$

が導かれる。ここで，

$$B_1 = 1 + |S_{11}|^2 - |S_{22}|^2 - |\Delta|^2 \tag{14}$$

$$C_1 = S_{11} - |\Delta|S_{22}^* \tag{15}$$

$$B_2 = 1 + |S_{22}|^2 - |S_{11}|^2 - |\Delta|^2 \tag{16}$$

$$C_2 = S_{22} - |\Delta|S_{11}^* \tag{17}$$

送受信アンテナとアンテナの配置が分かれば，散乱行列が実験または計算によって求められる。さらにその散乱行列から，式（12）と（13）を用いて，最適な電源インピーダンスと最適な負荷インピーダンスが求められる。

以下に，図3に示すような，送受信アンテナとして最も簡単な線状ダイポールアンテナを用いて，無線電力伝送システムにおける電力伝送効率とインピーダンス整合との関係を数値例により示す。ダイポールアンテナは，長さl，間隔dで，z軸と平行に置かれている。また，電源の内部インピーダンスをZ_sとし，受信アンテナの負荷インピーダンスをZ_lとする。負荷インピーダンスの影響だけ着目するために，$Z_s = 50\,\Omega$として，式（3）に定義される電力伝送効率η_pを用いる。

$l=15$cm，$d=3$cm とし

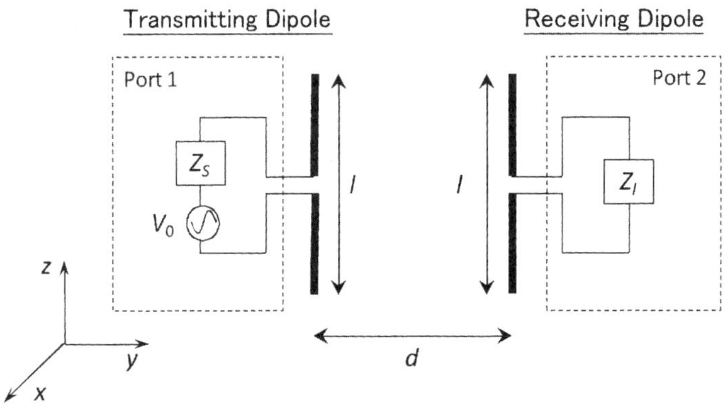

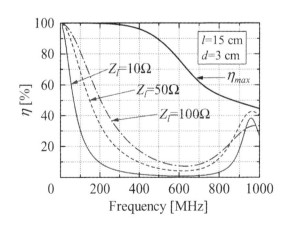

図3　線状ダイポールアンテナを用いた無線電力伝送システム

図4　負荷インピーダンスと電力伝送効率との関係

第 1 章　ワイヤレス給電技術の基礎

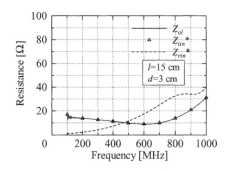

図5　最適負荷 Z_{ol} の実部と送受信アンテナの入力インピーダンスの実部との比較

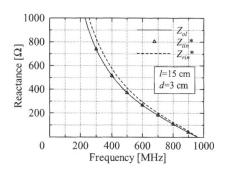

図6　最適負荷 Z_{ol} の虚部と送受信アンテナの入力インピーダンスの虚部との比較

たときに，送受信アンテナ間の散乱行列をモーメント法により計算し，反射損失のない最大電力伝送効率 η_{max} とそれを実現するための最適負荷インピーダンス Z_{ol} を求めた．図4に最大電力伝送効率 η_{max} の周波数特性を示す．比較のため，$Z_l = 10, 50, 100\,\Omega$ のときの電力伝送効率も同図に示している．低周波領域，例えば200MHz（アンテナ長0.1波長，距離0.02波長）以下の領域では，アンテナの放射電力 P_{rad} は負荷インピーダンスによる吸収電力 P_l と比べると無視できるため，η_{max} がほぼ100%となっている．周波数が高くなると，アンテナの放射電力が増加し，η_{max} が減っていく．一方，最適負荷ではない $Z_l = 10, 50, 100\,\Omega$ のときに，電力伝送効率 η は，DC付近では高いが，周波数が少し高くなると急速に減少する．DC付近は，電磁誘導方式を用いた無線電力伝送方式の周波数領域である．一方，1000MHz付近で，受信アンテナのインピーダンス整合により電力伝送効率が上昇する．この周波数帯は，電磁波の放射を利用した無線電力伝送に用いられることになる．

図5と図6に，最適負荷 Z_{ol} の実部，虚部の周波数特性と，最適負荷 Z_{ol} を取り付けた場合，送受信アンテナの入力インピーダンスの共役 Z_{tin}^* と Z_{rin}^* の実部，虚部の周波数特性を比較する．最適負荷 Z_{ol} は，$Z_{ol} = Z_{tin}^*$ を満たしていることが確認でき，負荷インピーダンスは整合状態である．$Z_{rin} \neq Z_{tin}$ となっているが，これは，波源の内部インピーダンスを $Z_s = 50\,\Omega$ としているためである．これらの結果から，電力伝送効率を最大化する条件は，アンテナのインピーダンス整合である．共振器を用いたワイヤレス給電技術の本質は送受信アンテナの相互結合を考慮したアンテナのインピーダンス整合にあるとも言える．

2.5.4　アンテナの導体損失と電力伝送効率

最適負荷を装荷した場合，ダイポールアンテナモデルの導体損を考慮した電力伝送効率の関係を図7に示す．

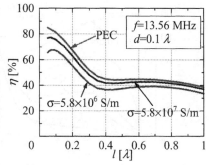

図7　アンテナ導体損を考慮したダイポールアンテナ長と電力伝送効率

55

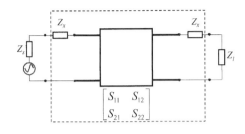

図8 整合回路を考慮した2端子等価回路。

ここで，アンテナを完全導体（PEC），銅（$\sigma = 5.8 \times 10^7$S/m），と仮想導体（銅の導電率の1/10）で作製されることにする。導体の導電率が小さくなるほど，導体の熱損失により電力伝送効率が低下する。また，アンテナが小形になればなるほど，導体損失の影響を受けやすくなる。データを示していないが，送受信アンテナ間の距離が大きくなればなるほど，アンテナの導体損失による電力伝送効率の低下がより顕著になる傾向がある。

2.5.5　整合回路の損失と電力伝送効率

以上の議論からアンテナのインピーダンス整合が重要であることが分かる。一方，アンテナからの放射を抑えるためには，アンテナの電気長はあまり大きくすることができない。そのため，アンテナの入力インピーダンスは大きなリアクタンス成分を持ち，受信アンテナと負荷の間にインピーダンスの整合回路を入れることを前提に電力伝送効率を計算する。

整合回路の損失をQ値で表し，以下のように定義する。

$$Q = \frac{|X|}{R} \tag{18}$$

ここで，Xは整合回路インピーダンスの虚部，Rは整合回路の損失抵抗を表す。通常，小形アンテナの最適負荷インピーダンスの実部R_{ol}よりもRが大きいため，整合回路の損失を考慮した最適負荷インピーダンスを求める必要がある。

整合回路の損失を考慮した最適負荷インピーダンスを$Z_l^{o'}$とを以下の手順で計算する。

1. これまで通り，電力伝送効率を最大化する最適負荷インピーダンスZ_{ol}を送受信アンテナ

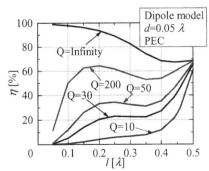

図9　$d = 0.05\lambda$のとき，整合回路損失を考慮したダイポールアンテナ長と電力伝送効率

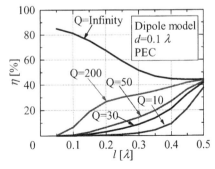

図10　$d = 0.1\lambda$のとき，整合回路損失を考慮したダイポールアンテナ長と電力伝送効率

の散乱行列から計算。

2. X_{ol} に損失抵抗 $\frac{|X_{ol}|}{Q}$ を付加し，図8に示すようにZxを回路に挿入。ここで，

$$Z_x = \frac{|X_{ol}|}{Q} + jX_{ol} \quad (19)$$

3. Z_x をアンテナの一部とみなした散乱行列 $\tilde{S}$ を算出。$\tilde{S}$ を用いて最適負荷インピーダンス Z'_l を算出。

以上の方法で求めた Z'_l を整合回路の損失を考慮し

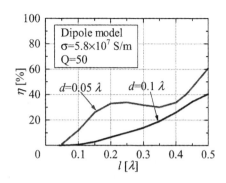

図11 アンテナ導体損失と整合回路損失を考慮したダイポールアンテナによる電力伝送効率

た最適負荷インピーダンスとし，Z'_l に吸収される電力の伝送効率を負荷の損失を考慮した伝送効率とする。

このように，整合回路の損失を考慮した電力伝送効率は図9と図10に示す。整合回路損失を考慮するとアンテナが小さいほど伝送効率が大きく減少しており，アンテナ間距離が大きいほど大きく減少していることが確認できる。長距離伝送には必ずしも小形アンテナがよくなく，最適なアンテナ長，場合によって大きいアンテナが有利であることが分かる。また，アンテナ導体損失に比べ，整合回路の損失の影響の方が大きいことが確認できる。

アンテナ導体損と整合回路の損失の両方を考慮した電力伝送効率の結果を図11に示す。電力伝送効率が大きく低下しており，アンテナは小形であるほど効率が劣化することが分かる。そのため，比較的長距離でも高い電力伝送効率を実現するためには，低損失の整合回路を用いることが非常に重要である。

2.5.6 おわりに

本章では，無線電力伝送用の送受信アンテナのインピーダンスの整合と電力伝送効率の関係を考察した。その結果，電磁界の近傍界結合による無線電力伝送は，送受信アンテナ間の相互結合を考慮した送受信アンテナのインピーダンス整合により，最大電力伝送効率が得られることが分かる。また，電磁界の数値シミュレーションの結果から，比較的長距離でも高い電力伝送効率を実現するためには，アンテナの導体損失を減らし，低損失の整合回路を用いることが重要であり，アンテナの最適な構造とサイズは，送受信アンテナ間の距離，アンテナの導体損失と整合回路の損失によってから決められることが分かる。

文　　　献

1) Qiaowei Yuan, Qiang Chen, Long Li, and Kunio Sawaya, "Numerical Analysis on Transmission Efficiency of Evanescent Resonant Coupling Wireless Power Transfer System," IEEE Transactions on Antennas and Propagation, vol. 58, no. 5, pp. 1751–1758, May 2010.
2) 陳強, 小澤和紘, 袁巧微, 澤谷邦男, "近傍無線電力伝送のアンテナ設計法についての検討," 無線電力伝送時限研究専門委員会（通算 30 回）研究会, WPT2010-05, 2010 年 10 月.
3) Qiaowei Yuan, Qiang Chen, Kunio Sawaya, "Transmitting Efficiency of WPT System Calculated by S-Parameters," 無線電力伝送時限研究専門委員会（通算 36 回）研究会, WPT2011-18, 2011 年 10 月.

3 ワイヤレス給電の変換技術－発生と整流－
3.1 GaN半導体

大野泰夫[*]

3.1.1 はじめに

　半導体デバイスの歴史は約60年前にゲルマニウムで始まり，その後シリコンやガリウムヒ素（GaAs）などで進展した。シリコンは材料的に扱いやすいばかりで無く電子と正孔の移動度のバランスが良いためnチャネルとpチャネルFETを用いたCMOS回路が広く高速，低消費電力のVLSIとして広く使われている。一方GaAsなどの化合物半導体は電子のドリフト移動度が高いので超高速，高周波デバイスとして使われている。無線通信は高周波で高速性が求められるので化合物半導体が広く使われている。しかし，微細化の進展に伴ってシリコンデバイスの動作速度も上がり高周波デバイスの領域へも相当に進出するようになり，化合物半導体の存在意義は薄くなりつつあった。

　シリコンデバイスの高速化はスケーリング則に基づく微細化によるため，同時に電圧も比例して下げることになる。その結果，消費電力も低下し，1,0の信号が伝われば良い情報通信や情報処理では好都合である。しかし近年関心が高まりつつあるパワーエレクトロニクスや電力伝送の場合には大きな電力が扱えないことになる。また，携帯電話の基地局などの送信部でも高周波でかつ高電力が求められている。このような環境の中で高周波で高電力が可能な窒化ガリウム（GaN）が注目されている[1]。

3.1.2 窒化ガリウム

　3原色の1つである青色発光ダイオードは，赤，緑等の発光ダイオードから遅れ1990年代になって窒化ガリウム（GaN）により実用化された。青色を発光させるためには青色のフォトンエネルギー（約2.6eV）以上のバンドギャップエネルギーが必要である。これらの半導体はシリコンの1.1eV，GaAsの1.4eVにくらべ広いのでワイドバンドギャップ半導体と呼ばれており，GaNの他にはSiCがある。

　バンドギャップが広ければ電子と正孔が結合する際に高いエネルギーの光を出すが，逆に光や熱などから電子と正孔を生成するには大きなエネルギーが必要となる。電子が高電界中で走行すると，再結合とは逆に電子は電界から大きなエネルギーを得て次々と電子と正孔の対を生成する。これが電子デバイスの耐圧を決めるアバランシェ破壊で，ワイドバンドギャップであれば電子正孔対の生成に必要なエネルギーが高いため破壊の起きる電界も高くなり，破壊電圧が向上する。

　さらに，窒化ガリウムはGaAs同様，Gaを同じ周期律表Ⅲ族のAlと置き換えることでバンドギャップをステップ状に変えるヘテロ構造が作成可能である。この構造はシリコンでのMOS構造に比べチャネルでの電子への散乱が少なく，高移動度構造トランジスタ構造（HEMT: High electron mobility transistor）が作成可能である。その結果，GaNはGaAsに代わる高速でか

---

[*] Yasuo Ohno　徳島大学　ソシオテクノサイエンス研究部　教授

つ高電力のデバイスへの利用が推進された。

表1は電子デバイスに用いられる代表的な半導体材料の特性をまとめたものである。トランジスタでの電子がチャネルを走り抜ける走行時間 τ_t は $\tau_t = L/v_{SAT}$ と表されるが，チャネル長 L は破壊電界 E_C と電源電圧 V_{DD} から最小で $L = V_{DD}/E_C$ となるので $\tau_t = V_{DD}/v_{SAT}E_C$ となる。電子飽和速度 v_{SAT} が同じなら E_C に逆比例して高速，同じ速度で使うなら E_C に比例して高電圧で使えるということになる。つまり，ワイドバンドギャップ半導体のメリットは，同じ周波数で使うならより高電圧で使えると言うことである。しかし半導体材料が変われば関連する他の材料の物性や製造プロセスの制約などで全く同じ構造のデバイスが作れるわけではない。

3.1.3 トランジスタ構造

GaN 電子デバイスの特徴について，既存のシリコン MOSFET や GaAs 系 HEMT と比較して説明する。図1に各種トランジスタの断面構造とチャネル部のバンド構造を示す。(a) はデジタル用シリコン MOSFET，(b) は従来の化合物半導体の代表である AlGaAs/GaAs HEMT，(c) はこれから説明する GaN をベースにした AlGaN/GaN HEMT である。

(a) の MOSFET ではゲート電界で誘起された電子が SiO_2 と Si の界面に溜まりチャネルを形成する。通常は正の電圧が印加されて初めて電子が溜まるエンハンスメント型になる。この電子層は厚さが極めて薄いので 2 次元電子ガス（2DEG, 2 dimensional electron gas）とも呼ばれる。この状況は他のデバイスでも同様である。MOS では SiO_2 が非晶質なためこの界面での散乱が大きく，電子移動度はバルク結晶中の数分の1に低下する。一方，GaAs や GaN ではではチャネルは AlGaAs/GaAs や AlGaN/GaN の界面のノッチ部に形成される。格子定数の合ったエピタキシャル結晶状態でのヘテロ接合界面なため電子の散乱が無くキャリア移動度の低下はほとんど起こらない。それ故この構造を用いたトランジスタには HEMT (high electron mobility transistor) と名が付けられている。

MOS ではゲート電極にアルミや多結晶シリコン，金属シリサイドなど配線抵抗や他のプロセ

表1 各種半導体材料の物性値

	Si	GaAs	GaN	SiC	サファイア
比誘電率	11.9	13.1	8.9	10	9.3
バンドギャップエネルギー (eV)	1.12	1.42	3.39	2.86	
電子ドリフト移動度 (cm^2/Vs)	1400	8500	2000	400	
ホールドリフト移動度 (cm^2/Vs)	450	400	30	50	
電子飽和速度 (cm/s)	1.0×10^7	2.0×10^7	2.7×10^7	2.0×10^7	
破壊電界 (V/cm)	3.0×10^5	4.0×10^5	2.0×10^6	3.0×10^6	4.8×10^5
熱伝導度 (W/cmK)	1.5	0.46	1.5	4.9	0.42

第1章 ワイヤレス給電技術の基礎

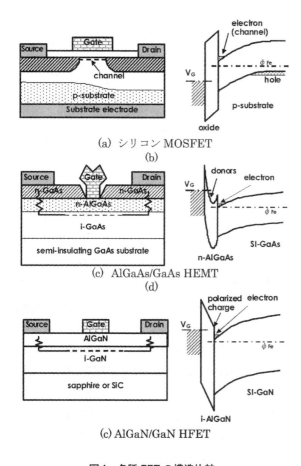

(a) シリコン MOSFET
(b)
(c) AlGaAs/GaAs HEMT
(d)
(c) AlGaN/GaN HFET

図1　各種 FET の構造比較
（左）断面模式図，（右）チャネル部バンド図

スとの親和性などでいろいろな材料の利用が可能である。酸化膜があるためゲート電圧にかかわらずリーク電流はない。GaAs や GaN 系ではゲートはショットキー接合となるため n 型層より深い仕事関数を持つ金属，GaAs 系では Ti/Pt/Au，WSi，Ti/Mo/Al 等，GaN 系では表面接着性の良い Ni/Au を用いる。障壁高は GaAs 系で 0.25eV，GaN 系で 0.8eV 程度で，正側に電圧をかけると接合に順方向電流が流れてしまう。そこで，ゲート電圧を負の領域のみで動作させるためにしきい値電圧が負のディプリーション型の FET を用いる。GaAs 系では AlGaAs 層に Si などのドナー原子をドープする。GaN 系では結晶構造の特徴から GaN から AlGaN との界面に分極電荷が発生するのでこれを利用する。AlGaAs 層に不純物を入れた場合にはパラレル伝導という AlGaAs 中のくぼみにチャネルが出来る可能性があるので不純物ドーピングを用いないでチャネル形成できる GaN は有利である。分極電荷の量は Al 組成比 x で制御可能である。

　FET ではチャネルのオン抵抗より十分に低い抵抗のソースドレインが必要である。MOS では多量のドナー原子である P や As を拡散やイオン注入で導入して形成する。GaAs ではヘテロエピ構造の特性が劣化するためイオン注入は用いられず，AlGaAs 層の上にさらに n-GaAs 層を積層して低抵抗領域を作っている。そのためゲート部はこの n 型層をドライエッチングなどで削る。GaN は分極電荷によりチャネル電子が比較的多いためソースドレインという特別な低抵抗領域を設けておらず，距離を置いてオーミックコンタクトにつないである。

　ソースドレインの n 型層と金属配線との接続であるオーミックコンタクトは，MOS では p チャネルとも共用でアルミを蒸着し，450℃程度のアニールで形成する。p 型，n 型とも半導体/金属接続によりショットキーバリアが形成されるが，イオン注入とアニールで不純物濃度を高く出来るので空乏層が極めて薄くトンネル電流で低抵抗オーミックを実現する。GaAs 系では n 型層に Au/Ge を蒸着しアニールで Ge を表面に拡散して高濃度 n 層を形成し抵抗を下げている。n-

GaAs 層の下には AlGaAs 層があるが，もともと障壁が低くさらに Si がドープされているためやはりトンネル電流でオーミック電極となる。GaN 系では GaAs 系よりバリア高が高いため，Ti/Al/Ni/Au を蒸着し 850℃程度までアニールしコンタクトを取っている。

3.1.4 電流コラプス

AlGaN/GaN HFET は開発当初から "電流コラプス" という現象が問題となっている。明確な定義はなく，動作状態においてドレイン電流が低下する現象を総称して使っている。このような現象はシリコンでも GaAs でも起きているが，ワイドギャップになって目立つようになったのはトラップの時定数の範囲が極端に広がったため観測されやすくなったことと，シリコンや GaAs に比べあまりにも無防備なデバイス構造を取っているためであろう。

ドレイン電流が減少するということは，チャネル電荷以外の負電荷がチャネル近傍に蓄積し，それがチャネル電荷を減少させるためである。半導体デバイスに負電荷が蓄積するのは絶縁物中および表面，半導体表面，などとともに半導体中の深い準位で起こる。トラップ以外では反応の時定数はその部分の静電容量 C とそこへ至る経路の抵抗 R の CR 積の時定数で決まる。さらにトラップの場合には経路の時定数に加えてトラップからの電子やホールの放出の時定数が加わる。この時定数は室温ではトラップの深さが 60mV 増えるごとに 10 倍長くなる。バンドギャップが 1.4eV の GaAs から 3.4eV の GaN になると，最も深い準位では 1.0eV 深くなるが，これは時定数が 13 桁長くなることに対応する。GaAs ではどんな深い準位でも 1 秒程度の時定数で，DC 測定ではゆっくり測定すればヒステリシスなどは観測されず，もし観測されれば絶縁膜が関連していると推定できた。GaN ではこの時定数が 30 万年にもなる可能性があり，一旦負電荷が堆積すれば固定電荷のように振る舞う場合もあれば，日常的な時間で変化する場合もある。またキャリアの捕獲は瞬時に行われるので，光照射や熱処理で簡単に回復することも可能で，この辺が事情を複雑にしている。

当初はゲートエッジへの負帯電と思われるコラプスが多かった。対策としては Si_3N_4 などの電子を通しにくい絶縁膜で覆う，フィールドプレートを設けてドレイン電圧が直接にゲートエッジにかからないようにするなどが行われている。ゲート周辺の改良が進むと，結晶中のトラップの影響が見えてくる。シリコン MOS でも基板の p 型層のホールはヒステリシスやコラプスの原因となり得るが移動度が高いためバイアス変化と共に高速で移動できるので問題となってはいない。一方，化合物半導体ではトラップを利用した半絶縁性の半導体が用いられるが，このトラップへの電荷の充放電の時定数が GaAs 系では μs オーダーから秒，GaN はバンドギャップが広いため長ければ数 10 万年という値にもなりうる。根本的な対策はトラップ濃度をデバイス特性に影響を与えない $10^{15} cm^{-3}$ 程度以下にすることである。トラップの大きな原因は MOCVD 結晶成長で使われる有機金属に含まれる炭素が残留しているためと推定されている。しかし一方で Si などの他の残留不純物や結晶欠陥もあり，単純に炭素のみを削減すると n 型半導体になってしまう。それを半絶縁物化しているのが深い準位を作る炭素と言われており，結晶成長技術のさらなる高度化が必要であろう。また，トラップをなくしてしまうと，短チャネル効果抑制や耐圧など

の点で問題が出る可能性があり，GaAs でも使用目的に合う範囲内でうまく共存しているのが現状である。

3.1.5 高耐圧化

　GaN 系 FET の狙うところは高電圧大電力動作である。耐圧を決める要因は先に述べたアバランシェ破壊である。高電界で走行する電子は，運動エネルギーを静止している電子に与えて 1 組の電子正孔対を作るインパクトイオン化という現象を起こす。つまり 1 個の高速電子が 2 つの止まった電子になる。その電子がまた加速され，これが繰り返し起これはネズミ算的に電子が増大して破壊的な大電流が流れる。しかし実際の破壊はそのような高電界になる前に起きている。

　静電破壊の原因はむしろ生成されるホールにある。生成されたホールは電圧の低いソース側に向かう。シリコン MOSFET の場合基板が p 型層でさらにそこには基板電極を通して接地されているのでホールはそこから排出される。一方，GaAs や GaN では基板は半絶縁性のためホールはソース付近に溜まるのみである。このホールは正電荷を持つためにしきい値電圧を下げより電子の流れを増大させる。それがまたインパクトイオン化によるホールの生成を起こす。この正のフィードバックが発散するとき，破壊的な電流が流れデバイスを破壊する[2]。

　インパクトイオン化係数に基づく GaN の破壊電界は GaAs の 10 倍，シリコンの 20 倍程度である。動作周波数などの関連もあるので一概に耐圧だけで議論することは出来ないが，バンドギャップが小さくインパクトイオン化係数の大きなシリコンで 50kV のデバイスが出来ているのに対し GaAs ではせいぜい 50V 止まりであった。この違いはホールの除去能力の差による。高耐圧用に作られたシリコン IGBT や LDMOS では，p+sinker や p 基板と電極などホールが抜け出す構造がいろいろ仕組まれている。IGBT はオン状態では n-チャネル MOS と pnp バイポーラトランジスタが共存していて積極的にホールを注入して伝導度を上げているが，その構造はそのままホールを引き抜く機能を持つ。それに比べると GaAs や GaN では発生したホールはソースの n 型層で電子と再結合するしか減らす手段はなく，インパクトイオン化が起きている状況では時間の経過とともに蓄積して破壊的な電流上昇を引き起こす。GaN でもシリコン IGBT を置き換えるような高電圧デバイスが検討されているが，それはシリコンと同様な p 型層技術が出来た場合で，もともと p 型層が出来なくて登場が遅れた GaN にとっては厳しい課題である。GaN でシリコン並みの高耐圧デバイスが出来るかは p 層技術にかかっており，それが実現できない場合は GaAs の 10 倍の 500V 程度でとどまってしまう可能性が高い。それでも 50Ω 系のインピーダンス線路では kW 級の電力になり，一方でシリコンデバイスでは高電圧でのマイクロ波領域での動作は不可能なので，マイクロ波電力素子としては GaN が最も有力な候補であることには変わりない。

3.1.6 整流用ダイオード

　整流用ダイオードの場合は高速動作の指針は ON 抵抗 R_{ON} と OFF 容量 C_{OFF} の関となる。均一ドープを仮定し活性層厚を t とすると $R_{ON} = t/SqN_D \mu$，$C_{OFF} = \varepsilon S/t$，で時定数は $\tau = R_{ON} C_{OFF} = \varepsilon /qN_D \mu$ となる。OFF 時の活性層端での電界を E_c になるようにすると $N_D = \varepsilon E_c^2/2qV$，$t = 2$

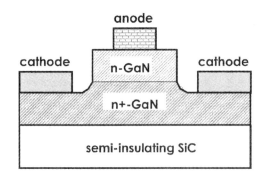

図2 GaNショットキーバリアダイオード

V/E_c となり，$\tau = 2V/\mu E_c^2$ となる。トランジスタの場合と同様で，キャリアドリフト移動度が同じなら破壊電界の2乗に逆比例して高速動作が可能，同じ周波数で使うなら破壊電界の2乗に比例して高電圧で使えることになる。ダイオードの断面構造図を図2に示す[3]。放熱と寄生容量の低減のために半絶縁性のSiC基板を用い，その上にアクセス層のためのn+層，その上に活性層となるn-層を積んでいる。横からカソード電極を引き出すので，抵抗低減のためにカソード幅は2μm，n-層全体でも幅8μmで長さが100μmのフィンガー構造を取っている。耐圧を100Vとするとn層厚は1μmでドナー濃度は$10^{17}\mathrm{cm}^{-3}$程度になる。ヘテロ構造を用いていないため移動度は400cm^2/Vs程度に低下しまう。HEMT構造を利用した横型ダイオードも検討されているが，この場合耐圧を維持するためにp型層が必要なこと，FETで起きた電流コラプスの問題がある。

3.1.7 成長基板の選択

GaNは単結晶基板を得ることが難しく，現時点ではSiC，サファイア，またはシリコン基板の上にMOCVD法でデバイスに必要なだけの薄膜を成長する。SiCはGaNとの結晶格子定数差が3％と小さいため結晶性の良いGaNが成長できる。また，熱伝導度が良いので高電力デバイスに向いている。一方で最大4インチΦと大口径化が難しくまた基板メーカーも少ないので価格が高いという問題を持つ。しかし，結晶性と放熱性の点から現在実用化している高周波高出力デバイスはSiC結晶が用いられている。

サファイアはGaNとの格子定数差が13％と比較的大きく，結晶性はSiC基板に劣る。さらに，熱伝導度が良くないため高電力デバイスとしてのメリットは少ない。一方で12インチΦの基板が作製でき，コストも比較的安く，またマイクロ波実装基板として極めて優れた特性を持つ。そのため，比較的低電力のミリ波MMICなどへの応用は期待できる。サファイア基板はシリコンオンサファイア（SOS）としての実績もあるのでシリコンLSIと同等の量産や低コスト化が可能であろう。また，現状の白色や青色のLEDはサファイア基板上に作られており，十分に低コスト化に対応できる環境は出来ている。

シリコン基板は，現状シリコンプロセスとの互換性，コストなどの面から非常に魅力的である。熱伝導ともSiCには劣るもののサファイアの3倍であり，その点でも優れている。しかし，格子定数差は最も大きく，デバイスとなる活性層を成長する前のバッファ層の成長技術が重要で，現状では数ミクロンの遷移層を設けないと良質な結晶は成長できない。また，シリコンに限ったことでは無いがGaNとの間に熱膨張率の差があり，高温で安定に成長した後で室温まで冷やすと基板との間に応力が発生し，基板が湾曲したりクラックが入るなどの制約がある。しかし，ニー

第 1 章　ワイヤレス給電技術の基礎

ズの強さからいずれは主要な基板になると期待している。

3.1.8　まとめ

　GaN は高破壊電界，高電子移動度ということで高周波，高電力デバイスとして開発されている。特にマイクロ波領域では従来のシリコンや GaAs には出来ないような高出力高効率アンプが実現されており，無線電力伝送でも重要な役割を果たすと思われる。また，受電側の整流ダイオードでも同様な特徴が生かせると期待される。無線電力伝送は以前から研究はされていたが，GaN のような高周波高電力デバイスが登場したことで普及の可能性が高まったと言える。既に青色 LED で量産技術の環境は整備されつつあり，さらにシリコン基板が使えるようになれば普及の条件である低コスト化も期待できる。また，GaN という新デバイスにとっても，既存技術の置き換えというではない独自の応用分野が開拓でき，普及に弾みがつく可能性がある。一方で，一素子でキロワット級の高出力に関しては物性値だけでは既存のシリコンデバイスを凌駕することは難しく，p 型層技術を代表とするプロセス技術の開発が課題となる。

文　　献

1) 大野泰夫, 葛原正明 "ワイドバンドギャップ半導体による高周波デバイス", 電子情報通信学会誌, vol. 84, p. 384–389（2001）
2) I. Yoshida, T. Okabe, M. Katsueda, S. Ochi, M. Nagata, "Thermal stability and secondary breakdown in planar power MOSFET's," IEEE Transactions on Electron Devices, Vol. 27, pp.395–398（1980）
3) K. Takahashi, J-P Ao, Y. Ikawa, C-Y Hu, H. Kawai, N. Shinohara, N. Niwa, and Y. Ohno, : GaN Schottky Diodes for Microwave Power Rectification, Japanese Journal of Applied Physics, Vol.48, No.4, 04C095（2009）

3.2 半導体マイクロ波増幅回路

本城和彦[*]

3.2.1 高電力効率化を実現する概念

増幅器の電力効率を増大させるためには，第一にトランジスタ素子内部での電力損失を零にする必要がある。このための十分条件として，トランジスタのドレーン（コレクタ）電極に流れ込む電流波形と，ドレーン（コレクタ）電極に加わる電圧波形との時間領域での重なりを図1に示すように無くすることが重要である。この状態ではトランジスタ内部の瞬時消費電力が零となるだけでなく平均消費電力も零となりトランジスタでの発熱を抑えることができる。第二に，外部回路での損失は，基本波を除いて全て零となることが必要である。このためには基本波の負荷回路を除いて外部回路には無損失回路を用いる必要がある。第三に，高調波における波形処理を行うため高周波特性に余裕がある最大発振周波数 f_{max} の大きなトランジスタを用いる必要がある。このためには電子の飽和速度の大きい GaN や GaAs などの化合物半導体デバイスが有利である。とくに耐圧の大きい GaN デバイスでは高インピーダンス（高電圧・低電流）動作が可能で外部回路による損失を軽減することができる。

このような時間領域での波形の重なりの問題はフーリエ級数に展開することにより周波数領域の課題に切り替えることができる。例えば B 級バイアスされた半波整流ドレーン電流波形 $I_d(t)$ をフーリエ級数に展開すると，(1)式で示したように直流成分と基本波の他には，偶数次高調波

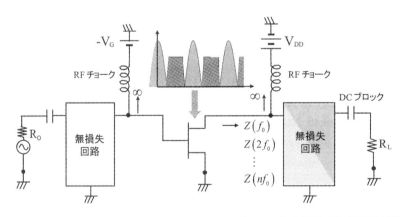

図1 F級増幅器と逆F級増幅器

---

[*] Kazuhiko Honjo 電気通信大学 情報理工学研究科 情報・通信工学専攻 教授

第1章 ワイヤレス給電技術の基礎

しか存在しないことが分かる。そこで電圧波形 $V_d(t)$ を直流成分と，電流基本波に比べて180度位相の異なる基本波電圧成分と，さらに奇数次高調波成分とから構成すると，高調波においては電力消費が零となる一方で，基本波においては力率 -1 で電力を発生することになる。これは，直流電力が 100％基本波に変換されることを意味する。(1) 式における $I_d(t)$ と $V_d(t)$ の関係は図1における電圧・電流波形と同じである。

$$I_d(t) = \frac{I_{\max}}{\pi} + \frac{I_{\max}}{2}\cos\omega t + \frac{2I_{\max}}{3\pi}\cos 2\omega t - \frac{2I_{\max}}{15\pi}\cos 4\omega t + \cdots \frac{2I_{\max}}{(1-n^2)\pi}\cos\frac{n\pi}{2}\cos n\omega t$$

$$V_d(t) = V_{DC} - V_1\cos\omega t + V_3\cos 3\omega t + V_5\cos 5\omega t + \ldots \quad \text{ただし } n = 2,4,6\cdots \quad (1)$$

電流波形および電圧波形の高調波次数を上げ両者とも無限次までを考慮するとトランジスタのドレーン効率は 100％となる。表1に電流波形と電圧波形の次数と得られる効率最大値をフーリエ級数から求めた結果を示す[3]。この表に示すように，第3次までの高調波を用いた場合，すなわち電圧を基本波と第3次高調波で構成し，電流を基本波と第2高調波で構成した場合は理論最大効率 81.7％となる。さらに高調波処理次数を増やし，第5次高調波まで用いると理論効率は 90.5％となる。このように高出力増幅器の高効率化のためには，高調波処理次数を増やすことが重要であることが分かる。一般に半波整流電流と正弦波電圧で構成される B 級増幅器の理論効率は 78.5％と計算されるが，完全な半波整流電流を得るためには，無限次までの偶数次高調波を必要とする。なお C 級増幅器において流通角をどんどん小さくしていくと効率は限りなく 100％に近づくが，出力電力は限りなく零に近づいてしまい高出力増幅器の概念から外れてしまう。すなわち基本波出力を出来るだけ大きく保った状態で高効率化するというのが高効率増幅器の設

表1 高調波処理次数と電力効率の関係
フーリエ級数による理想値

電流高調波 Even Order ＼ 電圧高調波 Odd Order	f_0	$3f_0$	$5f_0$	∞
f_0	50％ (Class A)	57.7％	60.3％	63.7％
$2f_0$	70.7％ (Practical Class B)	81.7％	85.3％	90.3％
$4f_0$	75.0％	86.6％	90.5％	95.5％
∞	78.5％ (Ideal Class B)	90.7％	94.8％	100％ (Ideal Class F)

計概念となる。

図1にも示されているが，表1の状態を実現するためには，トランジスタの出力端子から負荷側を見込んだインピーダンスが，偶数時高調波で短絡（電流のみ存在），奇数時高調波で開放（電圧のみ存在）となっていることと，基本波の電流・電圧は互いに完全逆相で力率が−1となっていればよいということに帰着し，このような増幅回路をF級増幅回路と呼ぶ[1,2]。一方，負荷インピーダンスをF級負荷回路とは逆に，偶数次高調波で開放とし，奇数次高調波で短絡とすることによっても，電圧高調波は偶数次のみ存在させ，電流高調波は奇数次のみ存在させることもできる。この場合，電圧波形が半波整流波形となり，電流波形が矩形となる。このような増幅器は逆F級増幅器と呼ばれる[2]。

3.2.2　F級・逆F級増幅器を実現するための回路理論

前項で述べたように，F級増幅回路や逆F級増幅器回路を実現するためには，無限大や短絡のインピーダンスを生成することが重要である。図2に示されたようにインダクタとキャパシタのみから構成された純リアクタンス2端子回路網において，駆動電源 E_1 を流れる電流を I_1 とし，電源を通らないその他の電流を I_2 から I_n とすると，キルヒホッフの電圧則は（2）式で示す行列で一般的に表される。

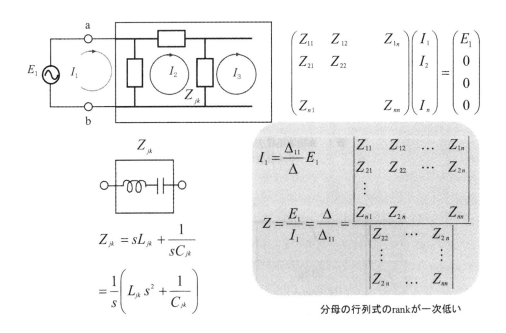

図2　純リアクタンス2端子回路網の性質

第1章 ワイヤレス給電技術の基礎

$$\begin{pmatrix} Z_{11} & Z_{12} & & Z_{1n} \\ Z_{21} & Z_{22} & & \\ \vdots & & & \\ Z_{n1} & Z_{2n} & & Z_{nn} \end{pmatrix} \begin{pmatrix} I_1 \\ I_2 \\ \vdots \\ I_n \end{pmatrix} = \begin{pmatrix} E_1 \\ 0 \\ 0 \\ 0 \end{pmatrix} \qquad (2)$$

(2) 式より，E_1 と I_1 の比，すなわち端子a，bから右側を見込んだインピーダンス Z を求めると (3) 式のようになる。ただし $s=j\omega$ としている。

$$Z = \frac{E_1}{I_1} = \frac{\Delta}{\Delta_{11}} = \frac{\begin{vmatrix} Z_{11} & Z_{12} & \cdots & Z_{1n} \\ Z_{21} & Z_{22} & \cdots & Z_{2n} \\ & & & \\ Z_{n1} & Z_{2n} & & Z_{nn} \end{vmatrix}}{\begin{vmatrix} Z_{22} & \cdots & Z_{2n} \\ \vdots & & \vdots \\ Z_{2n} & \cdots & Z_{nn} \end{vmatrix}} = \frac{Hs(s^2+\omega_3^2)(s^2+\omega_5^2)\cdots(s^2+\omega_{2n-1}^2)}{(s^2+\omega_2^2)(s^2+\omega_4^2)\cdots(s^2+\omega_{2n-1}^2)}$$

$$= \frac{a_0 + a_2 s^2 + a_4 s^4 + \cdots + a_{2n} s^{2n}}{b_1 s + b_3 s^3 + b_5 s^5 \cdots + b_{2n-1} s^{2n-1}} \qquad (3)$$

ここで (3) 式分母の行列式のランク（階数）は分子のランクより1次低くなっているので，分子のs関数の次数が分母より1次高く表式される。しかしながら分子の行列式要素の内，分母の行列式に含まれないもの，例えば Z_{11}，Z_{12} などがインダクタを含まずにキャパシタのみで構成されている場合には，これらの行列要素が $1/s$ の項を含むため，逆に分子の次数が一次低くなる。またインダクタとキャパシタの両方を含む行列要素の場合は $s^2+\omega^2$ の形で因数分解されることは行列式の生成過程からも明らかである。このように，現実に存在できるリアクタンス回路網のインピーダンス関数は分子が分母より一次高いか1次低いかのどちらかとなり，これをまとめると表2の様になる。

表2の各式において $s^2+\omega_2^2=0$，すなわち $s=j\omega_2$ において，インピーダンスは無限大（極）になり，$s^2+\omega_3^2=0$ すなわち $s=j\omega_3$ において，インピーダンスは零（零点）となる。従って，極を奇数次高調波，零点を偶数次高調波と一致させるとF級増幅器が実現されることになる。逆に極を偶数次高調波，零点を奇数次高調波と一致させると逆F級増幅器が実現される。

なお，(3) 式の一行目最右辺の式は，留数定理を用いて，(4) 式で示されるようにLC並列共振回路の直列接続回路か，あるいはLC直列共振回路の並列接続で回路的に実現できる[6]。

$$Z(s) = A_0 s + \sum_n \frac{A_{2t} s}{s^2 + \omega_n^2} \qquad (4)$$

また (3) 式の2行目の式に関しては，分子をもって分子，分母をそれぞれ割り，(5) 式のように連分数化することによりLC梯子型回路により回路的に実現できる[5]。

表2 純リアクタンス2端子対回路網のインピーダンス関数
(F級・逆F級負荷回路の目標関数として利用可能)

型	インピーダンス関数	備考
$[0, \infty]$ 型	$Z(s) = \dfrac{Hs(s^2+\omega_3^2)(s^2+\omega_5^2)\cdots(s^2+\omega_{2n-2}^2)}{(s^2+\omega_2^2)(s^2+\omega_4^2)\cdots(s^2+\omega_{2n-2}^2)}$	分子の次数が1次高い
$[-\infty, 0]$ 型	$Z(s) = \dfrac{H(s^2+\omega_1^2)(s^2+\omega_3^2)\cdots(s^2+\omega_{2n-3}^2)}{s(s^2+\omega_2^2)(s^2+\omega_4^2)\cdots(s^2+\omega_{2n-2}^2)}$	分子の次数が1次低い
$[-\infty, \infty]$ 型	$Z(s) = \dfrac{H(s^2+\omega_1^2)(s^2+\omega_3^2)\cdots(s^2+\omega_{2n-1}^2)}{s(s^2+\omega_2^2)(s^2+\omega_4^2)\cdots(s^2+\omega_{2n-2}^2)}$	分子の次数が1次高い
$[0, 0]$ 型	$Z(s) = \dfrac{Hs(s^2+\omega_3^2)(s^2+\omega_5^2)\cdots(s^2+\omega_{2n-3}^2)}{(s^2+\omega_2^2)(s^2+\omega_4^2)\cdots(s^2+\omega_{2n-2}^2)}$	分子の次数が1次低い

$$Z(s) = \frac{a_{2n}}{b_{2n-1}}s + \cfrac{1}{\cfrac{b_{2n-1}}{c_{2n-2}}s + \cfrac{s(d_1+d_3s^2+\cdots+b_{2n-3}s^{2n-4})}{c_0+c_2s^2+c_4s^4+\cdots+c_{2n-2}s^{2n-2}}} \tag{5}$$

ただし,増幅器負荷回路は純リアクタンス回路ではなく,基本波における抵抗負荷が存在する。従って,高調波では負荷抵抗を見せず,基本波でのみ負荷抵抗が見えるようにする必要がある。このため,基本波負荷回路と並列に,短絡共振回路を各高調波周波数に対して設けることが必要である。

以上のようなリアクタンス回路の性質を用いると,図3に示すようなF級回路を設計できる。偶数次高調波において回路ブロック1および回路ブロック2の両方が零点を持つようにし,さらに奇数次高調波において回路ブロック1が極を有するようにすると,F級負荷特性が実現される。同様に逆F級回路も設計できる[6]。

3.2.3 寄生素子を含むトランジスタに対するF級・逆F級回路設計理論

前項の回路設計法により,トランジスタの出力端子から負荷側を見たインピーダンス条件をF級や逆F級に設定することができる。しかしながらトランジスタにはドレーン・ソース間容量やドレーンインダクタンスなどの寄生リアクタンス素子が含まれ,トランジスタ等価出力電流源から負荷側を見たインピーダンスがF級負荷条件からずれてしまう。特に5.8GHz帯など比較的周波数が高い領域でその影響が顕著になる。そこで,これら寄生素子を含めてF級あるいは逆F級回路設計することが求められる。

図4の回路はこのような設計方法を示している。先ず高調波の短絡回路を設けて,全ての高調波に関しては純リアクタンス回路化するとともに高調波処理回路を梯子型回路とする。次に図5に示すように,この梯子型回路のインピーダンス $Z(s)$ は連分数により表すことができる一方で,純リアクタンス回路網であることから表2のインピーダンス関数の性質も併せもつことの二つの性質を利用し,この2つの式を等値とすることにより回路パラメータを一意に決定できる。

第1章　ワイヤレス給電技術の基礎

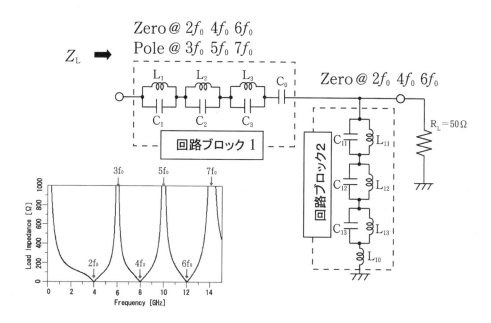

図3　リアクタンス回路網を用いたF級回路の実現

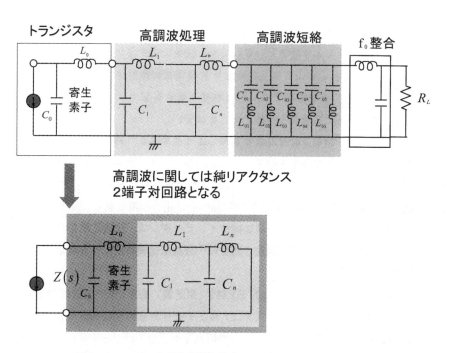

図4　トランジスタ寄生素子を考慮したF級・逆F級回路の設計

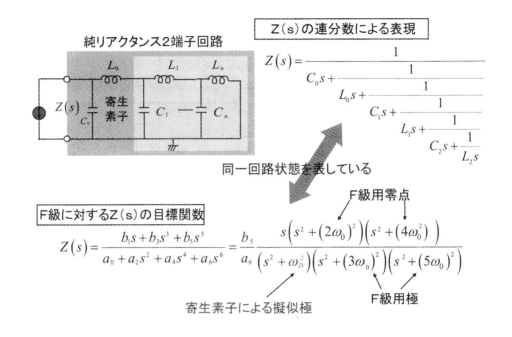

図5　F級目標関数の連分数表現

このときインピーダンス関数には寄生素子による擬似極が与えられ設計の自由度を確保すると共に，F級増幅器として用いる零点と極を実現している。トランジスタの等価出力電流源は，基本周波数に関しては短絡ポイントを設けていないため，図6に示すように，整合回路を介して負荷抵抗 R_L に接続されている。このような方法によりF級増幅回路だけでなく，逆F級回路も実現できる。なお，F級や逆F級増幅器では，各高調波に対する零インピーダンス点を回路中にもつので，原理的に負荷抵抗に高調波を供給することはない。

実際にマイクロ波回路で図6上段の回路を実現しようとすると，利用できる集中定数素子に制限がある。すなわち最も小型な集中定数チップキャパシタ，インダクタを用いても，それぞれが有する寄生回路素子（リード線など）により自己共振周波数が高々8GHz程度となるため基本波が2GHz以上のF級増幅回路や逆F級増幅回路への使用は制限される。従って通常は図6下段に示すように梯子型C・L一段回路を同じ特性インピーダンス，伝達定数を有する分布定数線路に置き換え，さらに短絡回路を先端開放の四分の一波長伝送線路により実現する[4,5,7]。

3.2.4　マイクロ波F級の設計試作例

図7にトランジスタとしてAlGaN/GaN HEMT（東芝製）を用いた5.8GHz帯F級増幅器の写真を示す。この増幅器では，トランジスタはアルミナセラミック50Ω入出力線路を備えたチップキャリア中央にロウ付け固定され，マイクロ波回路基板としては $\tan\delta = 0.0023$ の低損失樹脂基板（Megtron6）を用いて5次高調波まで考慮して設計している。F級増幅器の出力回路では，一つの高調波短絡ポイントに4つの並列スタブが正確に接続される必要がある。このため，本増

第1章 ワイヤレス給電技術の基礎

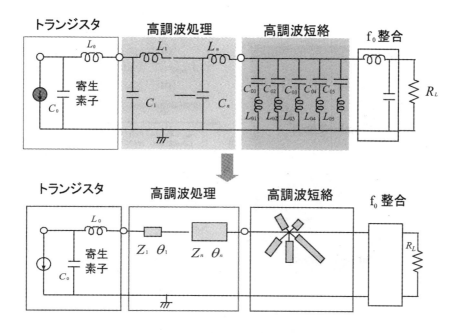

図6 分布定数回路によるF級負荷回路の実現

幅器では中央に接地板を供えた2層誘電体からなる多層基板に，マイクロストリップ2平面回路を構成し，各平面に2個ずつ並列スタブを形成し，中央を層間ビアによって結ぶ構造をとっている[5]。パターン設計には電磁界シミュレーションを用いている。またGaN HEMTなど能動素子にはドレーン・ソース間容量で代表される内部帰還寄生素子が含まれている。この寄生素子によりF級動作に必要な高調波出力電流・電圧が入力側にリークし，振幅ならびに位相が変調されるのを防ぐため，ゲート端子において高調波を短絡させ，高調波の帰還を抑制する機能を付加する必要がある。このような設計により試作された増幅器により，5.86GHzにおいてドレーン効率79.9％，付加電力効率71.4％という高い効率が達成されている[5]。

以上述べてきたような周波数領域でのF級や逆F級増幅器設計法はトランジスタ内での瞬時消費電力を零にし，結果として平均消費電力も零とする方法であるが，ドレーン電流とドレーン電圧の位相を直交化（±90度）することにより，高調波における瞬時消費電力は零とならないが平均消費電力は零となる条件を実現し高効率化を計るという方法もある[10,11]。このためには容量をトランジスタ出力側に付加したり，或いは積極的にトランジスタの内部帰還回路を利用したりしてドレーン電流を変調する必要がある。このような方法を4次高調波まで適用したGaN HEMT増幅器により，5.65GHzで付加電力効率79.5％，ドレーン効率90.7％が達成されている[11]。このような設計法とF級・逆F級増幅器構成法とは，周波数の次数毎に独立に設計できるので，一つの増幅器の中に共存できる回路技術であり[9]，使用するトランジスタの特性，回路基板の特性に合わせて増幅器を最適化設計できる。

73

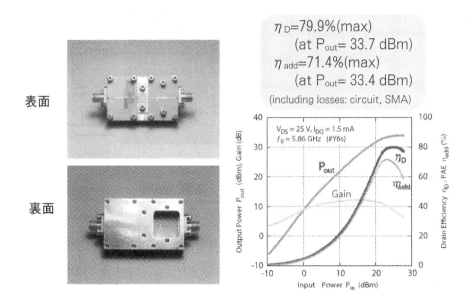

図7 5.8GHz帯 GaN HEMT F級増幅器

文　　献

1) V. J. Tyler, "A new high-efficiency high power amplifier," Marconi Rev., vol. 21, no. 130, pp. 96-109 (Fall 1958)
2) P. Colantonio, F. Giannini, G. Leuzzi, and E. Limiti, "On the class-F power amplifier design," Int. J. RF Microw. Computer - Aided Eng., vol.9, no. 2, pp. 129-149 (Mar.1999)
3) F.H.Raab, "Class-E, class-C, and class-F power amplifiers based upon a finite number of harmonics," IEEE Trans. MTT, vol.49, no. 8, pp. 1462-1468 (Aug. 2001)
4) K.Honjo, "Applications of HBTs," Solid-State Electron., vol.38, no.9, pp.1569-1573 (Sep.1995)
5) K. Kuroda, R.Ishikawa, K.Honjo, "Parasitic compensation design technique for a C-band GaN HEMT class-F amplifier," IEEE Trans. MTT, vol. 58, no. 11 pp. 2741-2750 (Nov. 2010)
6) Y.Abe, R.Ishikawa, and K.Honjo, "Inverse class-F AlGaN-GaN HEMT microwave amplifier based on lumped element circuit synthesis method," IEEE Trans. MTT, vol.56, no.12, pp. 2748-2753 (Dec. 2008)
7) K. Honjo, "A simple circuit synthesis method for microwave class-F ultra-high-efficiency amplifiers with reactance- compen -sation circuits," Solid-State Electron., vol.44, no.8, pp.1477-1482 (Aug. 2000)

8) A.Ando, Y.Takayama, T.Yoshida, R.Ishikawa, K.Honjo, "A predistortion diode linearlizer technique with automatic average power bias control for a class-F GaN HEMT power amplifier," IEICE Trans.Electron, vol.E94-C, vol.7 (July 2011)
9) Scott D.Kee, I.Aoki, A.Hajimiri, D.Rutledge, "The Class- E/F Family of ZVS Switching Amplifiers," IEEE Trans. MTT, vol. 51, no. 6, pp. 1677–1689 (June. 2003)
10) Neal Tuffy, Anding Zhu, and Thomas J. Brazil, "Class-J RF Power Amplifier with Wideband Harmonic uppression," 2011 IMS (June 2011)
11) 神山, 石川, 本城 "高調波位相制御による C 帯高効率 GaN HEMT 電力増幅器の実現," 平成 23 年電子情報通信学会ソサイエティ大会, SC-3-1 (Sept.2011)

3.3 アクティブ集積アレーアンテナ

川﨑繁男[*]

3.3.1 概要

　石油資源に依存したエネルギー供給の低減や，低炭素社会への移行による地球全体にわたる環境問題への取り組みに対し，無線技術からの寄与が求められている．これに関して，ワイヤレス給電技術が挙げられるが，そのひとつとして，マイクロ波を用いた無線電力伝送（Wireless Power Transmission: WPT）が注目を浴びている[1,2]．大規模な WPT の例として長年研究されてきたのが SSPS（Space Solar Power Station）である．この SSPS は宇宙空間に太陽電池を並べ，そこで発電された電力を地上に無線で送信する技術である．日常生活への適用としては，携帯電話や PC への非接触充電，RF-ID パッシブタグなどが挙げられる[3]．この無線電力伝送の技術を用いれば非接触にて携帯電話などを充電でき，このため電子機器よりバッテリーを取り外し，小型化，軽量化を図ることが可能となる．

　一方で，ハードウェアの立場から見ると，近年の半導体プロセス，集積回路技術，高密度実装技術により，高性能モジュールの低コスト化が実現できるようになり，高周波を用いた低廉化アクティブフェーズドアレーアンテナ（Active Phased Array Antenna: APAA）が実現味をおびてきている[4~6]．この小型低廉化 APAA の実現により，機械的駆動への負担が低減し，高速でビームを操作できることからいろいろな応用が提案されている．たとえば，多機能 RF-ID，高性能屋内無線 LAN，宇宙通信などの通信技術や，ロボットセンサネットワークシステム，メージセンサなどのセンサーおよび，情報通信とエネルギーの同時伝送があげられる[7]．

　これらのシステムには，マイクロ波機器の薄型・軽量化と多機能化の要求を満たす要素技術として，小型アンテナ技術，さらにそれと集積が可能な集積回路技術が必要となってくる[8]．この要求に対処できる技術として，アクティブ集積アンテナ（Active Integrated Antenna: AIA）技術があるが[9,10]，これは APAA の構成技術に位置づけられている．これらを組合わせてアクティブ集積フェーズドアレーアンテナ（Active Integrated Phased Array Antenna: AIPAA）と呼ぶこととする[11,12]．

　また，情報通信を行うための電波は，情報である変調波とそれを伝達する搬送波（キャリア）より成り立っている．いままでの通信では，受信側では変調波のみを取り出し，キャリアの電力を利用するという研究はほとんどなされてこなかった．しかし近年の半導体デバイスの発展により，電子通信機器では，高出力化や低消費電力化が進み，情報を取り出すことと同時に，キャリアの電力も有効利用することが可能となってきた[7]．

　本項では，マイクロ波を用いたワイヤレス給電技術を支えるアクティブ集積アンテナと，これをアレー化したフェーズド（電子操作型）アレーアンテナ技術を解説する．

---

[*] Shigeo Kawasaki　宇宙航空研究開発機構　宇宙科学研究所　教授

第1章 ワイヤレス給電技術の基礎

3.3.2 集積アンテナ
(1) 集積アンテナのおいたち

　回路機能がアンテナの放射機能と一体化した，集積アンテナの歴史は比較的新しい。この集積アンテナの変遷をまとめると

　　第1世代―線状アンテナと検波素子やダイオードによるアンテナ結合型検出器
　　第2世代―アンテナとトランジスタによるハイブリッド集積回路アンテナ（この時期には擬
　　　　　　（準）光学（Quasi-Optical）技術と呼ばれた）
　　第3世代―平面アンテナとモノリシック集積回路によるアクティブ集積アンテナ（AIA）

のようになる。

　第1世代の集積アンテナの起源は超高周波の検出器に求めることができる。1970年代において，ジョセフソン素子，トンネルダイオードやショットキーダイオードといったサブミリ波や赤外線の検知器の研究が盛んであった頃，照射した電磁波について吸収効率の良いアンテナにも目が向けられていった。これがアンテナ結合型検出器である。さらにこれを推し進め，ウィスカをエッチングによって構成し，検出器であるウォームキャリアダイオードと結合させたものも発表された。このとき，エッチングによって作製されたウィスカ金属部は進行波型のアンテナとして働いている。これを電波に応用し，ダイポールやパッチアンテナと受電素子（検波ダイオード）と結合したものがレクテナである。

　検出器に重点があった第1世代の集積アンテナに対して，さらにアンテナの高性能化を意識し，また検出器も回路的意味合いからトランジスタのような3端子素子が用いられる第2世代へと移っていった。この時期になるとアンテナと回路の集合体であることを明確にして「集積回路アンテナ（Integrated Circuit Antenna）」，あるいはこの中でミキサを用いたものを特に「擬光学ミキサ（Quasi-Optical Mixer）」と呼ぶようになった。これに加えアンテナの分野では，誘電体基板上に作製されるプリントアンテナの特性に関して盛んに研究されていった。この中で，高誘電率の基板を用いると基板の厚さがその特性にかなり影響を与えるので，電磁界シミュレータが，集積回路アンテナに用いられる平面アンテナの設計に対し有力な理論的支援となり，次世代の集積化アンテナへの発展を加速させた[13]。

　第3世代に入ると回路やアンテナに対するシミュレーション技術[3]の発達とあいまって，集積アンテナを半導体集積回路技術（Monolithic Microwave Integrated Circuit: MMIC）で作製しようとする方向へと発展していった。平面アンテナを融合した集積回路一体型平面アンテナをアクティブ集積アンテナ（AIA）と呼んだ[14～16]。モノリシックICを用いた自励発振型FETミキサや受信器と簡単な送信器を組み合わせたノンコンタクトIDが試作され，さらに，基礎研究段階からそのミリ波帯での利点を活かしたシステムの実現の段階にきている。

(2) 構成と機能

　マイクロ波ミリ波帯アクティブ集積アンテナ（AIA）においては，平面回路や平面アンテナを用いると，伝送損失や回路効率，アンテナ効率の低下を生じるため，高周波信号をあまり引き

回すことなくできるだけ効率的に発振,増幅,周波数変換および放射を行うことが必要となってくる。このため,能動回路とアンテナを直接結合し,一体化して形成した方が,信号やエネルギー伝達効率があがる。これが,上記各世代共通の集積アンテナの設計基本方針である[16]。

アクティブ集積アンテナはアンテナ,特に平面アンテナとマイクロ波ミリ波固体素子を用いた集積回路の組み合わせが基本構成である。このため,アンテナにはパッチ,スロット,ボータイ,ダイポール,ノッチなどのプリントアンテナが用いられ,回路にはダイオードやトランジスタを用いたミキサ,発振器,アンプが選ばれ,これらが組み合わせられている。

アクティブ集積アンテナは回路部とアンテナ部とが渾然一体化しているため,性能評価のためのプローブやポートの設定ができない。このためアクティブ集積アンテナを一つのブラックボックスと考えて,その入力と出力を評価することで性能指数とする[9]。この性能指数には等方性変換利得(Isotropic Conversion Gain)と有効放射電力(Effective Radiated Power)で定義されている。これらに加え,擬光学ミキサやレクテナに関しても性能指数が定義されており,等方性変換損失(Isotropic Conversion Loss)がそれである。これらが必ずしも最適な性能指数であるとは言い難いが,アクティブ集積アンテナにおいて直流-中間周波数-高周波間の信号の変換が分離できないため,これらの性能指数がよく用いられる。

3.3.3 要素技術

(1) デバイス・集積回路

ワイヤレス給電のためのアクティブ集積アンテナに用いられる半導体デバイスの条件は,送信送電側は高周波まで良好な特性を持つ小型高出力デバイスであり,GaAs や InP といった化合物半導体デバイスが主流であった。しかし,近年ではファインプロセスの発達により Si を用いた RF-CMOS 回路技術とあいまって Si-RFIC が目覚しい発展を遂げている。実装時の不確定な損失の除去を意図した Si の IC プロセスを使用した右手-左手系混成(Composed Right/Left Handed: CRLH)伝送線路も K 帯にて試作されており,Si ベースのシステムオンチップ(SoC)による小型高機能アクティブ集積アンテナ実現の土台はできてきている。

さらに,GaN をはじめとするワイドバンドギャップを用いた小型高出力デバイス,高効率増幅器が出現しており,ハイブリッド回路により S 帯 200W 出力高効率(PAE60%)GaN アンプも試作された。電力合成器により 1kW 出力の宇宙用 SSPA が惑星探査ローバーに用いる無線電力伝送用を狙って開発されている。また,集積回路については,マイクロストリップ線路タイプの HPA・MMIC として,C 帯 5.8GHz で,出力電力 30.6dBm,電力付加効率 39.1%,および,図1に示したように Ku 帯 14.25GHz において出力電力 31.5dBm,電力付加効率 26.0 %の性能を実現している。ともに AB 級動作であるが,さらなる高効率化が課題である。また,集積アンテナとしてのアクティブ集積フェーズドアレーアンテナ(AIPAA)においては,パッチアンテナのような平面アンテナとの相性が問題である。すなわち,小型化である。本研究での Ku 帯 HPA・MMIC は 3mm×4mm 程度であるが,ミリ波 AIPAA の場合は,低コスト化はもちろん,アレーの素子アンテナとの結合より,さらに小面積化を行う必要がある。これら送信系と同様に,

第1章 ワイヤレス給電技術の基礎

受信系としてLNA・MMICも開発し，Ka帯32GHzで，雑音指数3.0dBを実現している。

(2) アンテナ・AIA

アンテナ技術としてはMMICに相性のよいプリント型の平面アンテナ，パッチアンテナのような小型平面アンテナを採用し，MMICとを結合させて小型薄型アクティブ集積ア

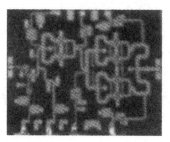 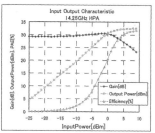

　　　　(a) HPA　　　　(b) 諸特性
図1　14.25GHz ハイパワーアンプ MMIC と諸特性

ンテナを実現する。このアクティブ集積アンテナにおいて回路とアンテナ素子を組み合わせる場合，厳密には1対1の組み合わせが機能性がよいが，コストや占有面積の観点から，1対nとなるケースも考えられる。送信用アクティブ集積アンテナ（AIA）としては，たとえば2×2のアレーアンテナに1つのHPA・MMICの組み合わせの場合，回路の占有面積の余裕が4倍となり，上記SiP/SoCでの集積アンテナが実現できることになる。これは，回路部品の減少による低コスト化を促進するものであり，送受一体型のAIPAAでは，低雑音アンプ（LNA）と高出力アンプ（HPA）のための回路面積の確保に対し，有益な方法となる。

設計例として1つのアンテナとFET発振器で構成したアクティブ集積アンテナの設計法を説明する。発振器は構造を簡単にするため，直列共振型の構成とした。発振器の入力インピーダンスは，通常負荷の3倍程度とするが，試作経験により−50Ωとし，50Ωの負荷と整合させた。また，スロットアンテナとFET発振器の出力は，マイクロストリップライン—スロットライン変換を用いて電磁波的に結合しており，アンテナと回路部は分離され，回路からの不要放射のアンテナパターンへの寄与を抑えることのできる層状構造をなしている。アクティブ集積アンテナはアンテナと回路が渾然一体化しているため，お互いの特性の変化が他方の動作に影響を与えることは明白である。すなわち，各周波数でのアンテナの入力インピーダンスを周波数依存性をもつ負荷とみなし，これを回路内の1素子として導入し，両者を接続したうえで発振が可能かどうかを判断しなければならない。もちろん，能動素子の大信号動作がわかっていれば，これを加味して発振器の定常状態の動作周波数も予測できるはずである。これがアクティブ集積アンテナの設計・解析の概念である。

(3) 移相器

通信機器としてのアクティブ集積フェーズドアレーアンテナ（AIPAA）は，能動回路として高出力アンプ（HPA）と低雑音アンプ（LNA）のような高性能なアンプと移相器が必要である。AIPAAのキーポイントとなる構成要素の素子としてあげられていたのが，安価で小型の移相器の実現である。ここでは，LTCCとRF-MEMS技術を使った経路長切替型Ku帯4bitデジタル移相器を紹介する[3,4]。図2には，LTCC移相器基板とRF-MEMSスイッチ（上面導波路部・下

面アクチュエータ）を，また，図3には，12.5GHzでのLTCC移相器基板の位相変化の周波数特性を示した．移相器基板およびRF-MEMSスイッチの大きさは，それぞれ8mm×8mmと1.5mm×3.5mmであり，特にスイッチ部は小型化のため，2つのSPDTスイッチをワンチップで作製した．1つのSPDTスイッチの挿入損は0.9dB@12.5GHzであり，12.5GHzでの移相器基板の平均挿入損は0.4dB/bitであった．現時点では，最小形状で世界トップクラスの性能をもつKu帯デジタル移相器である．

3.3.4 アレーアンテナ

（1）アレーの構成

アクティブ集積フェーズドアレーアンテナは，アクティブ集積アンテナに移相器を付加して，その制御器，および，信号処理器が追加されてシステムとなる．アクティブ集積アンテナはアンテナと回路の組み合わせを基本単位としてアレー配列されるが，この配列パターンは，今日までいろいろな形状が提案されている．

1次元のアクティブ集積アンテナ（AIA）の例としては，図4に示したものがある．これはスロットの給電線路にCPWを用いた例で，より高周波を得るのに第2高調波（46GHz）を用い，基本波（23GHz）との混信を避けるため各周波数で異なるモードで動作させ空間分離を行って

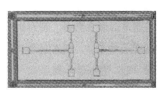

（a）LTCC移相器基板　　（b）RF-MEMSスイッチ

図2　RF-MEMSスイッチによるKu帯4bit・LTCCデジタル移相器

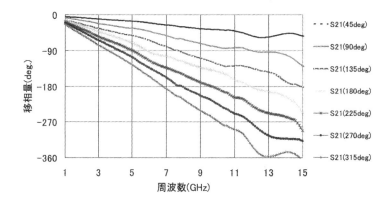

図3　4-bit移相器位相変化の周波数特性

第1章 ワイヤレス給電技術の基礎

いる[14,15]）。2次元配列の例として，2×4素子アクティブ集積アンテナを図5に示す。これは，ウィルキンソン型の電力分配器を用いて同相給電で動作する。

ワイヤレス給電用AIAの場合，HPAの排熱の問題がある。この対策の一案として筆者らは，排熱機構に，折り曲げ回路による排熱ダクトスペースの形成を提案している。図6には，2素子

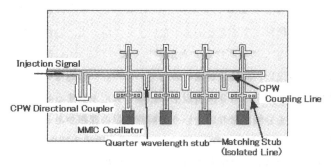
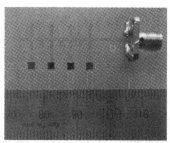

図4　第2高調波を利用した1次元AIAアレー

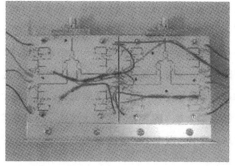

図5　2×4プレート型AIAアレー

(a) 16素子AIAアレー　　　　(b) AIAアレー上面
　　　　　　　　　　　　　（折り曲げ回路側面とダクト）

図6　AIAアレー

ユニットの組み合わせによる 16 素子 AIPAA とそれを上部ダクトから見たところを示した。熱源としては，HPA，レギュレータ，高損失受動回路がある。AIPAA の最下部には冷却用のファンが設置されており，空気の流れが下からダクトを通って上部へと起こるようになっている。

（2） 機能検査

アンテナと能動回路が一体化されたアクティブ集積アンテナ AIA において，その性能を評価するためにアンテナと回路を分離して独立に測定することが出来ない。したがって，特性の劣化が生じたとき，どのような対処が適切かをすぐに判断することが難しくなる。この AIA 性能の検証の問題に対処するため，近傍界測定を用いた評価法が検討されている[17]。一般的な導波管切り離しプローブによる測定では，被測定アンテナから 3 波長以上の距離でスキャンする必要があるが，アレーアンテナにおいては，各波源を分離出来ないという分解能不足の課題があるので，低利得のシールドループプローブにより，0.1 波長以下の距離でスキャンする方法を紹介する。

分解能を上げるためには，測定距離を近づけることが考えられるが，近づけるとプローブと被測定アンテナの結合が大きくなり，大きな誤差が生じる恐れがある。そこで，結合による影響を軽減するためにプローブの感度（利得）を下げることで，その影響を無視出来る程度に下げることを試みる。具体的には，図 7 に示すように直径が 10mm のシールドループアンテナをプローブとして，被測定アンテナから 2mm 離して測定する。距離を 150mm から 2mm へ近づけているが，被測定アンテナとプローブの結合量は，20dB 低い値となっている。図 8 に電界分布の垂直断面を，また，高さ 2mm の概ねアンテナ表面付近の電界分布をモーメント法で計算した理想的な分布を示す。円形パッチの向かい合う縁に沿って電界の強い部分が現れていることがわかる。実験結果より，図 8 の計算値と同様な結果が得られ，微小シールドループをプローブとして，測定距離 $\lambda/10$ 以下で，近傍界測定した結果，配列アンテナの各素子を分離評価出来ることが示された。

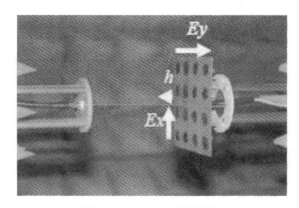

図 7　AIA アレーの近傍界測定

第1章 ワイヤレス給電技術の基礎

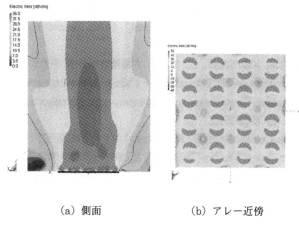

(a) 側面　　　　(b) アレー近傍

図8　AIA アレーの計算放射電界

3.3.5 まとめ

高性能ワイヤレス給電に対してビーム操作に対する機械機構依存性への低減と高速多目的補足の高性能アクティブ集積フェーズドアレーアンテナは，重要な技術である。ここでは，近年の高出力・低雑音アンプ，低損失移相器などによる高性能モジュールの低コスト化による多機能アクティブ集積アンテナを備えたC帯やKu帯のアクティブ集積フェーズドアレーアンテナ技術を紹介した。アンテナ・回路を融合するアクティブ集積アンテナでは，アンテナ面積により制御も含む回路面積が決定されるため，積層化技術が重要となり，さらにHPA用の冷却機構の実装も，コンパクト化には欠かせない技術である。これらを土台とした通信技術として，ビーム操作でのMSK変復調方式による通信技術の確認とアクティブ集積アンテナ性能検証としての近傍界測定法を示した。

文　　献

1) H. Seita, S. Kawasaki, "Compact and High-Power Spatial Power Combiner by Active Integrated Antenna Technique at 5.8 GHz", IEICE Transactions on Electronics, No. 11, vol. E91-C, Nov. 2008, pp. 1757-1764
2) S. Kawasaki, H. Seita, T. Suda, K, Takei, K. Nakajima, "32-Element High Power Active Integrated Phased Array Antennas Operating at 5.8GHz", IEEE-AP-S Digest, 435.7, San Diego, Jul. 2008
3) 川崎繁男監修, "マイクロ波平面回路の CAD 設計 I-受動回路", 1996, リアライズ社
4) J. Mink, "Quasi-Optical Power Combining of Solid-State Millimeter-Wave Sources",

IEEE Trans. Microwave Theory Tech., 34, 2, 1986, pp.273-279

5) J. Lin, T. Itoh, "Active Integrated Antennas", IEEE Trans. Microwave Theory Tech., 41, 10, 1993, pp.1838-1844
6) 川崎繁男, MWE2009, MWE2009, "アクティブ集積フェーズドアレーアンテナとその進展"
7) S. Kawasaki, "Microwave WPT to a Rover Using Active Integrated Phased Array Antennas", 5th European Conference on Antennas and Propagation 2011, Rome/ITALY April 2011, CP03, pp.3909-3912
8) Z. Popovic, R. Weikle, M. Kim, D. Rutledge, "A 100-MESFET Planar Grid Oscillator", IEEE Trans. Microwave Theory Tech., 39, 2, 1991, pp.193-200. 100 FET
9) K. Stephan and T. Itoh: IEEE MTT-S Int'l Microwave Symposium, 2, Dallas, pp.1205-1208
10) S. Kawasaki and T. Itoh, "Quasi-Optical Planar Arrays with FET's and Slots", IEEE Trans. Microwave Theory Tech., 41, 10, Oct. 1993, pp.1838-1844
11) K. Yamashita, T. Yamamoto, H. Seita, E. Shimane, K. Komurasaki, and S. Kawasaki, "An LTCC Phase Shifter with an SPDT Switch for a 5.8GHz-Band Active Integrated Phased Array Antenna," in Proc. China-Japan Joint Microwave Conference (CJMW 2008), Shanghai University, Shanghai, China, Sep. 2008, pp.447-450
12) D. Yamane, T. Yamamoto, K. Urayama, K. Yamashita, H. Toshiyoshi, and S. Kawasaki, "A Phase Shifter by LTCC Substrate with an RF-MEMS Switch," in Proc. 38th European Microwave Conference (EuMC 2008), Amsterdam, Netherlands, Oct. 27-31, 2008
13) 水野皓司, "ミリ波を用いたイメージング技術", MWE2007 MW Digest, WS1-1, Yokohama, Nov. 2007, pp.63-68
14) 川崎繁男, 伊藤龍男, "高調波を利用したミリ波アクティブ集積アンテナ", 信学論, C-1, Vol. J77-C-1, No. 11, Nov. 1994, pp.607-616
15) S. Kawasaki and T. Itoh, "Second Harmonic Uniplanar Active Integrated Antenna Array with Strong Coupling", Proc. of The 23nd European Microwave Conf., Madrid Spain, Sep. 1993, pp.204-206
16) S. Kawasaki, "High Efficient Spatial Power Combining Utilizing Active Integrated Antenna Technique", IEICE Trans Electron. Vol. E80-C, No. 6, Jun. 1997, pp.800-805
17) 須田保, 和田武尚, "アクティブ集積アンテナの近傍界測定による評価方法の検討", 信学技報, ACT研究会, 2008年9月

3.4 位相制御マグネトロン

3.4.1 はじめに

三谷友彦*

マグネトロンはマイクロ波帯電子管の一種であり，(1) 発振管であること，(2) 陰極－陽極間に印加される静電界に対して垂直方向の静磁界を有すること，を特徴とする。マグネトロンは 1921 年に米国の Hull によって発明[1]され，1928 年に岡部金治郎が発明した分割陽極マグネトロン[2]により発振効率が飛躍的に改善された。第二次世界大戦前後においては主に軍事用レーダ用途としてのマグネトロン研究が盛んに進められたが，1945 年に米国 Raytheon 社において電子レンジが発明され[3]，以降はマグネトロンの民生利用が広まった。現在，マグネトロンは電子レンジのマイクロ波発生源として世界中で広く利用されているのみならず，気象レーダや船舶レーダ用途としても利用されている。図1に電子レンジ用マグネトロンの外観および管内の写真を示す。マグネトロンのマイクロ波出力は，電子レンジ用途では連続波として平均電力数百 W から数 kW 程度，レーダ用途ではパルス波としてピーク電力数十 kW から数 MW 程度である。

マグネトロンは 70% 以上の直流－マイクロ波変換効率を有する点，および単位出力あたりのコストが半導体増幅器と比較して極めて安価である点から，ワイヤレス給電特に宇宙太陽発電衛星構想のマイクロ波源として期待され，国内外で研究が進められてきた[4, 5]。一方，マグネトロンの短所は発振スペクトルが広帯域であることや周波数安定性に乏しいこと，発振スペクトル以外のノイズ強度が大きいこととされている。

本節では，マグネトロンをワイヤレス給電のマイクロ波源として利用する際の重要な技術である発振スペクトルの狭帯域化について述べ，マグネトロンの発振周波数・位相の安定化を実現した位相制御マグネトロンについて述べる。さらに，振幅制御機能を有する位相制御マグネトロンや位相制御マグネトロンを用いたフェーズドアレーの研究動向について述べる。

図1 電子レンジ用マグネトロンの外観（左）と管内（右）の写真

---

* Tomohiko Mitani 京都大学 生存圏研究所 助教

3.4.2 マグネトロンの発振スペクトル

マグネトロンの発振周波数はマグネトロンの陽極電流,印加磁界および出力負荷に依存する[6,7]。マグネトロンをワイヤレス給電のマイクロ波源として利用する場合,マグネトロンの出力負荷は伝送線路である導波管,送電アンテナ,およびその先の放射空間であるため,負荷変動のほとんどないシステムとして捉えることができる。また印加磁界に関しては,マグネトロンの永久磁石の温度が安定していれば磁界強度は変動しない。よって,ここでは陽極電流変動によるマグネトロンの発振スペクトルへの影響についてのみ論じる。

電子レンジ用電源として用いられる半波倍電圧非平滑電源で電子レンジ用マグネトロンを駆動させた時に観測される発振スペクトルを図2に,その時のマグネトロンの陽極電流・陽極電圧波形を図3に示す[8]。マグネトロンの発振・停止は商用電源の周期で繰り返されており,陽極電流が流れている半周期の区間で発振する。発振スペクトルが広帯域であるというマグネトロンの短所は,図2に示すような電子レンジの発振スペクトルの観測事例に基づくことが多い。しかしながら,このマグネトロン駆動条件では発振区間においてマグネトロンの陽極電流は絶えず変化しており,この陽極電流変動に伴ってマグネトロン発振周波数は時々刻々変化する。つまり図2に示した発振スペクトルが観測される原因は,図3に示すような陽極電流波形をマグネトロンに与えて時々刻々変化する発振周波数をスペクトラムアナライザ上に重ね書きさせたためであると認識すべきである。これは,ある電圧制御発振器(VCO)に対して,あたかも図3の陽極電流波形に相当するような制御電圧波形を与え,時々刻々周波数変化するVCOの発振スペクトルをス

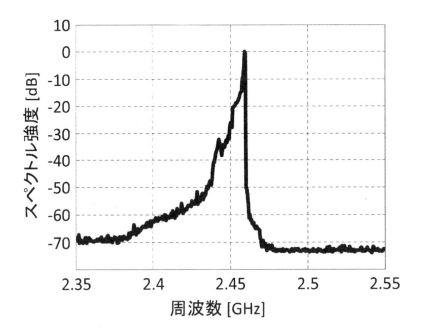

図2 半波倍電圧非平滑電源駆動時における電子レンジ用マグネトロンの発振スペクトル(スペクトル最大値で規格化)

第1章　ワイヤレス給電技術の基礎

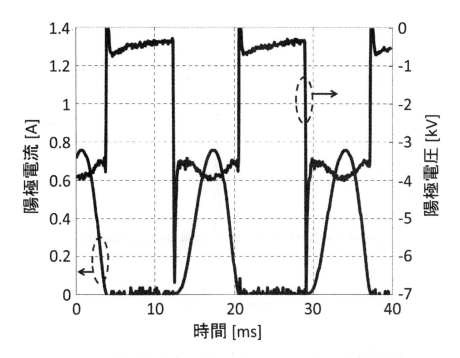

図3　半波倍電圧非平滑電源駆動時のマグネトロンの陽極電流・陽極電圧波形

ペクトラムアナライザ上に重ね書きした状況と似ている。

　上述のことから，マグネトロンの発振スペクトルを狭帯域化するためにはマグネトロンの陽極電流を安定化することが必須である。さらに，マグネトロンの熱電子放出源であるフィラメント電流を発振中に低減もしくは遮断してフィラメント温度を下げることにより，マグネトロン発振スペクトルがより狭帯域化されることが知られている[9〜11]。図4に，同じ電子レンジ用マグネトロンを直流安定化電源で駆動し，フィラメント電流を発振後に遮断した時の発振スペクトルを示す。このような適切な駆動電源および駆動方法により，電子レンジ用マグネトロンの周波数スペクトルのQ値は10^5程度まで改善される[11]。さらに発振スペクトル以外のノイズも高調波および高次モード発振成分以外は大幅に低減されることが報告されている[12]。位相制御マグネトロンを構築する際には，予め図4に示したような発振スペクトル状態にしておくことが肝要である。

3.4.3　位相制御マグネトロン

　マグネトロンをワイヤレス給電のマイクロ波源として用いる場合，総合伝送効率の観点や周波数割り当て等の法的観点から，単一周波数に固定することが望ましい。しかしながら，マグネトロン自励発振周波数には個体差があり，かつ3.4.2で述べたように陽極電流や出力負荷に対する依存性をもつ。さらに，宇宙太陽発電衛星構想のように複数台のマグネトロンを用いたフェーズドアレーを構築するためには，マグネトロンの発振周波数のみならず出力されるマイクロ波の位相を安定化し制御する必要がある。そこで，マグネトロンの発振周波数および出力位相の安定化

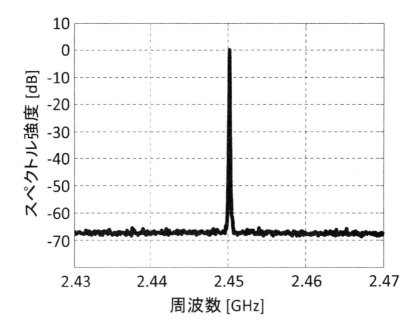

図4 直流安定化電源駆動時においてフィラメント電流を遮断した時の電子レンジ用マグネトロンの発振スペクトル（スペクトル最大値で規格化）
図2と比較して横軸の周波数範囲が1/5である点に注意されたい。

を実現するために開発されたものが位相制御マグネトロンである。

位相制御マグネトロンのブロック図を図5に示す。位相制御マグネトロンの実現は「注入同期法」および「位相同期ループ」の2つの技術要素から成り立つ。

注入同期法とは発振器の周波数同期手法の一つであり，ある発振器の発振周波数に近い周波数をもつ基準信号を発振器に注入すると発振器の発振周波数が基準信号周波数に引き込まれて同期する現象[13]を利用する。位相制御マグネトロンにおける基準信号はサーキュレータを経由してマグネトロンのアンテナ側から注入される。サーキュレータはマグネトロン出力電力が基準信号側に伝搬することによる基準信号発生器の故障を防ぐ役割を果たす。注入する基準信号周波数をf，基準信号電力をP_i，マグネトロンの出力電力をP_o，マグネトロンの外部Q値をQ_Eとすると，マグネトロンの自励発振周波数と基準信号周波数との周波数差の絶対値が式（1）に示すΔfの範囲内にあるとき，マグネトロン自励発振周波数を基準信号周波数に同期させることができる[14]。

$$\frac{\Delta f}{f} = \frac{2}{Q_E}\sqrt{\frac{P_i}{P_o}} \tag{1}$$

また，この時の基準信号位相とマグネトロン出力位相との位相差θは式（2）で表すことができる[14]。ただし$\Delta f'$は基準信号注入前のマグネトロン自励発振周波数と基準信号周波数との周波数差である。

第1章　ワイヤレス給電技術の基礎

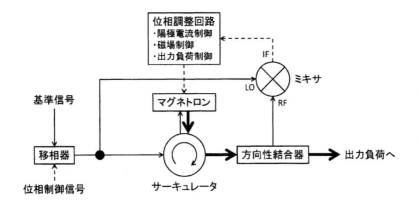

図5　位相制御マグネトロンのブロック図

$$\sin\theta = \frac{\Delta f´}{f}\frac{Q_E}{\sqrt{P_i/P_o}} \qquad (2)$$

式 (2) より，注入同期法を用いてマグネトロン発振周波数を基準信号周波数に同期させた場合，元々のマグネトロン自励発振周波数と基準信号周波数の差に対応する位相差がマグネトロン出力と基準信号との間に発生する．つまり，注入同期法のみではマグネトロンの出力位相は自励発振周波数に依存した状態であり，一意に定まらない．この問題を解決するための手段が位相同期ループである．

位相同期ループとは，入力信号の位相に同期した出力信号を発生させるためのフィードバックループである．一般的な位相同期ループは，入出力信号の位相差を比較するための位相比較器，位相比較器の出力信号を平滑化された直流信号にするためのループフィルタ，および電圧制御発振器（VCO）で構成される[15]．位相制御マグネトロンの場合，注入基準信号が入力信号に対応し，マグネトロンが VCO に対応する．位相比較器にはダブルバランスドミキサ（乗算器）を用い，基準信号入力とマグネトロン出力とを直接位相比較する．位相制御マグネトロンのループフィルタは，ミキサ出力信号の高周波成分を除去するための低域通過フィルタおよびフィルタ出力を制御信号に変換する電圧調整回路から成る位相調整回路として表すことができる．

マグネトロン発振周波数が基準信号周波数に同期している場合，ミキサ出力は式 (2) の位相差 θ に対応する直流電圧および基準信号周波数の2倍の周波数をもつ高周波成分となる．よって，低域通過フィルタを用いて高周波成分を除去することにより，位相差 θ に対応する直流電圧信号を取り出すことができる．電圧調整回路では，式 (2) の θ を0に収束させるような制御電圧信号をマグネトロンに与え，マグネトロン自励発振周波数を制御する．このとき，式 (2) において $\Delta f´ = 0$ となるようにマグネトロン自励発振周波数を制御すれば $\theta = 0$ が実現され，マグネトロンの個体差に関係なくマグネトロン出力位相が基準信号位相に対して一意の値となり，位相同期が実現する．マグネトロン発振周波数が基準信号周波数に同期していない場合についても，

位相調整回路によってマグネトロン自励発振周波数を式（1）のΔfの範囲内に収めれば，マグネトロン発振周波数を基準信号周波数に同期させることができ，その後同様の手順で位相同期が実現する。

マグネトロンの発振周波数制御方法としては，陽極電流制御[16〜19]，磁場制御[10, 20]，出力負荷制御[21]があり，それぞれの制御手法に対する位相制御マグネトロンが提案されている。また陽極電流制御型位相制御マグネトロンについては，位相調整回路の応答速度を向上させたkHz級パルス駆動型位相制御マグネトロンも開発されている[22]。さらに，寸法が直径310mm×高さ99mm，単位マイクロ波出力あたりの重量が25g/W程度である世界最軽量の「軽量小型マグネトロンマイクロ波送電器COMET（COmpact Microwave Energy Transmitter）[23]」が開発されている。図6にCOMETの外観写真を示す。COMETは内部に5.8GHz帯マグネトロンを搭載しており，位相制御マグネトロンとラジアルラインスロットアンテナとを一体化したマイクロ波送電器である。

3.4.4 振幅制御機能を有する位相制御マグネトロン

マグネトロンの特性上，3.4.3で記したマグネトロンの発振周波数制御手法を用いた場合にはマグネトロンの自励発振周波数が変化すると同時にマイクロ波出力振幅も変化する。つまり，位相同期ループが安定動作している状態では，自励発振周波数が安定していると同時に出力振幅も安定している状態にある。これは逆に言うと，位相制御マグネトロンの安定動作状態においては出力振幅を変化させられないことを意味する。

位相制御マグネトロンに出力振幅制御機能を持たせる方法としては，位相制御マグネトロンに出力振幅制御用のフィードバック制御を行うことが考えられる。出力振幅制御手法に関しては，3.4.3で記したマグネトロンの発振周波数制御手法のうちマグネトロン発振周波数制御に用いていない手法を別途採用する。これにより，位相制御と振幅制御の2つのフィードバック制御を独

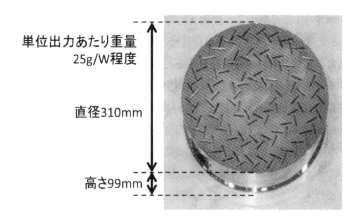

図6　軽量小型マグネトロンマイクロ波送電器COMET（COmpact Microwave Energy Transmitter）の外観写真

第1章 ワイヤレス給電技術の基礎

立に動作させることができる。位相制御に陽極電流制御を採用し，振幅制御に磁場制御を採用した「位相振幅制御マグネトロン[23,24]」のブロック図を図7に示す。開発された位相振幅制御マグネトロンは，周波数安定度10^{-6}程度，位相安定度$\pm 1°$程度の安定度をもつことが報告されている[23,24]。

　位相制御マグネトロンに振幅制御機能を持たせる別の方法として，従来の位相制御マグネトロンのようにマグネトロンを直接制御するのではなく，注入基準信号側の位相を調整することにより位相制御マグネトロンを実現する手法が開発されている。この方法を採用した位相制御マグネトロンのことを位相振幅制御マグネトロンと区別するために「電力可変型位相制御マグネトロン[25]」と呼ぶ。電力可変型位相制御マグネトロンのブロック図を図8に示す。電力可変型位相制御マグネトロンは，マグネトロンが位相同期ループ内に組み込まれていないため，陽極電流制御によってマグネトロン出力振幅を自由に変化させることができる。陽極電流制御によりマグネトロンの自励発振周波数が変化するが，注入信号側の位相を移相器で制御することにより発振周波数変化による位相差変動を吸収し，式（2）における$\theta=0$を実現している。ただし，マグネト

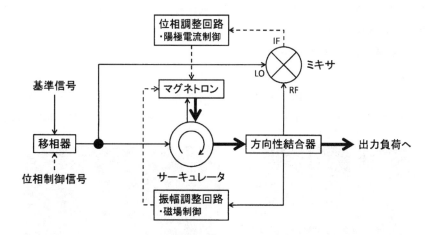

図7　位相振幅制御マグネトロンのブロック図

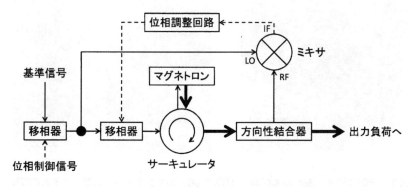

図8　電力可変型位相制御マグネトロンのブロック図

ロンを直接制御していないため，注入同期法によるマグネトロンの周波数同期が実現していない場合には位相制御マグネトロンとして機能しない。したがって，電力可変型位相制御マグネトロンは，式(1)の周波数同期範囲Δf以内にマグネトロン自励発振周波数が存在する場合に限り有効である。

3.4.5 位相制御マグネトロンを用いたフェーズドアレー

　位相制御マグネトロンを複数台用いることにより，アクティブフェーズドアレーを構築することが可能となる。位相制御マグネトロンを用いたフェーズドアレーの構築例として，2000年度に2.45GHz帯位相制御マグネトロン12台を用いたマイクロ波送受電実験装置「SPORTS (Space Power Radio Transmission System) 2.45[5, 17, 26]」が，2001年度に5.8GHz帯位相制御マグネトロン9台を用いたマイクロ波送受電実験装置「SPORTS 5.8[5,26]」がともに京都大学に導入された。SPORTS2.45およびSPORTS5.8のマグネトロン送電システムの写真を図9に示す。また，位相制御マグネトロンから放射されるマイクロ波の漏れ込みを隣接するマグネトロンに対する基準信号源として積極的に活用したフェーズドアレーも開発されている[27]。さらには，位相制御マグネトロンを用いた屋外実験として，飛行船からのマイクロ波送電実験が2009年に京都大学にて実施されている[28]。最近では，電力可変型位相制御マグネトロン2台を用いたフェーズドアレー実験例も報告されている[29]。

3.4.6 おわりに

　位相制御マグネトロンは，高効率・安価というマグネトロンの長所を活かしつつ，周波数安定・位相安定というマグネトロンの弱点を克服したシステムである。高出力半導体増幅器の価格低下

図9　SPORTS2.45（左）およびSPORTS5.8（右）のマグネトロン送電システムの写真
それぞれアンテナ後方に位相制御マグネトロンが設置されている。

第1章 ワイヤレス給電技術の基礎

が進まない現状，位相制御マグネトロンを用いた大電力マイクロ波送電システムはコスト・効率の両面からもワイヤレス給電の有望なマイクロ波源であると言える．さらに，位相制御マグネトロンはワイヤレス給電分野のみならず従来のマグネトロン用途であるマイクロ波加熱分野にも有効活用できると考えられ，実際に位相制御マグネトロンを用いたマイクロ波加熱分布制御の検討もされ始めている[30]．

　位相制御マグネトロンが克服すべき課題の一つは小型軽量化である．現状で世界最軽量の位相制御マグネトロンである COMET であっても，位相制御マグネトロンを宇宙太陽発電衛星構想の送電システムとして採用されるには現状の 1/10 以上の軽量化が必要であり，位相制御マグネトロンの更なる小型軽量化が望まれる．位相制御マグネトロンが克服すべきもう一つの課題は注入同期法の簡素化である．位相制御マグネトロンにおける基準信号のほとんどは，導波管サーキュレータを経由してマグネトロンに注入される方式を採用しており，小型軽量化に対する足枷となるだけでなく，サーキュレータの挿入損失による送電システム効率の低減も問題となる．飛行船からのマイクロ波送電実験[28]においては注入同期法を利用しない純粋な位相同期ループによる位相制御マグネトロンが開発されているが，送電システムの周波数・位相の十分な安定性を実現すべき場合には注入同期法による周波数同期は重要な技術であり，簡素な注入同期法の開発が望まれる．

文　献

1) A. W. Hull, *Phys. Rev.,* **18**, 31 (1921)
2) 岡部金治郎，電氣學會雜誌，**48**，284 (1928)
3) 日本電子機械工業会　電子管史研究会　編，電子管の歴史，p.152，オーム社 (1987)
4) P. E. Glaser, F. P. Davidson, K. Csigi, Solar Power Satellites, p.72, John Wiley & Sons (1998)
5) H. Matsumoto, *IEEE Microwave Magazine,* **3**, 36 (2002)
6) 桜庭一郎，電子管工学，p.160，森北出版 (1974)
7) W. C. Brown, *IEEE MTT-S International Microwave Symposium Digest,* p.871 (1989)
8) 三谷友彦，篠原真毅，松本紘，相賀正幸，桑原なぎさ，半田貴典，電子情報通信学会論文誌・和文 C，**J87-C**，1146 (2004)
9) 西巻正郎，相浦正信，マイクロ波電子管，p.211，オーム社 (1958)
10) W. C. Brown, *Space Power,* **7**, 37 (1988)
11) 三谷友彦，篠原真毅，松本紘，橋本弘蔵，電子情報通信学会論文誌・和文 C，**J85-C**，983 (2002)
12) T. Mitani, N. Shinohara, H. Matsumoto, K. Hashimoto, *IEICE Trans. Electron.,* **E86-C**, 1556 (2003)

13) R. Adler, *Proceedings of the IRE,* **34**, 351 (1946)
14) L. Sivan, Microwave Tube Transmitters, p.183, CHAPMAN&HALL (1994)
15) 遠坂俊昭，PLL 回路の設計と応用，p.15, CQ 出版社 (2003)
16) 篠原真毅，三谷友彦，松本紘，電子情報通信学会論文誌・和文 C, **J84-C**, 199 (2001)
17) N. Shinohara, H. Matsumoto, K. Hashimoto, *IEICE Trans. Electron.,* **E86-C**, 1550 (2003)
18) I. Tahir, A. Dexter, R. Carter, *IEEE Trans. Electron Devices,* **52**, 2096 (2005)
19) I. Tahir, A. Dexter, R. Carter, *IEEE Trans. Electron Devices,* **53**, 1721 (2006)
20) W. C. Brown, *Space Power,* **6**, 123 (1986)
21) M. C. Hatfield, J. G. Hawkins, W. C. Brown, *IEEE MTT-S International Microwave Symposium Digest,* 1157 (1998)
22) 三谷友彦，篠原真毅，松本紘，松嶋孝明，電子情報通信学会論文誌・和文 C, **J90-C**, 873 (2007)
23) N. Shinohara, H. Matsumoto, *Proceedings of 4th International Conference on Solar Power from Space (SPS'04),* 117 (2004)
24) N. Shinohara, T. Mitani, H. Matsumoto, *Proceedings of 6th International Vacuum Electronics Conference,* 61 (2005)
25) 三谷友彦，木村光利，篠原真毅，電子情報通信学会電子デバイス研究会 信学技報，ED2009-127, 59 (2009)
26) 篠原真毅，松本紘，橋本弘藏，三谷友彦，電子情報通信学会宇宙太陽発電研究会 信学技報，SPS2002-09, 1 (2003)
27) 篠原真毅，松本紘，電気学会論文誌 B, **128-B**, 1119 (2008)
28) 橋本弘藏，山川宏，篠原真毅，三谷友彦，高橋文人，米倉秀明，平野敬寛，藤原暉雄，長野賢司，川崎繁男，電子情報通信学会宇宙太陽発電研究会 信学技報，SPS2009-03, 13 (2009)
29) A. Nagahama, T. Mitani, N. Shinohara, N. Tsuji, K. Fukuda, K. Yonemoto, *IEEE MTT-S International Microwave Workshop Series on Innovative Wireless Power Transmission: Technologies, Systems, and Applications (IMWS-IWPT),* IWPT3-5, 63 (2011)
30) 三谷友彦，長濱章仁，木村光利，篠原真毅，第 4 回日本電磁波エネルギー応用学会 講演要旨集，21B03, 90 (2011)

3.5 レクテナ整流回路理論

藤森和博[*]

3.5.1 レクテナとは

　ワイヤレス給電技術において，受電側で用いるレクテナはシステム全体のエネルギー伝達効率を大きく左右する最も重要な部分の一つである．レクテナとは Rectifying Antenna の略語であり，主要な構成要素として，入射してくる電磁波に対応した周波数，偏波と指向性を有し，用途に相応しい大きさと形状のアンテナと，アンテナで受電された高周波をダイオードによって直流に変換する高周波整流回路を持つ．ダイオードが非線形の電圧-電流特性を持ち，出力される直流電圧が回路そのもののバイアス電圧となる自己バイアス回路であることから，入力される電圧振幅および出力される直流電圧の変化が変換効率に影響する．また，ダイオードで発生する入力波の高調波がアンテナから再放射するのを抑制する必要もあるため，レクテナの解析と設計は必ずしも容易ではない．本項では，マイクロ波によるワイヤレス無線送電用のレクテナについて，レクテナの構成と高周波整流回路の基本的動作，およびレクテナとレクテナアレーについて述べる．

3.5.2 レクテナの構成

　レクテナを簡単な構成方法で分類する場合，それほど多くの種類が存在するわけではない．受電用アンテナそのものに整流機能を持たせた，稀なタイプのレクテナを除けば，一般的に採用されるレクテナ構成は，図1のような受電用アンテナ，整流回路，負荷回路がフィルタ回路やインピーダンス変換回路を用いて接続されたものとなることが多い．

　整流回路には，小さい電圧でも動作することが望まれるため，ダイオードにはショットキーバリアダイオードが用いられている．ダイオードの非線形な電圧-電流特性により発生する高調波成分がアンテナから放射されるのを防ぐために，アンテナと整流回路の間に基本波は通過させて高調波を阻止する低域通過フィルタ，あるいは帯域通過フィルタをおく．ただし，高調波の放射を抑制する機能をもつアンテナを用いる場合には，このフィルタを省略することができる．整流回路の出力側には，直流出力を取り出す負荷抵抗の方へ基本波および高調波が漏れることを防ぐために，低域通過または帯域阻止フィルタをおく．レクテナの代表的な基本構成例を図2に示す．

　図2(a)は半波長ダイポールアンテナとレッヘル線路あるいはコプレーナ・ストリップ線路

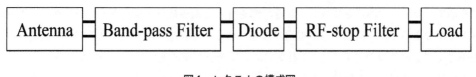

図1　レクテナの構成図

---

[*]　Kazuhiro Fujimori　岡山大学　大学院自然科学研究科　助教

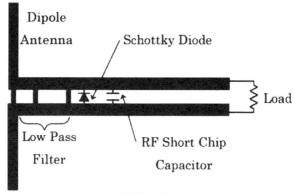

(a) 平衡線路形レクテナ

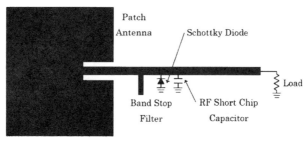

(b) 不平衡線路形レクテナ

図2 レクテナの代表的な基本構成例

を用いて構成した整流回路を接続したのもレクテナである[1]。コプレーナ・ストリップ線路などの平衡線路を用いる場合，ダイオードは線路に対してシャント実装されることが多い。このタイプのレクテナは，アンテナと回路を同一平面上で構成できることや，面実装タイプのディスクリートデバイスとの親和性が良いため，比較的調整が容易であるという利点がある。

図2(b)は，パッチアンテナとマイクロストリップ線路を用いて構成された整流回路を接続したレクテナを示している。マイクロストリップ線路を用いた場合，図2(b)のようにダイオードがストリップラインに対してシャント実装されたものに加えて，シリーズ実装されたものも数多く検討されている。このタイプの特徴は，アンテナや回路の選択肢が多く，図3に示すように異なる層でアンテナや回路を構成しておき，窓を介して電磁結合させたタイプのレクテナも構成することができるため，回路が入射電磁界に曝されることを避けたり，レクテナの平面的なサイズを小さくするのに有効である[2]。これまでにレクテナの基本的な構成について述べたが，レクテナの特性は，使用される無線送電システムに相応しいアンテナ技術と，アンテナで受電される電力において高いRF-DC変換効率を持つ回路技術によって決定されることになる。

第1章　ワイヤレス給電技術の基礎

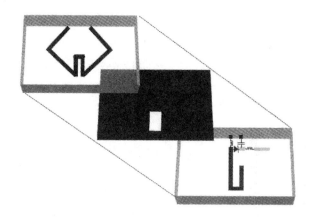

図3　窓を介して結合されたアンテナと整流回路によるレクテナ

3.5.3　高周波整流回路の基本動作

　アンテナと高周波整流回路を組み合わせることから，アンテナの設計には一般的なアンテナ技術が適用できる．そこで，レクテナ設計に固有の技術である高周波整流回路に注目して，その基本的な動作について説明する．マイクロ波帯以上の高周波での動作を目的としたレクテナ用の整流回路では，ダイオードを1個用いている例が多い．1個のダイオードでは基本的に半波整流動作になるが，出力部に交流を全反射させるスタブ，入力部に整合スタブなどを用いることにより，入力波の反射を抑制し，ダイオードに対する印加電圧振幅を入力波電圧振幅より大きくすることができるので，結果として倍電圧整流回路として動作させることができ，全波整流動作に匹敵するRF–DC変換効率を得る事が可能となる．ここで，図4としてRF–DC変換回路の一例[3]を示し，整流回路の簡単な動作原理について説明する．ただし，設計周波数はISMバンドの5.8GHz

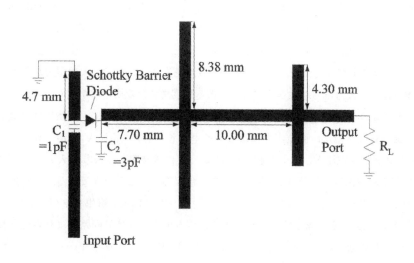

図4　マイクロストリップ線路による高周波整流回路の構成例（5.8GHz）
copyright (c) 2010 IEICE（許諾番号：11RA0058）

ワイヤレス給電技術の最前線

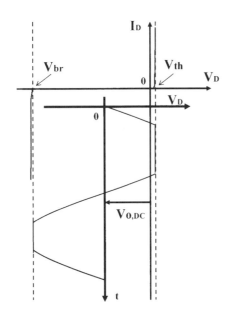

図5 ダイオードの静特性と端子間電圧の時間変化

で，比誘電率 3.4，厚さ 0.5mm の誘電体基板を使用しており，この時のマイクロストリップ線路の寸法が示されている。

ショットキーバリアダイオードのアノード側ではキャパシタ C_1 により入力線路と直流的に遮断し，ショートスタブにより直流的な短絡と共に入力の整合を行っている。カソード側では，キャパシタ C_2 は高周波短絡用であるが，マイクロ波帯では十分な短絡特性を得にくいので，さらに基本波と第2高調波の阻止フィルタをおいている。直流出力は負荷抵抗 R_L により取り出す。すなわち，ダイオードのカソード電位を0に固定し，アノード電位が大きく変化するようにした回路である。この回路の定常状態における非線形動作を，図5のダイオードの静特性に重ねたダイオード端子間電圧 V_D の時間変化を基に示す。

受電波電圧振幅により，V_D がダイオードの立ち上がり電圧 V_{th} を超える時間のみ，ダイオード電流 I_D が順方向に流れ V_D はほぼ一定値をとる。V_D が V_{th} よりも小さくなると，I_D はほぼ無視できる程度の値となる。V_D が負になって，受電波電圧振幅が大きく V_D がブレークダウン電圧 V_{br} 以下になる場合には，その時間のみ I_D がブレークダウン電流として逆方向に流れる。ダイオード直流出力電流 $I_{o,DC}$ は，パルス状の順方向電流とブレークダウン電流（$V_D<V_{br}$ になり得る場合のみ）の和の時間平均になる。直流出力電圧 $V_{o,DC}$ は，$V_{o,DC}=R_L \cdot I_{o,DC}$，直流出力電力 $P_{o,DC}$ は $P_{o,DC}=V_{o,DC} \cdot I_{o,DC}$ として与えられる。ダイオードは，アノード側が直流的に短絡されているので，カソード側の直流出力電圧 $V_{o,DC}$ が逆バイアス電圧として加わることになる。ダイオード端子間電圧 V_D が立ち上がり電圧 V_{th} を超えないと直流を生じないので，入力電力が小さいときには変換効率は低い。入力電力が大きくなると，ある程度までは変換効率が高くなるが，ブレークダウンを生じるようになると直流出力電流と逆方向の電流も流れるので，変換効率が低下する。変換効率が最大になるのは，直流出力によるダイオードバイアス電圧 $V_{o,DC}$ が，立ち上がり電圧 V_{th} とブレークダウン電圧 V_{br} の中央値 $(V_{th}+V_{br})/2$ にほぼ等しくなり，入力によるダイオード電圧振幅がこれらの差の半分 $(V_{th}-V_{br})/2$ に，ほぼ等しくなるときである。実際のダイオードでは，図5の静特性に加え，接合容量 C_j，パッケージングによる寄生キャパシタンス C_p や寄生インダクタンス L_p などを考慮する必要があり，図6のような等価回路により表現される。ここで，表1は周波数 5.8GHz の場合に，M/A-COM 社製ショットキーバリアダイオード MA4E2054-1141T の静特性とSパラメータを実測し，フィッティングにより求められた各パラメータの値である。ただし，ダイオードの真性部には SPICE ダイオードモデルを用いている。

第1章　ワイヤレス給電技術の基礎

　図4の整流回路の変換効率について，ダイオードとして図6の等価回路を用い，集中定数素子と電磁界の相互作用をも計算可能なLE-FDTD法によるシミュレーションにより求められた結果と測定結果を図7に示す[3]。出力電力，変換効率共に設計上十分な精度での解析が行われており，図5を用いて説明した整流回路の動作を裏付ける結果となっている。最大変換効率時での電力損失の計算結果は，表2のように，入力周波数の反射電力は10%程度で，当然，変換効率が大きくなるほど反射は小さくなる。顕著な

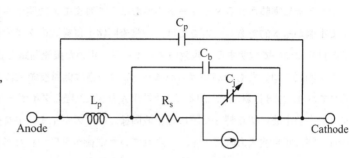

図6　ダイオードの高周波等価回路モデル

表1　ダイオードの等価回路パラメータのフィッティング値

Parameter	Value	Unit
V_{bi}	0.4	V
V_{br}	5.63	V
I_s	1.33×10^{-8}	A
R_s	8.04	Ω
$C_j(0)$	0.192	pF
L_p	0.164	nH
C_b	0.0913	pF
C_p	0.114	pF

表2　高周波整流回路の変換効率と電力損失
copyright (c) 2010 IEICE（許諾番号：11RA0058）

Parameter	LE-FDTD[%]
Conversion Efficiency	65.0
RF Power Leakage at Load Resistor	0.1
Power Reflection at Input Port	10.4
Harmonic Powers at Input Port	2.3
Power Consumption at SBD	14.2
Power Consumption at Devices	3.6
Radiation Loss	4.4
Total	100.0

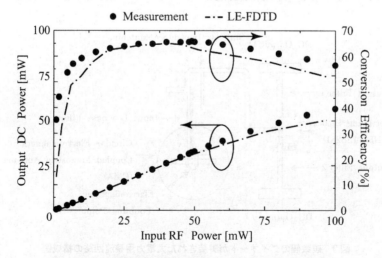

図7　高周波整流回路の入力電力に対する出力電力と変換効率
copyright (c) 2010 IEICE（許諾番号：11RA0058）

損失としてはダイオードの持つ抵抗分での損失が14%と大きく，この損失を如何に小さくするかが，ディスクリートデバイスを含めたレクテナ開発の最終的な課題であると言える。

3.5.4　様々なタイプのレクテナ

　レクテナに実装されるダイオードの個数は，これまでの説明からわかるように一整流回路に対して1個が基本的である。ここでは，一整流回路上に複数のダイオードが実装された整流回路とその目的について説明する。複数のダイオードを用いた整流回路としては，コッククロフト-ウォルトン回路を用いたものが挙げられる[4]。この回路は低周波領域において昇圧整流回路として知られており，図8において，例えば正半波が入力された際にダイオードを介してキャパシタにチャージされ，負半波に切り替った際に正半波同様，次段のダイオードを介してキャパシタにチャージされる時，正半波入力時にチャージされていた電荷が重畳された形で電流が流れる。すなわちダイオード-キャパシタペアの段数分だけ昇圧されることになる。この回路はRFIDチップのウェイクアップ電圧を得るためにも用いられている。昇圧整流動作からわかるように，1つのダイオード-キャパシタペアで整流効率が決まるため，見かけの出力電圧は大きくできるものの，全体として見た変換効率が向上するわけではない。また，通過するダイオードの数が増えることから，表2の結果からもわかるようにダイオードにおける損失が増加することになる。複数のダイオードが用いられたレクテナの別例としては，図9に示すような大きな入力電力下で動作するよう設計されたものが挙げられる[5]。市販されているダイオードは，ミクサ用やディテクタ用ダイオードに代表される小電力用のものが立上がり電圧が小

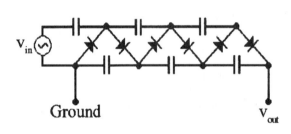

図8　コッククロフト-ウォルトン昇圧整流回路

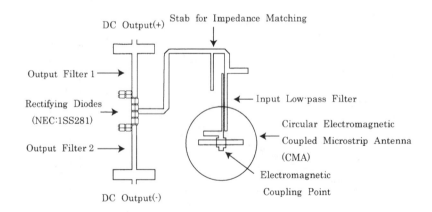

図9　複数個のダイオードが実装された大電力用整流回路の構成例

©1998 IEEE. Reprinted, with permission, from "IEEE Transaction on Microwave Theory and Techniques, vol.46, no.3, pp.261-268, March 1998".

第1章 ワイヤレス給電技術の基礎

さく，整流効率を大きくとることができるものの，耐圧も小さいため，高入力電力下で単体使用することができない。そこで，ダイオードを隙間無く直並列に実装することで，ダイオード単体に印加される電圧が耐圧を超えないよう分割されることを狙ったものである。

　レクテナに使用されるアンテナの種類はそれほど多くなく，ほとんどがダイポールアンテナ，パッチアンテナ，スロットアンテナである。整流回路に用いられる伝送線路を平衡線路形，不平衡線路形と分類すると，平衡線路形ではほとんどの場合，ダイポールアンテナが用いられている。これは，ダイポールアンテナが平衡給電されるアンテナであり，アンテナ-回路間にバラン等の平衡-不平衡変換回路が不要となるためである。ダイポールアンテナはビーム幅が広いので，送受電系の伝送軸がずれても安定した出力が得られ，一般的な平面アンテナに対して帯域が広いという利点があるため，アレー化を前提としたレクテナでは扱い易い。一方，指向性利得が小さいため，パッチアンテナやその他の高利得アンテナに対して受信電力が小さいという欠点があるが，専有面積や電気的体積が増加するものの，無給電素子や反射板を用いることで高利得化や周波数共用化も容易である[6]。平衡線路形レクテナにおいて，ダイポールアンテナ以外のものが使用された稀な例としては，図10に示すようなデュアルロンビックアンテナを用いたものがあり，平衡線路を用いたシャント形整流回路と10.7dBの高利得円偏波アンテナを組み合わせることで，80%を超える変換効率を達成している[7]。また，スパイラルアンテナを用いたレクテナも報告されている[8]。図11のように，広帯域円偏波スパイラルアンテナの給電点に，フィルタ等の帯域を制限する回路を設けずダイオードを実装することによって，2～8GHzにおける整流動作することが示されている。

　次に不平衡線路形の整流回路によく用いられるアンテナについて述べる。平衡線路形の場合と同様に，不平衡給電のアンテナが選択され，中でもパッチアンテナ，スロットアンテナが多くを

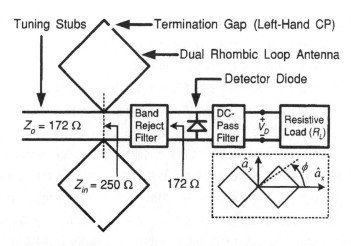

図10　デュアルロンビックアンテナを用いた平衡線路形レクテナ

© 2003 IEEE. Reprinted, with permission, from "IEEE Transaction on Antennas and Propagation, vol.51, no.6, pp.1347-1356, June 2003".

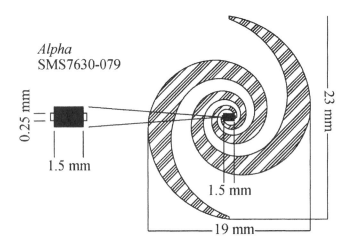

図11 スパイラルアンテナを用いた広帯域レクテナ

© 2004 IEEE. Reprinted, with permission, from "IEEE Transaction on Microwave Theory and Technologies, vol.52, no.3, pp.1014-1024, March 2004"

占めている。パッチアンテナは単体の指向性利得が6〜9dBiとできるため，ダイポールアンテナを用いたレクテナに対して，小さい入力電力密度の場合やアンテナエレメント数を抑えたい場合に適している。また，励振できる偏波の自由度も高く，単一直線偏波対応のレクテナ[6,9]，直交する2偏波共用レクテナ[10]，円偏波に対応したレクテナ[11,12]など，平衡線路形レクテナに対して多様なレクテナが提案されている。スロットアンテナを用いたレクテナも，パッチアンテナと同様に多様なレクテナが提案されており，中でも，周波数共用円偏波レクテナは誘電体基板を積層することなく実現できることから，スロットアンテナの利点を生かした特徴的なレクテナであると言える[13]。

表2で示したように，変換効率が低下した状態では反射が大きくなるため，受電した電力の一部がアンテナから再放射することになる。ロスやコストを考慮しなければアイソレータなどの単方向性を持ったデバイスの利用も考えられるが，現実的ではない。よって，レクテナに入力してくる基本波周波数に対しては，変換効率を高く維持することが重要となる。一方，ダイポールアンテナや方形パッチアンテナを用いる場合，アンテナが半波長の整数倍で共振してしまい，ダイオードで発生した高調波が空間に放射される条件を満足してしまうため，ダイオードの非線形特性で発生する高調波がアンテナから放射してしまう可能性があり，先に述べたようにアンテナ-整流回路間に高調波の伝搬を阻止するフィルタが必要となる。アンテナに高調波を放射しないような機能を持たせたレクテナも提案されている。円形パッチアンテナを用いたレクテナがこれにあたり，共振周波数が半波長の整数倍とはならないことを利用したものである。この円形パッチアンテナにおいて，図12に示すような高調波周波数に対して積極的に非共振となるよう設計された円形セクターアンテナを用いたレクテナも提案されており，高調波の再放射を良好に抑制する特性が示されている[14]。レクテナによる高調波放射の抑制とは別のアプローチとして，入力フィ

第1章 ワイヤレス給電技術の基礎

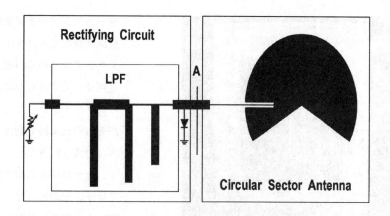

図12 円形セクターアンテナによって高調波放射を抑制したレクテナ

© 2004 IEEE. Reprinted, with permission, from "IEEE Antennas and Wireless Propagation Letters, vol.3, pp.52-54, Dec. 2004"

ルタを持たないレクテナの前面に周波数選択板を配置するものも提案されている[9,15]。周波数選択板は，入射してくる電磁波を透過させ，レクテナで発生する高調波を内部に閉じ込める効果を持つ。

3.5.5 レクテナアレー

レクテナのアレー構成に関しては，送電電力と送電アンテナの指向性，送受電間距離によって決まる電力密度を考慮して設計される。電力密度の高いレクテナアレー中心部では大入力電力用，電力密度の小さいレクテナアレー周辺部では小入力電力用に設計されたレクテナが要求される。RFIDなどの送電電力が小さいアプリケーションが提案される以前は，大入力電力用に設計されたレクテナアレーの報告がほとんどであった。これらのレクテナアレーは，図13のようにダイ

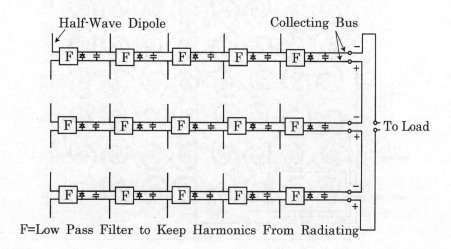

図13 直流出力を合成する基本的なレクテナアレー

© 1984 IEEE. Reprinted, with permission, from "IEEE Transaction on Microwave Theory and Technologies, vol.MTT-32, no.9, pp.1230-1242, Sept. 1984"

ワイヤレス給電技術の最前線

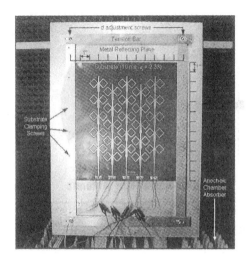

図14 ハニカム状に配列されたディアルロンビックレクテナアレー
© 2003 IEEE. Reprinted, with permission, from "IEEE Transaction on Antennas and Propagation, vol.51, no.6, pp. 1347-1356, June 2003".

ポールアンテナと平衡線路による整流回路を並列に接続したレクテナサブアレーからの直流出力を，直列に合成するものである[16]。このレクテナアレーでは，レクテナがそれぞれ単独で動作し，直流出力が合成されるため，ダイポールアンテナ単体の指向性がレクテナアレーの指向性となっている。一方，入力電圧振幅が小さく，ダイオードの立ち上がり電圧を超えない場合には，この構成を使用することができず，高利得アンテナを用いたレクテナ，あるいはアンテナアレーに整流回路を組み合わせ

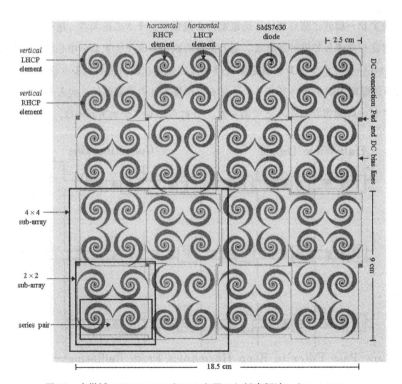

図15 広帯域スパイラルレクテナを用いた任意偏波レクテナアレー
© 2004 IEEE. Reprinted, with permission, from "IEEE Transaction on Microwave Theory and Technologies, vol.52, no.3, pp.1014-1024, March 2004".

第1章　ワイヤレス給電技術の基礎

たレクテナを用いる必要がある。例えば，文献[17]では 2×2 のパッチアンテナアレーを用いたレクテナが報告されており，アンテナアレーを用いたレクテナの最も基本的な例と言える。文献[7]では，少ないレクテナ数で大きな出力を得るため，図 14 のように並列接続された 5 素子のデュアルロンビックレクテナでサブアレーを構成し，これらをハニカム状に配列するレクテナアレーが提案されている。また，図 11 の広帯域レクテナを提案する文献[8]では，このレクテナを 64 素子配列した図 15 のようなレクテナアレーが提案されており，右旋円偏波，左旋円偏波それぞれに対応するレクテナを配列することによって，広帯域特性に加え，任意偏波特性を得ようとしたものである。

3.5.6　レクテナ開発の今後の展望

本項では，ワイヤレス無線送電におけるレクテナの構成と高周波整流回路の基本的な動作について説明し，幾つかのレクテナ・レクテナアレーを紹介した。高周波整流回路で使用されるダイオードの非線形電圧-電流特性や高周波特有の寄生キャパシタンス・インダクタンス，さらに電磁波放射などの影響をも考慮した正確な回路設計のためには，数多くのハードルが残されている。高い変換効率を得るのに適した整流回路の構成だけでなく，ダイオードのパラメータが明らかにされ，その特性を持ったダイオードの実現が期待されている。また，特に大電力用の RF-DC 変換に適した素子と考えられる GaN や SiC などのワイドバンドギャップ半導体を用いたダイオード開発などが望まれている。

文　　献

1) J.O. Mcspadden, L. Fan, and K. Chang, "Design and experiments of a high-conversion-efficiency 5.8GHz rectenna", IEEE Trans. Microw. Theory Tech., vol.46, no.12, pp.2053-2060, Dec. 1998.

2) Y. Hiramatsu, T. Yamamoto, K. Fujimori, M. Sanagi, and S. Nogi, "The design of mW-class compact size rectenna using sharp directional antenna," Proc. of the 39th European Microw. Conf, pp.1243-1246, Oct. 2009.

3) T. Yamamoto, K. Fujimori, M. Sanagi, and S. Nogi, "Design of highly efficient and compact RF-DC conversion circuit at mW-class by LE-FDTD method," IEICE Trans. Electron, vol.E93-C, no.8, pp.1323-1332, Aug. 2010.

4) J.-W. Lee, B.Lee, and H.-B.Kang, "A High Sensitivity, $CoSi_2$-Si Shottky Diode Voltage Multiplier for UHF-Band Passive RFID Tag Chips," IEEE Microw. Components Letters, vol.18, no.12, pp.830-832, Dec. 2008.

5) N. Shinohara and H. Matsumoto, "Experimental study of large rectenna array for microwave energy transmission," IEEE Trans. Microw. Theory Tech., vol.46, No.3, pp.261-268, Mar. 1998.

6) Y.-H. Suh, and K. Chang, "A high-efficiency rectennas for 2.45- and 5.8-GHz wireless power transmission," IEEE Trans. Microw. Theory Tech. , vol.50, No.7, pp.1784-1789, July 2002.

7) B. Strassner and K. Chang, "Highly efficient C-band circularly polarized rectifying antenna array for wireless microwave power transmission," IEEE Trans. Antennas and Propagation, vol.51, no.6, pp.1347-1356 , June 2003.

8) J.A. Hagerty, F.B. Helmbrecht, W.H. McCalpin, R. Zane, and Z.B. Popovic, "Recycling ambient microwave energy with broad-band rectenna arrays," IEEE Trans. Microw. Theory Tech., vol.52, no.3, pp.1014-1024 , March 2004.

9) J.O.McSpadden, T.Yoo, and K.Chang, "Theoretical and Experimental Investigation of a Rectenna Element for Microwave Power Transmission," IEEE Trans. Microw. Theory Tech., vol.40, no.12, pp.2359-2366, Dec. 1992.

10) L.W. Epp, A.R. Khan, H.K. Smith, and R.P. Smith, "A compact dual-polarized 8.5-GHz Rectenna for high-voltage actuator application," IEEE Trans. Microw. Theory Tech. , vol.48, No.1, pp.111-120, Jan. 2000.

11) M. Ali, G. Yang, and R. Dougal, "Miniature circularly polarized rectenna with reduced out-of-band harmonics," IEEE Antennas and Wireless Prop. Letters, vol.5, pp.107-110, 2006.

12) T.-C.Yo, C.-M.Lee, C.-M.Hsu, and C.-H.Luo, "Compact Circularly Polarized Rectenna With Unbalanced Circular Slots" , IEEE Trans. Antenna Propag., vol.56, no.3, pp.882-886, Mar. 2008.

13) J. Heikkinen, and M. Kivikoski, "A novel dual-frequency circularly polarized rectenna," IEEE Antennas and Wireless Prop. Letters, vol.2, pp.330-333, 2003.

14) J.-Y. Park, S.-M. Han, and T. Itoh, "A rectenna design with harmonic-rejecting circular sector antenna," IEEE Antennas Wireless Propag. Lett. , vol.3, pp.52-54, 2004.

15) Z.L.Wang, K.Hashimoto, N.Shinohara, and H.Matsumoto, "Frequency-Selective Surface for Microwave Power Transmission," IEEE Trans. Microw. Theory Tech., vol.47, no.10, pp.2039-2042, Oct. 1999.

16) W.C. Brown, "The history of power transmission by radio waves," IEEE Trans. Microw. Theory Tech., vol.MTT-32, no.9, pp.1230-1242 , Sept. 1984.

17) J.Zbitou, M.Latrach, and S.Toutain, "Hybrid Rectenna and Monolithic Integrated Zero-Bias Microwave Rectifier," IEEE Trans. Microw. Theory Tech., vol.54, no.1, pp.147-152, Jan. 2006.

4 電磁界電磁波防護指針と生体影響

宮越順二[*]

4.1 電磁波の生体影響

4.1.1 はじめに

現代社会は，目には見えないが生活環境に電磁波があふれている。高圧送電線，家庭内の電化製品，医療現場，それに携帯電話やその基地局，さらに近未来に実用化が予想されるマイクロ波によるワイヤレス給電（エネルギー伝送）などである。未来社会で人が生活する上で，定常磁場，低周波から高周波など，多種多様な電磁環境は，ますます増加の一途をたどるであろう。放射線と同様に，電磁環境は目に見えないこともあり，このような背景から，電磁波の健康への影響について不安を抱いている人が多いのも事実である。放射線による生体影響研究の歴史は長いが，低線量の影響評価は未だ結論が出ていない。一方，低周波やマイクロ波と健康については，本格的な生体影響研究の歴史は放射線に比べて浅い。ここでは，国内外における電磁波の生体影響研究の現状ならびに世界保健機関（WHO）をはじめとした国際機関の健康への評価をまとめる。電磁波影響を科学的に正しく理解することに主眼をおくが，まだまだ未解明な部分も多く残されている。本稿が，日々の生活の中で，環境因子としてのマイクロ波を含む電磁波をどのように考えるか，その一助になれば幸いである。なお，定常磁場，商用周波を含む低周波や高周波の生体影響に関する詳細は，すでに刊行されている資料を参照されたい[1~3]。

4.1.2 電磁波による健康問題の歴史的背景

歴史的には，1979年に米国の疫学者が，高圧送電線の近くに住む子供の白血病発生率が高いことを発表したことが始まりである[4]。その後，1990年代に入って以来，電磁波（電磁界，電磁場とも称されるが，ここでは定常磁場や低周波，高周波と記述する）の健康への影響について，国際的に研究や活発な議論が行われてきている。電磁波の発生源として，我々が現在から将来にかけて生活環境の中で曝される可能性が高いのは，医療の診断におけるMRIの強定常磁場や商用周波数領域における極低周波（ELF）電磁波，高周波領域では，普及ぶりが目覚ましい携帯電話を代表とした電波やワイヤレス給電によるマイクロ波，IH（誘導加熱）クッキングヒーターからの中間周波数帯電磁波である。図1は周波数別にみた生活環境における電磁波発生源の例を示す。

1979年の疫学報告以来，1990年代に入り，送電線からの極低周波電磁波についての疫学研究に加えて，動物や細胞を用いた生物学的研究が活発に行われてきた。これまで，米国やヨーロッパを中心とした疫学調査により，生活環境において$0.4\mu T$（マイクロテスラ）を超える極低周波電磁波は，発がん影響として，特に小児白血病が約2倍に増加すると報告されている[5]。ただ，この結論は，疫学研究における他の要因の関与を全て除外したものでない。その一方，これらの疫学研究結果から，成人や小児の他のがんについては，影響なしと報告されている。マイクロ波

---

[*] Junji Miyakoshi　京都大学　生存圏研究所　特定教授

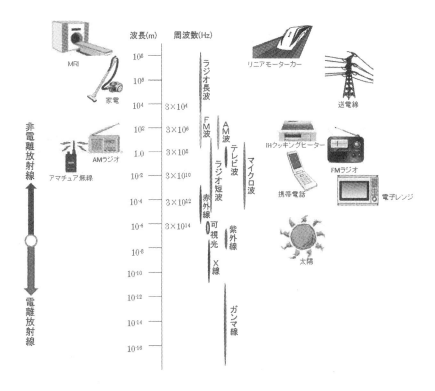

図1　生活環境における周波数別電磁波発生源の例

については，携帯電話の利用が急速に進み出した1990年代後半に入って以来，国際的に活発な議論や研究が行われてきている。以下にその現状を紹介する。

4.1.3　電磁波影響の評価研究

(1) 概要

　これまでに知られている，非電離の電磁波に関する生体影響研究の成果として，おおむね100kHzの周波数で区切って，低周波では「刺激作用」，高周波では「熱作用」のあることが知られている。極低周波電磁波の細胞や動物レベルの生物学的研究結果では，生活環境レベル（1μT以下）では影響がなく，この数万倍（磁束密度で数mT）を超えると影響が出始めるとされている。多くの電磁波生体影響研究に用いられている磁束密度は，居住環境における影響を主眼においているため，その曝露レベルは非常に低いものである。そのため，細胞や動物に対する顕著な影響が認められないのは当然かも知れない。このことは，よく知られている電離放射線でさえ，その低線量放射線の影響については，不明な点も多く，現在でも国際的に議論されていることによく似た傾向である。

　高周波については，強力なマイクロ波は，人体への熱作用を利用した，がんの温熱療法，リュウマチや神経痛の治療など，臨床医学で応用されている。ただ，生活環境レベルのマイクロ波については，研究実績が少なく，不明な点が多かった。前述したように，1990年後半から十数年，

第1章 ワイヤレス給電技術の基礎

　世界中で，携帯電話は急速に普及した。携帯電話は人の脳に近付けて使用するものであり，マイクロ波の影響として，脳腫瘍をはじめ，脳への影響として不安視されるようになってきた。さらに，熱以外の，いわゆる「非熱作用」の有無について議論が高まってきた。近年，特に子供への影響が問題視され始めている。

　電磁波生命科学は，その主たる目標の一つとしては，科学的に信頼のおける研究成果から，電磁波の生体影響を正当に評価することにある。その一方，環境レベルをはるかに超えた磁束密度での生体，細胞や高分子重合体などの電磁波応答研究の成果も本分野の将来への発展につながる重要なものである。これらの成果は，電磁波の線量—効果関係（現在のところ，低周波の場合，線量を磁束密度や誘導電流，高周波の場合，線量を電波のエネルギー比吸収率としており，さらに曝露時間も因子として加えている）に基づいたしきい値の推定を可能とする。さらに，生命科学そのものに研究の道具として電磁波を利用すること，応用面として，生命科学的に明らかな電磁波の効果を工学・農学分野や医療・健康面において積極的に活用していこうとする研究も進められている[1]。

　表1に，細胞レベル，動物レベルからヒト個体を対象として，これまで研究が行われてきている電磁波生体影響の主な評価指標をまとめた。研究内容の多くは，電磁波による発がんへの影響を評価することに主眼がおかれている。研究の材料（ヒト，動物，細胞）の違いで優劣はつけられないが，ヒトへの影響評価を行う場合，疫学（ヒト）研究→実験動物→細胞の順で結果の重みづけが高くなっている。一方，結果の精度や再現性については，細胞→実験動物→疫学研究の順で高く評価される。

(2) 疫学研究

　疫学研究は，細胞や動物実験に比べて，ヒトのデータという意味で一般社会に対する結果の影響力は大きいものがある。しかしながら，その反面，我々人間はいろんな環境で生活しており，研究の主題となる因子について純粋に調査することは不可能であり，結果を左右しかねない集団

表1　電磁波生体影響の主な評価指標

研究分類	対象	研究内容
細胞実験研究	細胞	細胞増殖，DNA合成，染色体異常，姉妹染色分体異常，小核形成，DNA鎖切断，遺伝子発現，シグナル伝達，イオンチャンネル，突然変異，トランスフォーメーション，細胞分化誘導，細胞周期，アポトーシス，免疫応答など
動物実験研究	実験動物（ラット，マウスなど）	発がん（リンパ腫，白血病，脳腫瘍，皮膚がん，乳腺腫瘍，肝臓がんなど），生殖や発育（着床率，胎仔体重，奇形発生など），行動異常，メラトニンを主とした神経内分泌，免疫機能，血液脳関門（BBB）など
疫学研究	ヒト	発がんやがん死亡（脳腫瘍，小児および成人白血病，乳がん，メラノーマ，リンパ腫など），生殖能力，自然流産，アルツハイマー症など
人体影響	ヒト	心理的・生理的影響（疲労，頭痛，不安感，睡眠不足，脳波，心電図，記憶力など），メラトニンを主とした神経内分泌，免疫機能など

の選別方法や他の影響因子（選択バイアスや交絡因子という）が統計的評価を狂わす可能性は排除できない。前述したように，極低周波電磁波の発がん影響を初めて指摘したのは，1979年の疫学研究報告である。その後，国際的な議論が高まる中，1990年代には，欧米で数多くの極低周波電磁波に関する疫学研究が実施された[6]。2000年に入って，我が国でも国立環境研究所のとりまとめで，この分野の疫学研究が初めて行われた[7]。

図2は，極低周波電磁波（正確にはELF磁場）と小児白血病の発生について，主な9つの疫学研究をまとめたものに我が国の疫学研究結果を加えたものである[5,7]。9カ国のプール分析結果は，0.4μT未満（ほぼ99.2%の家庭が対象となる）の生活環境に住んでいる子供の極低周波磁場曝露と白血病発生リスクとの間には関連性がなく，「影響なし」と考えられる。しかしながら，居住環境の低周波磁場レベルが0.4μT以上の場合（約0.8%の子供が対象となる），白血病の相対リスクがほぼ2倍に増加し，これら疫学研究のプール分析の結果では，統計的な有意性があることを示している。我が国での疫学研究結果もほぼ同じような傾向を示している。なお，小児の他のがんや成人のがんに関する疫学研究結果からは，低周波電磁波の「影響はない（関連性が認められない）」と考えられている。疫学研究での低周波磁場による小児白血病増加という結果について，これまでのところその生物学的な作用機構は明らかではなく，また，前述した，疫学研究結果の精度を下げる選択バイアスや交絡因子の可能性も完全には否定できないと考えられている。

昨年，極低周波磁場曝露と小児白血病発生リスクに関して，新たなプール分析の研究報告がなされた[8]。このプール分析は，電磁波環境測定の正確度を重視した7つのグループの疫学研究を

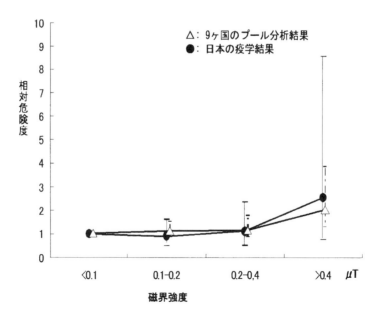

図2　極低周波(ELF)電磁波に関する9カ国の小児白血病の症例―対照研究プール分析と我が国の結果

第1章 ワイヤレス給電技術の基礎

対象としている。また，前述した我が国の疫学研究結果も含まれている。結論としては，前述した9カ国のプール分析結果と大きな差はなく，後述する世界保健機関（WHO）の発がん評価や環境保健クライテリアでまとめられた評価を変更するものではないと述べられている。

携帯電話を対象としたマイクロ波に関する疫学研究は，国際的に活発に行われている。大がかりな研究として，WHOの下部組織である国際がん研究機関（IARC）がとりまとめる形で，日本，イギリス，スウェーデンなど13ヶ国（ただし米国は不参加）が参加して「The INTERPHONE Study」として行われた。種々の脳腫瘍を疾患対象として，症例―対照研究（case-control study）で実施された。IARCでは参加国全ての研究をとりまとめ，本国際共同研究の最終結論の概要を昨年（2010年）5月にプレスリリースの形で発表した[9,10]。結果をまとめると，①定常的携帯電話の使用者の神経膠腫と髄膜腫でオッズ比（OR）がやや低下した。②10年以上長期使用者についての，ORの上昇は観察されていない。③1640時間以上の累積長時間通話者で，神経膠腫のORが1.40（95%信頼区間：1.03～1.89）とわずかな増加を示した。結論として「10年以上の長期使用者に対する携帯電話使用による脳腫瘍（神経膠腫と髄膜腫）の上昇はないと考えられる。観察されたORの低下や，累積長時間通話者のORの上昇，その他，携帯使用側頭葉での神経膠腫の上昇など，因果関係の正確な解釈は難しい。」と述べている。

その他，多くの疫学研究で，発がん増加を示す証拠は見つかっていない。しかし，スウェーデンでの疫学プール分析に見られるように，2000時間を超える通話者は，神経膠腫が3倍になるという報告[11]，我が国の疫学研究で，1日20分以上の通話を超える場合に，聴神経腫瘍の増加を示唆する報告[12]がある。なお，職業的なマイクロ波ばく露と脳腫瘍，白血病，リンパ腫，などのがん，ラジオやテレビの電波塔，基地局などからの送信電波と発がん性については，明確な証拠は見つかっていない。子供の携帯電話使用と発がんに関する疫学研究は，Cefalo（デンマーク等3か国が参加）とMobiKids（日本を含む16か国が参加）の2つのプロジェクトが行われており，Cefaloのプロジェクトは研究が終了し[13]，MobiKids研究は，現在進行中である[14]。

(3) 動物実験

極低周波の電磁場生体影響評価として，マウスやラットを用いた動物実験での検証が1990年代を中心として，数多く進められてきた。多くの動物実験研究では，そのほとんどが発がんへの影響を検討するものであったが，その他，生殖に関するもの（胎仔の発育や催奇形性について），神経系に関するもの（行動や感覚機能について）や免疫機能に関するものも行われてきた。もし，極低周波電磁波曝露が発がん過程に影響を及ぼしているとすれば，正常な細胞をがん化細胞へと変化させるのか（イニシエーション），または，イニシエーションを受けた細胞が極低周波電磁波曝露により更に悪性腫瘍形成を促進させるのか（プロモーション），大きな議論であった。検討された極低周波電磁場の磁束密度は数μTから1mTまで幅広く行われ，結果として，ごく一部の研究において，極低周波電磁波曝露により白血病や乳腺腫瘍の増加を認める報告はあったが，ほとんどの研究では，発がん影響はないという陰性結果であった[15]。発がん以外の研究（生殖，行動，免疫など）に関する結果も同様で，ほとんどの報告がいわゆる「影響なし」であった。従っ

て，これまで行われてきた動物実験からの検証において，明確な極低周波電磁場の影響は見られておらず，「影響あり」とする十分な証拠はない。

一方，高周波について，1997年にトランスジェニックマウスを用いて，電波の曝露により白血病が増加するという報告があり[16]，2000年代に入り高周波電波の発がんへの影響評価も活発に行われている。欧米や我が国を中心として動物実験研究が推進されてきている。これまでの研究報告からは，2年間の長期ばく露，発がんし易い動物を用いた研究で，ほとんどの結果はマイクロ波の影響を認めていない[17]。ただ，複合的発がん研究（化学物質とマイクロ波）では，発がんの増加が複数報告されている[18, 19]。

(4) 細胞実験

細胞（分子・遺伝子レベルを含む）を対象とした電磁波影響研究は，世界各国で活発に行われてきている。数多くの論文発表があり，ここでは紙面の関係上，詳細は関連資料を参照されたい[1～3]。研究の多くは発がんとの関連性から，細胞の遺伝毒性（DNA損傷，染色体異常，突然変異など）や機能的変化としての遺伝子発現（がん遺伝子，熱ショックタンパクを主体としたストレスタンパクなど）に対する電磁波の影響検証が行われている。生活環境レベル（おおむね1マイクロテスラ以下）の低周波電磁波については，初期の研究で陽性と報告された研究結果も，その後の研究で再現性に乏しく，「影響なし」または検出ができないほど極めて小さいものと考えられている。

携帯電話や基地局から発生する高周波についても，2000年以降，EU，米国，日本，韓国などで多くの研究が実施されてきた。これまでの研究成果から，細胞の遺伝毒性については，電波による熱効果のないレベルでは，多くの報告は高周波の影響に否定的である。一方，細胞の代謝機能による産物の一つとして熱ショックタンパクに注目した研究が行われている。電波による非熱的な作用としてある種の熱ショックタンパク（たとえばHSP-27）産生が増加するという報告がある[20]。このことは携帯電話や基地局からの電波の生体影響を肯定的に捉える研究結果として，再現実験が行われている。この結果は，多くの研究室で確認されたものでなく，また，否定的な報告もあり，現時点では，科学的に明確な結論は出されていない。このように細胞を用いた研究は，遺伝毒性，突然変異，免疫機能，遺伝子発現（RNA，タンパク），細胞情報伝達，酸化ストレス，アポトーシス，増殖能力など，一部の論文で"陽性"を示す結果があるものの，発熱のない条件で，マイクロ波の作用機構として明確な証拠は得られていない[17]。

4.1.4 国際がん研究機関（IARC）や世界保健機関（WHO）の評価と動向

1990年以降，国際的に電磁波の健康影響に関する議論が高まる中，WHOは，1996年に国際電磁波プロジェクト（International EMF Project）を立ち上げた[21]。以来，本プロジェクトへの参加国が増え，60カ国に達している。国際電磁波プロジェクトは，WHOの組織として，電離放射線の健康影響を担当する部署に所属している。また，国際電磁波プロジェクトはシンポジウムやワークショップなどの開催をはじめとして，その時々における生体影響評価の現状報告や取り組むべき課題の提案などを行ってきた。

第1章 ワイヤレス給電技術の基礎

　特に極低周波電磁波の発がん性評価については，IARC（リヨン，フランス）で2001年に評価会議が開催された。筆者はこのIARCのワーキンググループメンバーとして会議に参加したので，この会議の経過を簡単に紹介する。最初に特記すべきことは，IARCの発がん性評価は，発がんの定性的性質を評価するものであって，定量化するものではない。この点をよく理解しないと，一般の人たちに誤解を与えかねない報道になることがある。この会議には，世界各国から21名の専門委員（アメリカ合衆国10名，イギリス，フランス各2名，日本，カナダ，ドイツ，スイス，スウェーデン，デンマーク，フィンランド各1名）が集まり，全ワーキンググループメンバーによる3段階の発がん性評価が行われた。第1段階として実験動物レベル，第2段階としてヒトの疫学研究，これらの結果をふまえて，第3段階として全体の最終評価を実施した。
　簡単にまとめると以下のようになる。

1. 極低周波（ELF）磁場の発がん性影響評価として「グループ2B」（発がん性があるかも知れない）と分類した。
2. この「グループ2B」の根拠として，疫学研究によりELF磁場が小児白血病の増加を示唆していることをあげている。
3. 静磁場，静電場ならびに極低周波電場の発がん影響評価として「グループ3」（ヒトに対する発がん性について分類はできない）と分類した。

この「グループ3」の根拠として，発がん性を評価できる十分なデータがないためとしている。
　グループ2Bの根拠としては，やはり疫学研究結果が大きく影響していた。表2にこれまで実施されてきたIARCの発がん性評価の代表例を示す。なお詳細は，図3に示すIARCモノグラフ80巻を参照されたい[15]。
　その後，2005年にWHOは，がん性以外の影響も含めてELF電磁場の生体影響評価を行うタスク会議を開催した。この会議は環境保健クライテリア（EHC: Environmental Health Criteria）を作成するためのもので，最終稿までに約2年の時間を要したが，Web公表は2007年6月[22]さらに2008年2月に刊行本として出版された[23]。図4は，出版されたELF・EHCの表紙と各章の見出しタイトルである。全章は英語表記であるが，クライテリアの概要を記述した重要な第1章はフランス語，ロシア語ならびにスペイン語でも章末に加えられ，全519ページの大作である。
　マイクロ波については，2011年5月24-31日に，IARCで発がん性評価会議が開催された。筆者はワーキンググループメンバーとして参加したので，その概要を紹介する。評価会議に参加した15カ国30名のワーキンググループメンバーの結論は以下のとおりである。

1) 疫学研究の評価：これまでの研究結果を総合すると，上述した一部の"陽性結果"を判断材料の基礎として，ワーキンググループは，「限定的証拠（Limited evidence in humans）」と評価した。
2) 実験動物研究の評価：これまでの研究結果を総合すると，陰性の結果が多いものの，上述した一部の複合的発がん研究の"陽性結果"は発がんの証拠として認められ，ワーキング

ワイヤレス給電技術の最前線

表2 IARCによる発がん性分類の例

発がん性の分類及び分類基準	既存分類結果［942例］
グループ1：発がん性がある （Carcinogenic to humans）	アスベスト，カドミウムおよびカドミウム化合物，ホルムアルデヒド，γ線照射，X線照射，太陽光ばく露，アルコール飲料，コールタール，受動的喫煙環境，タバコの喫煙 ［他を含む107例］
グループ2A：おそらく発がん性がある （Probably carcinogenic to humans）	アクリルアミド，アドリアマイシン，ベンズアントラセン，ベンゾピレン，シスプラチン，メタンスルホン酸メチル，紫外線A，B，C，ディーゼルエンジンの排気ガス，ポリ塩化ビフェニル，太陽灯（日焼け用ランプ） ［他を含む59例］
グループ2B：発がん性があるかもしれない（Possibly Carcinogenic to humans）	アセトアルデヒド，AF-2，ブレオマイシン，クロロホルム，ダウノマイシン，鉛，**極低周波（ELF）磁界．高周波（RF）電磁波**，メルファラン，メチル水銀化合物，マイトマイシンC，フェノバルビタール，コーヒー，ガソリン ［他を含む267例］
グループ3：発がん性を分類できない （Unclassifiable as to carcinogenisity to humans）	アクチノマイシンD，アンピシリン，アントラセン，ベンゾ(e)ピレン，コレステロール，ジアゼパム，蛍光灯，**静磁界，静電界，極低周波電界**，エチレン，6-メルカプトプリン，水銀，塩化メチル，フェノール，トルエン，キシレン，茶 ［他を含む508例］
グループ4：おそらく発がん性はない （Probably not carcinogenic to humans）	カプロラクタム（ナイロンの原料） ［1例］

（備考）　電磁波関連の分類は太字で示す。

（モノグラフの記述内容）
1. 電磁波発生源、曝露および曝露評価
2. ヒトにおけるがんの研究
3. 実験動物における発がん研究
4. 発がん評価に関連する他のデータおよびそのメカニズム
5. 発表論文の要約と最終評価

http://monographs.iarc.fr/ENG/Monographs/vol80/index.php

図3　IARCが刊行した極低周波（ELF）電磁波に関する発がん性評価モノグラフ

第1章　ワイヤレス給電技術の基礎

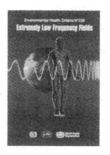

図4　WHOが刊行した極低周波電磁波（ELF）に関する環境保健クライテリア（EHC）

グループは、「限定的証拠（Limited evidence in experimental animals）」と評価した。

3) 細胞研究の評価：一部の論文で"陽性"を示す結果があるものの、ワーキンググループの総合的判断として、「発がんメカニズムについては、弱い証拠（Weak mechanistic evidence）」として評価した。

4) 総合評価：ヒトの疫学研究および実験動物の発がん研究について、それぞれ「限定的証拠」と評価した。細胞研究などの「メカニズムとしての弱い証拠」も含めて、ワーキンググループのマイクロ波発がん性総合評価は、「グループ2B（Possibly carcinogenic to humans）」（発がん性があるかもしれない）と決定した。

今回のマイクロ波に関する「2B」の評価は、あくまで、携帯電話からの電磁波と脳腫瘍との関係を「限定的な証拠」として認めたものである。この結果は速報として、その概要が報告されている[17]。詳細は、モノグラフ102巻として、2012年に出版予定である。また、WHOはIARCのマイクロ波発がん性評価を受けて、発がん以外の健康影響を含めた総合評価、環境保健クライテリア（Environmental Health Criteria）作成作業を2012年以降に予定している。

4.1.5　電気的（電磁）過敏症

この十数年で、電磁波に敏感で体調の不良を訴えている人々の声が世界的に増している。マスコミなどでは、いわゆる「電磁波過敏症」と称しているが、正確には、WHOは「電気的（電磁）過敏症（EHS: electrical hypersensitivity）」と呼んでいる。微弱な電磁波に曝されると、皮膚症状（発赤、灼熱感など）や自律神経系症状（頭痛、疲労感、めまい、吐き気など）が現れる。原因と考えられる電磁波に、特別な周波数帯はなく、低周波でも高周波でも起こりうるらしい。

1990年代後半あたりから、欧米の一部の病院でこの過敏症患者のケアが行われている。特に北欧で患者数が多いとされている。WHOは、2004年に、チェコのプラハ市でEHSのワークショップを開催し、筆者も出席した[24]。EHSは化学物質過敏症（いわゆるシックハウス症候群など）とは異なると考えられている。また、自覚症状を持つ「患者」に盲検法（患者はいつ電磁波に曝されたかわからない）でその因果関係が調査されてきたが、これまでのところ電磁波との関連性は全く認められていない。現時点でEHSに関する科学的データからは、WHOも電磁波の影響

ではないと結論づけている。

　一方，我が国では，電気的（電磁）過敏症の自覚を持つ「患者」の方々は，受け入れてくれる病院を探すのに苦慮している。また，科学的証明がないことで，電磁波に対する極度の不安から発症しているのではないかと考えている学者もいる。これまでに科学的データからはこの過敏症を証明するものはない。生活環境の電磁波利用がますます高まる中，自覚症状で科学的証拠がなく，いわゆるノーシーボ効果（ある因子を有害と信じて健康を害すること）と考えられているが，生命科学や臨床医学の分野で取り組むべき課題の1つであると考える。

4.1.6　電磁波生体影響とリスクコミュニケーション

　上述のように，現代社会はいたるところで電気をエネルギーとして動いており，さらに情報通信をはじめ，生活環境における多種多様な電磁波利用の役割は極めて大きく，この流れは，将来にかけてますます加速してゆくものと考えられる。利便性が高くなる一方で，電磁波に対する危惧，特に健康への影響について不安を抱く人々が多いことも事実である。これまで筆者は，IARCの発がん性評価会議のワーキングメンバーやWHOのタスク会議メンバーとして，国際機関の電磁場生体影響評価に携わってきた。その中でも特にWHOのタスク会議においては，リスクコミュニケーションの重要性が各国の多くのメンバーから指摘されていた。ここで取り上げた電磁波は，低周波や高周波で，電離能力もなく，一般的に「放射線」といわれている電離能力のあるエックス線やガンマ線とは異なる電磁波である。エネルギー面からいえば，細胞のDNAを直接傷つけることは考えにくいところだが，一般社会における「電磁波」ということばは，「放射線」と同じように受け止められている可能性も高い。関係省庁（経済産業省，総務省，環境省など）やその関連機関では，ホームページを利用するなど一般の人々への周知に努力している。さらに，全国で電磁波と健康に関する講演会を開催し，より多くの人々に現状を伝え，理解を深める方策も実施しているところである。その一方では，電磁波の不安を助長させるような多くの出版物やホームページが見受けられるのも事実である。

　電磁波と健康の理解にはリスクコミュニケーションが重要である。しかしながら，生命科学領域で，未解明な（不確定な）ところは，新しい研究なくして，リスクコミュニケーションにも限界がある。研究の推進とリスクコミュニケーションの同時進行が極めて重要であると考える。

4.1.7　おわりに

　携帯電話をはじめとして，ワイヤレス給電の分野でも，工学的技術の進歩は目を見張るものがある。その一方，電磁波は新しい環境因子として，社会的に注目されることも考えておかなければならない。筆者自身は，機会あるごとに，これまでに明らかにされた科学的検証の結果をよりわかり易く紹介し，さらに未解明なものは未解明であることを正確に伝えるように努めている。携帯電話やコンピュータのワイヤレスバッテリー，電気自動車の無線給電など，非接触エネルギー伝送技術をはじめとして，近い将来の電磁波利用は高まるばかりである。このように増加の一途をたどる将来の電磁環境を考えると，未解明な部分については，生命科学の先端技術を駆使して，さらに研究を推進してゆく必要があると考える。

第1章 ワイヤレス給電技術の基礎

文　献

1) 宮越順二（編者），電磁場生命科学. 京都大学学術出版会（2005）
2) Kato M (Ed.), Electromagnetics in Biology. *Springer, Japan*（2006）
3) James C. Lin (Ed.), Health Effects of Cell Phone Radiation. Advances in Electromagnetic Fields in Living Systems **Vol. 5**, *Springer, New York*（2009）
4) Wertheimer N, *et al.,* Electrical wiring configurations and childhood cancer. *Am J Epidemiol* **109**, 273（1979）
5) Ahlbom A, *et al*: A pooled analysis of magnetic fields and chiodhood leukaemia. *Br J Cancer* **83**, 692（2000）
6) Kheifets L, *et al.,* Review; Childhood Leukemia and EMF: Review of the Epidemiologic Evidence. *Bioelectromagnetics* **Supplement 7**, S51（2005）
7) Kabuto M, *et al.,* Childhood leukemia and magnetic fields in Japan: a case-control study of childhood leukemia and residential power-frequency magnetic fields in Japan. *Int J Cancer* **119**, 643（2006）
8) Kheifets L, *et al.,* Pooled analysis of recent studies on magnetic fields and childhood leukaemia. *Br j Cancer* **103**, 1128（2010）
9) INTERPHONE STUDY（http://www.iarc.fr/en/media-centre/pr/2010/pdfs/pr200_E.pdf#search='IARCWHO Press Release No. 200'）
10) Cardis E, *et al.,* Risk of brain tumours in relation to estimated RF dose from mobile phones—results from five Interphone countries. *Occup Env Med,* published online June 9.DOI:10.1136/oemed-2011-100155,（2011）
11) Hardell L, *et al.,* Pooled analysis of case-control studies on malignant brain tumours and the use of mobile and cordless phones including living and deceased subjects. *Int J Oncol,* **38**, 1465（2011）
12) Sato Y, *et al.,* A case-case study of mobile phone use and acoustic neuroma risk in Japan. *Bioelectromagnetics,* **32**, 85（2011）
13) Aydin D., Mobile Phone Use and Brain Tumors in Children and Adolescents: A Multicenter Case-Control Study. *Natl Cancer Inst,* **103**, 1（2011）
14) MobiKids Study, The European Community's Seventh Framework Programme（FP7/2007-2013）http://www.mbkds.com/
15) IARC Monograph on the Evaluation of Carcinogenic Risks to Humans. Vol. **80**, Part 1, Static and Extremely Low-frequency Electromagnetic Fields.（2002）
16) Repacholi MH, *et al.,* Lymphomas in E-*Piml* transgenic mice exposed to pulsed 900 MHz electromagnetic fields. *Radiat Res,* **147**, 631（1997）
17) News: Carcinogenicity of Radiofrequency electromagnetic fields, The Lancet Oncology（online June 22, 2011）*Lancet Oncology,* **12**（7）, 624（2011）
18) Szmigielski S, *et al.,* Accelerated development of spontaneous and benzopyrene-induced skin cancer in mice exposed to 2450-MHz microwave radiation. *Bioelectromagentics,* **3**, 179（1982）

19) Tillmann T., Indication of cocarcinogenic potential of chronic UMTS-modulated radiofrequency exposure in an ethylnitrosoures mouse model. *Int. J. Radiat. Biol.,* **86**, 529 (2010)
20) Leszczynaki S, *et al.,* Non-thermal activation of the hsp27/p38MAPK stress pathway by mobile phone radiation in human endothelial cells: molecular mechanism for cancer- and blood-brain barrier-related effects. *Differentiation,* **70**, 120 (2002)
21) http://www.who.int/peh-emf/project/en/
22) http://www.who.int/peh-emf/publications/elf_ehc/en/index.html
23) WHO, Extremely Low Frequency Fields-Environmental Health Criteria N° 238, (2008)
24) http://www.who.int/mediacentre/factsheets/fs296/en/index.html

5 標準化動向

5.1 ワイヤレスパワーコンソーシアムの活動（Qi 規格）

黒田直祐[*]

5.1.1 はじめに

ワイヤレスパワーコンソーシアム（WPC）は 2008 年 12 月に 8 社で組織された。設立メンバーの数社は当時すでにワイヤレス充電器を市場に投入していたが，商品に対する需要がありながら大きな市場を作りにくい事実に気が付いていた。大きな市場とは年間 1 億台以上ということだ。設立当事のメンバー各社は互換性のある業界スタンダードと専用のソリューションなしではワイヤレス充電は小さなマーケットで終わってしまうことを充分に理解していた。

本稿では，携帯デバイスをターゲットとした充電環境,「いつでも，どこでも，簡単充電」を基本コンセプトとしたワイヤレス充電国際規格標準化を推進する WPC の活動内容と，策定した標準規格の概要について紹介する。

5.1.2 WPC の標準化活動

（1） ユニバーサルな充電環境の提供

ご存知の様にワイヤレス充電はこれまで長きに渡って使用されてきている。クレードルに立たせる電動歯ブラシが良い例だ。技術的にはこれを携帯電話やその他のデバイスに応用するのは簡単であり，そのようなデバイスもいくつか存在する。

ただユーザーは携帯デバイスの充電に専用クレードルを使うのをあまり好まないようだ。全てのブランド，モデルで使える充電器ではないために機種変更のたびに古い充電器を処分して別の充電器を使用しなければならないし，専用であるために充電環境が社会インフラとして育たず，長期の外出や出張時には相変わらず専用充電器を持ち歩かなくてはならないのも厄介だ。

WPC の目標はこの専用充電器の必要性を無くし，インフラを含めたユニバーサルな充電環境を提供することにある。これを実現するためには業界を超えた連携が必要であり，その議論の場を提供するのが WPC の役割といえるだろう。

（2） 標準化の環境整備

WPC による標準化活動の骨子は，携帯デバイスと充電器間で認証・通信を行うためのインターフェース規格を策定し，その規格を満足する全ての製品にロゴを付けて互換性を明確に表示することである。この環境が整備され，コンソーシアムへの参加メンバーが増えてくればカバーする製品カテゴリーも充実し，それらを充電するための充電パッドや業務用製品も開発されてくる。ユーザーはそれら充電インフラのメリットを享受するために規格に準拠した携帯デバイスを購入，利用する。そのデバイス普及がさらにインフラを促進，充実させるという「正のスパイラル」が生まれる。

---

[*] Naosuke Kuroda ㈱フィリップス エレクトロニクス ジャパン
　　知的財産・システム標準本部　システム標準部　部長

そしてこのワイヤレス充電インフラが広く社会に受け入れられるためには，充電器の携帯が不要となるメリットだけでなく，置くだけで充電開始，取り上げれば充電停止という使い勝手の良さ，確実に充電できるという信頼性，そして最も重要な安全性を同時に満たしている事が肝要である。WPCのメンバーは自社製品へのロゴ表示により，互換性のみならず安全で確実なパフォーマンスの提供をユーザーにアピールすることができる。

WPCではこの普及環境の構築に必要な，規格適合認定テストを行うラボと認証プロセス，テストツールの整備，また認定テストをパスした製品へのロゴ表示に関わるライセンスの仕組みや必要文書等を用意している。

5.1.3　ワイヤレスパワーコンソーシアム（WPC）について

（1）WPC の組織

ユニバーサルな充電環境を実現するためには，業界を超えたメンバー構成と組織（図1）が必要である。

2011年10月現在の総メンバー数は97社となっており，業界も携帯電話，半導体，バッテリー，電源・充電器，アクセサリー，各種電子機器，ワイヤレス給電開発，素材メーカー，テストラボ等，多岐に渡っている。

WPCはレギュラー，アソシエイト2種類のメンバーシップを持つが，現在の所，上部組織のSGと規格の策定を行うLPWG（Volume-1のLow Power規格を担当），MPWG（Volume-2のMid Power規格を担当），およびその下部組織であるCCT（Compliance & Compatibility Test）サブグループ，またロゴライセンスについての取り決めを行うグループ（LLWG）はレギュラーメンバーで構成されている。また，全てのメンバーは規格書をドラフト段階から入手することによりプロトタイプを制作し，それらをラウンドロビンテスト（組合せ動作確認試験）や

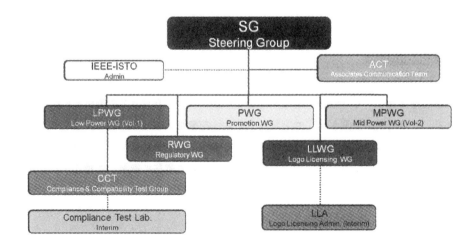

図1　WPCの組織図（2011年10月現在）

第1章　ワイヤレス給電技術の基礎

プリコンプライアンステスト（規格準拠確認試験）に持ち寄って各社の充電器，携帯デバイスと動作試験を行い，個々の互換性を見極めることができる。その結果をもとに設計の修正，改善を施したサンプルで再び確認試験を行い，次第に完成度を高めていくという一連の作業に参加できる。また，PWG によるプローモーション活動も全てのメンバーが参加可能であり，多様な業界・地域をカバーし，実ビジネスを見据えた周知活動も WPC 規格普及の推進には欠かせない要素となっている。

(2)　WPC 規格のロゴ "qi"（チー）

WPC 規格準拠を示すロゴは qi（図 2：中国語で発音はチー，意味は"生命のエネルギー"で日本語の「気」と同義）で，生産，流通両面で躍進を続ける中国市場を意識したネーミングとなった。

このロゴは規格適合認定試験（コンプライアンステスト：当初は認定テストラボでのみ実施）に合格した製品にのみ表示することができ，ユーザーはこのロゴを充電互換の目印にすると同時に，その製品が効率，省電力，安全性，各種規制（不要輻射，電磁曝露）等の基本要件を満たしている信頼のマークとして認識することが出来る。

図2　WPC 規格のロゴ "qi"（チー）

(3)　発行された規格書

2011年10月現在，WPC から発行された規格書は 5W 程度までのデバイスを対象とした System Description Wireless Power Transfer Volume 1: Low Power であり，以下の3冊で構成されている。

　　Part-1: Interface Definition Ver.1.0.3
　　Part-2: Performance Requirement Ver.1.0.1
　　Part-3: Compliance Testing Ver.1.0.3

Part-1 は充電器（トランスミッター）の基本的な構成，構造，電気特性等について，更に受電器（レシーバー）の設計要求項目，デバイスの検出から送電に至る4つのフェーズにおける制御信号の順番とタイミング，電力制御のアルゴリズムと負荷変調による通信の規定，等について記述されている。

また，Part-2 ではパフォーマンスに関する要求および推奨事項，Part-3 には規格適合認定試験に関する内容が含まれている。

また 2011 年 10 月現在，各パートには数冊の追補版が発行されており，新しいタイプの充電器が追加されている。

(4)　ライセンスについて

上記3種類の規格書の内，Part-1 は WPC のホームページ (http://www.wirelesspowerconsortium.com/) より無料（登録必要）でダウンロードが可能，Part-2 および Part-3 については WPC メンバーのみアクセス可能となっている。

また，規格適合認定試験については WPC と契約を締結したいくつかの指定ラボで実施される

予定だが，将来的に必要性があればセルフテストの実施も検討する。

ロゴライセンスについては当面WPCメンバーのみが対象となっている。

パテントライセンスの方法については未定だが，WPCメンバーが保有する必須特許に関して2014年末日まで，Volume-1規格準拠のレシーバー（一部カテゴリーを除く）についてはロイヤリティを請求しない（その他のレシーバー，トランスミッターに関してはRAND条件でライセンスする）ことで合意している。

5.1.4 Volume-1規格の概要

Volume-1規格の基本コンセプトは以下の7つが挙げられる。

① 近接電磁誘導方式を採用
② 5W程度までの電力伝送を，適切な外径の2次コイルを通じて行う
③ 電力伝送に使用する周波数はおよそ100〜200KHz
④ 充電器とレシーバーのコイル位置合わせは，固定位置型，自由位置型の二つをサポートする
⑤ シンプルな通信プロトコルを用い，レシーバーが制御権を持つ
⑥ レシーバーの設計自由度をできる限り確保する
⑦ 極めて低い待機電力の実現を目指す

この中から本規格の特徴的な要素である，①近接電磁誘導，④コイル位置合わせ，⑥設計自由度の3点について簡単に説明する。

(1) 近接電磁誘導方式

昨今，ワイヤレス送電，給電技術は電気自動車等の移動体や携帯端末への簡便な電力供給手段として様々な技術が研究，開発されている。特に移動体への送電は伝送距離がある程度必要であることから，電場・磁場の共鳴を利用する手法が脚光を浴びている。

一方，WPCがVolume-1で採用した近接電磁誘導方式は技術的には十分成熟しており新規性に乏しい。これを採用した主な理由は以下である。

1) 送電効率が高い（送受電コイル間距離がコイル直径の約10分の1以下で9割以上）
2) 電磁波の漏れが少ないため身体への影響や他機器への妨害が抑えられる
3) 主要部品が安価で入手が容易であり，したがって市場への導入スピードが速い

規格の普及に欠かせないのが低コスト化だが，そのためにはコイル外形5センチ以下，Q値も100に満たない低い値を想定し，しかもある程度高い伝送効率を得るためには近接電磁誘導方式しかなかったと言うこともできる。

(2) コイルの位置合わせ

近接電磁誘導方式で伝送効率に大きく影響を与えるのが送受電コイル間のカップリングである。良好なカップリングを得るためには以下のポイントを考慮する必要がある。

1) 適切なコイル形状とサイズ（送受電両コイルの形状およびサイズは近い程良い）
2) 短いコイル間距離（コイル直径の10分の1以下）
3) 両コイルのフラットかつ平行な配置

第1章　ワイヤレス給電技術の基礎

4)　最適なコイルの位置合わせ手段（ポジショニング）

最後のポジショニングは固定位置型と自由位置型の二つに大別できる。

前者は充電パッド上でレシーバーを置く位置が決まっており，そのための位置合わせ表示およびガイドが必要である。現在このタイプでPart-1に記載されているものはマグネット吸引型と呼ばれるもので，レシーバーはマグネットあるいはマグネットに吸引されるアトラクターを備える必要がある（図3）。

一方，自由位置型（図4）は基本的に充電パッド上のどの位置にレシーバーを置いてもポジショニングが可能なというもので，ここでは可動コイル型，コイルアレイ型の2つの例を挙げる。可動コイル型は送電コイルが二次元平面を移動することによりレシーバーの受電コイルと位置合わせを行う。また，コイルアレイ型はパッドの表面下に複数のコイルを配置することにより，受電コイル近傍の送電コイルを適時選択して送電を行う。

充電器の種類については今後，新たな使い勝手や使用形態を提供するいくつかのバリエーションの追加が予定されており，規格への準拠，動作互換の確認，レシーバー設計自由度への影響等を総合的に評価し，問題の無いものから順次導入されていくものと思われる。

図3　固定位置型（マグネット吸引型）

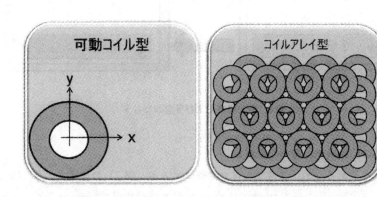

図4　自由位置型（可動コイル型，コイルアレイ型）

5.1.5　WPC規格充電システムの概要

(1)　基本システム構成

Volume-1規格の基本システム構成は下記（図5）のように表すことができる。同時に複数の携帯デバイスを充電する機能を有する充電器は，其々の携帯デバイスから独立した電力制御（負荷変調による）を行うため個々に通信経路を確保する必要がある。よってインバーターを含めた

送電部を複数持つ回路構成となる。

また，充電器から携帯デバイスへの電力伝送は各送電部の電力変換ユニットにて100〜200KHzの交流電力に変換して行われる。携帯デバイス側の電力受容ユニットで受け取られた電力は整流されて出力負荷へと供給される（図6）。

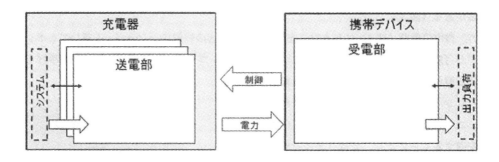

図5　Volume-1規格の基本システム構成

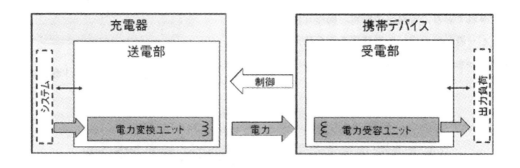

図6　電力変換および受容ユニット

(2) 送受電部の回路構成と電力の受渡し

電力伝送効率を高めるため，送電部の電力変換ユニット（図7）の送電コイル（Lp），および電力受容ユニット（図8）の受電コイル（Ls）には其々直列共振コンデンサ（Cp，Cs）が接続され，上記周波数において効率の良い電力伝送を可能とする定数に設定されている。

送電電力の制御は電圧，周波数あるいはデューティーを変化させて行うが，そのパラメーターの組み合わせはトランスミッターのタイプによって異なる。

また，受電コイル（Ls）を介して受け取られた交流電力は整流ブリッジ回路，及び平滑回路により直流に変換され，負荷スイッチを介して出力負荷に導かれる。携帯デバイスの場合，出力負荷はバッテリーであるケースが多い。

第1章　ワイヤレス給電技術の基礎

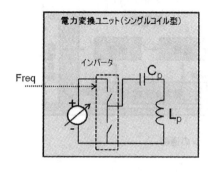
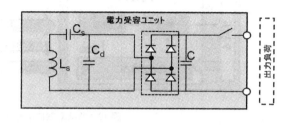

図7　送電部の電力変換ユニット回路構成例　　　図8　受電部の電力受容ユニット回路構成例

5.1.6　電力の制御と通信

(1) 電力制御のパラメーターとアルゴリズム

電力制御は，出力負荷が必要とする電力（要求電力）と実際に供給されている電力（現状電力）の差分を制御エラーのメッセージとして送電部に送ることにより実現されている（図9）。送電部では受電部より受けた制御エラーメッセージを解釈し，そのエラーをゼロに近づけるべく，現状送電電力を確認しながら要求制御ポイントに近づけて行く。送電部側の制御アルゴリズム自体はPID（Proportional, Integral, Differential）の3つの要素を利用できるものとなっているが，送電部の設計により制御要素の使い分け，あるいは各制御要素に使用するパラメーターを最適な数値に設定できる。

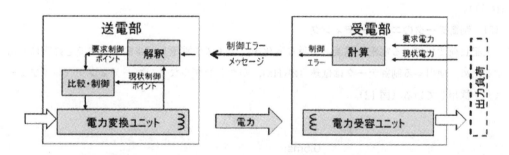

図9　電力制御のパラメーター

(2) 負荷変調による通信

前述の電力の制御は受電部から送電部への負荷変調による通信によって行われるが，その他の情報（レシーバーのIDやステータス情報）も必要に応じて送出される（図10）。

負荷変調はデジタルピンと呼ばれる通信の初期段階（レシーバーが検出された後）から使用されるため，送電部からレシーバーに電力を供給しながら行うが，この時の初期電圧（オペレーティングポイント）は各トランスミッター毎に定められている。実際の負荷変調・復調はレシーバー

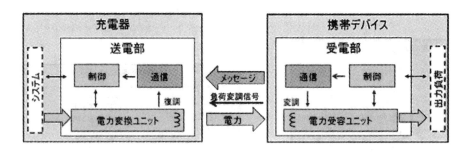

図10 負荷変調によるメッセージの通信

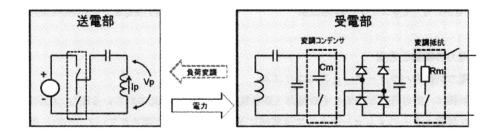

図11 2種類の負荷変調

内の変調用コンデンサ Cm,あるいは抵抗 Rm をオン・オフすることにより,其々トランスミッターの送電コイルに現れる電圧(Vp),あるいは電流(Ip)の変動を検出することで行われる(図11)。

(3) 制御データのエンコーディング

上記負荷変調による電圧,電流の微量な変化を,ノイズや電圧レベル変動の中でも確実に検出するため,使用する制御データは低速(2KHz),かつシンプルなエンコーディング(バイフェーズ)を採用している(図12)。

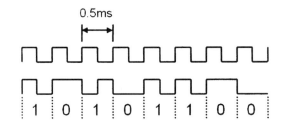

図12 制御データのエンコーディング

第1章　ワイヤレス給電技術の基礎

（4）　4つの制御ステップ

上記のデータ構造を持った制御データが負荷変調でレシーバーからトランスミッターへ伝えられることによりシステムの制御が行われる。その制御ステップは大きく下記の4つのフェーズに分けることができる（図13）。

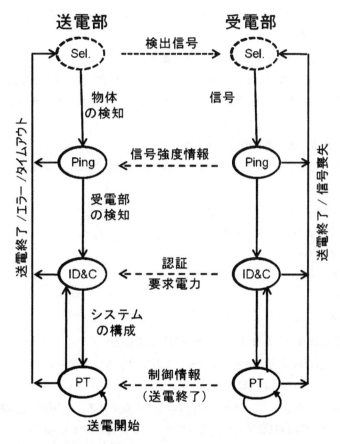

図13　検出から送電までの4つのフェーズ

1. **デバイス検出フェーズ（Selection）**
   - (ア)　送電部が物体（携帯デバイスかもしれない）の存在を検出するための信号を発する
   - (イ)　受電部からの反応を待つ
2. **反応確認フェーズ（Ping）**
   - (ア)　受電部は上記信号の強度情報を送出する
   - (イ)　送電部はその情報によりqiデバイスの存在を確認する
3. **認証と構成フェーズ（Identification & Configuration）**
   - (ア)　受電部は認証と要求電力の情報を送出する
   - (イ)　送電部は電力送出の構成・準備をする

4. 電力伝送フェーズ（Power Transfer）

(ｱ) 受電部は制御情報を送出する

(ｲ) 送電部は電力の伝送を開始する

これら4つのフェーズの間に通信の遮断や不良があった場合にはタイムアウトとなって最初のSelectionフェーズへ戻る。また，送電の途中で異常が検出された場合や，レシーバーが充電パッドから取り上げられた場合，あるいは満充電となった場合は送電を終了してSelectionフェーズに戻ることとなっている。

5.1.7 「規格書Part-2」パフォーマンスに関する要求

規格書Part-2に記述されているパフォーマンスに関する要求事項は，供給保障電力，システム効率，待機電力，温度上昇，外部磁界耐性，磁界曝露，不要輻射，ユーザーインターフェース等となっている。

5.1.8 「規格書Part-3」規格適合認定試験について

トランスミッターおよびレシーバーのWPC規格適合認定試験については規格書Part-3にすべて記載されている。

各試験項目の内容は以下のようになっている。

1. 規格書に記載されている要求事項
2. 必要な試験用機材
3. 試験の実施形態
4. 試験の手順
5. 結果の判定

5.1.9 規格適合認定試験のプロセスとライセンス製品の販売

WPCメンバーが規格適合認定試験を受けるまでのプロセスは下記のようになっている。

1. WPCのウェブサイトより規格書をダウンロードする
2. 規格に適合した商品のサンプルを試作する。（そのサンプルをWPC会議期間中に開催される組合せ動作確認試験等に持ち寄ってチェックを行うことも可能）
3. テストツールを用いて自社にてPart-3に記述されているテストを実施，あるいはテストラボに規格準拠確認試験を委託する
4. 自己申告用紙（Self Declaration Form）に必要事項を記入する
5. WPC認可テストラボに申告用紙と製品サンプルを送付し，規格適合認定試験を受ける

試験に合格すると認可レポート（認可証および測定レポート）がテストラボからメンバーに送付されると同時に，ライセンスエージェントへも連絡される。メンバーはロゴライセンスエージェント（LLA）とアグリーメントを交わしてロゴライセンシーとなり，WPCのウェブサイトに認可製品を登録し，ロゴを付けて販売することができる。

5.1.10 おわりに

2008年12月に8社で発足したWPCは，1年後の2009年12月には加盟21社，更に1年後の

第1章　ワイヤレス給電技術の基礎

2010年末で67社，そして2011年10月現在97社に達している。このメンバー数の増加はそのまま関連業界のワイヤレス充電にかける期待感を表していると言って良いだろう。技術的には決して新しくないワイヤレス充電だが，ポータブルデバイス，電気自動車等の新しい潮流の中で，業界内だけでなくユーザーサイドからも必要要件の一つとして要求が高まってきており，これまで私が手掛けてきた技術主導型の規格策定とは全く違った勢いと雰囲気を感じている。

　本稿で解説したVolume-1（Low-Power）規格に続き，ノートPCや医療機器，電動工具などの中電力機器を対象とした，Volume-2（Mid-Power）の策定，および調理器具を対象としたカテゴリーの検討が既に始まっている。Volume-1とVolume-2規格間の動作互換については未だWPCとして明確な方向性は示されていないが，個人的にはユーザーの便宜と製品コストの両面を見据え，バランスの取れた結論へ導かれるものと予測している。

5.2 ITUでの無線電力伝送の議論状況

橋本弘藏*

5.2.1 はじめに

　無線電力伝送が広く関心を持たれるようになってきたが，著者が知る限りで最も電力の大きなものでも，無線設備規則第49条の9第1項に規定された，構内無線局の範疇になる高出力型950MHz帯パッシブタグシステムである。最大空中線電力1W，利得6dBiの実効放射電力4Wの通信に用いられている程度の出力となっている。Powercast社では，無線電力伝送用の送信機[1]を販売しているが，アメリカとカナダで認められている。筆者らは，将来の宇宙太陽光発電所[2]（SPS: Solar Power Satellite, SSPS: Space Solar Power System）の周波数獲得を目指して，国際電気通信連合（ITU: International Telecommunication Union）で活動を行なってきた。SPSの前段階として，また国際的に利用されるためにも，無線電力伝送の概念が認知されることが必要である。無線電力伝送のデモなど大電力でも行われているが，実験局（今は拡大されて実験試験局）であり，この免許で実用化はできない。これまでに行われてきたITU-Rでの無線電力伝送に関する議論を中心に説明し，干渉問題についても触れる。

5.2.2 国際電気通信連合（ITU）

　ITUでは，その無線通信部門（ITU-R，Radiocommunication Sector）で，無線通信に関する国際的規則すなわち無線通信規則（RR: Radio Regulations）を定めている。地上無線通信業務，宇宙無線通信業務又は電波天文業務に使用するため，周波数分配表に従って分配するとしている（1.16条）。無線で電力を送ることは想定していない。ITUでは，無線電力伝送がQuestion ITU-R 210-2/1[3]として研究課題（Questions to be studied by the Study Groups）の一つに挙げられている段階である。

　具体的には，ITU-RのStudy Group（SG）1: SpectrumManagementのWorking Party（WP）1A: Spectrum Engineering Techniquesで議論を行なっている。Recommendation（勧告）が望ましいが，課題も多いので今のところReport（報告）を目指している。現状は，Working Document towards a Preliminary Draft New Reportで，Reportはまだまだ先である。まとまるとWPからSGに上げられ，Radiocommunication Assemblyに提案される。この無線電力伝送の研究課題に関して，後に具体的に述べる。WP1Aでは，電力線通信（Power Line Communication）も扱われており，活発な議論が行われている。

5.2.3 ITUにおける無線電力伝送に関する議論の概略

（1）CCIR時代

　SPSや無線電力伝送に関するQuestionは，1993年にITU-Rに改組される前のCCIR（International Radio Consultative Committee：国際無線通信諮問委員会）の時代から，Question 20/2, Characteristics and Effects of Radio Techniques for the Transmission of Energyとし

---

* Kozo Hashimoto （財）古代學協會　事務担当理事；京都大学名誉教授

第1章　ワイヤレス給電技術の基礎

て存在していた。これに対する報告がCCIR Report 672, Characteristics and Effects of Radio Techniques for the Transmission of Energy from Space として1978年に出版されている。その後改訂され，最新版は1986年のRep. 672-2である[4]。これは，Brown[5]によりIEEEのTrans. on MTTでも紹介されている。

(2) Question ITU-R 210/1

その後，1997年にまさしく無線電力伝送に関するQuestion ITU-R 210/1が出された[6]。210が課題の番号で，'/1'がSG 1で扱われることを示している。具体的な内容は，

1　What applications have been developed for use of wireless power transmission?
2　What are the technical characteristics of the signal employed in wireless power transmission?
3　Under what category of spectrum use should administrations consider wireless power transmission: ISM, or other?
4　What radio frequency bands are most suitable for this type of operation?
5　What steps are required to ensure that radio services are protected from power transmission operations?
6　What effects would wireless power transmission have on radio propagation?

で，これらの研究成果を2005年までに勧告に含めるよう書かれていた。厳密には，1と2が情報収集で3〜6が研究課題である。

(3) NASAの寄与

2000年まではNASAが米国の代表として，このQuestionに対する寄与文書を出して貢献してきた。1997年にInformation leading to a draft new recommendation regarding wireless power transmission: Applications and characteristics of wireless power transmission[7] と，一応勧告に向けて寄与を開始した。14頁の寄与文書である。ここでは，1から3に答えて，多数の地上対地上のみならず，対空，対宇宙，宇宙間などの無線電力伝送実験に関する42の文献を引用し，その周波数や特性を表に示している。4の最もふさわしい周波数について論じるために，送受信アンテナ間の伝送効率を

$$\text{Beam Efficiency} = 1 - e^{-\tau^2} \tag{1}$$

で表している。ここに，

$$\tau = \pi * (D_T * D_R) / (4 * \lambda * R) \tag{2}$$

D_T　=　送電アンテナ直径
D_R　=　受電アンテナ直径
λ　=　波長
R (Range) ＝送受電間距離

となる（筆者注：この式は，Brown[5]の図2に相当する）。ちなみにNASAとDoE（エネルギー省）による2.45GHzのマイクロ波によるSPSのパラメータ[2]，$D_T=1km$，$D_R=10\ km$，$\lambda=12.2\ cm$，$R=36,000km$を代入すると，$\tau=1.79$となり，静止軌道から地上への伝送でも伝送効率は96％に達する。）2.45GHzは大気の吸収が少ない。雨や雲の影響を避けるには10GHz以下が望ましい。2.45GHzは大気損失や天候の影響が非常に小さく，5.8GHzはこれらが比較的少ない。時には損失も許されるならISM帯の周波数では35GHzまで使用可能であり，小さいアンテナが必須となる地上と飛行機や飛翔体間の電力伝送にふさわしい。無線通信の利用が歴史的に少ない産業科学医療用（ISM）バンドに周波数を限定しているが，ISMバンドによっては，顕著な通信での利用が認められる。Working Partyの会合の後，結論や今後の課題は議長報告にまとめられ，さらなる研究が必要な草案文面は，その付属文書Annexとなるが，この寄与文書は1998年の議長報告[8]のAnnex 7となった。

同時に出された寄与文書[9]では，上記3に答えて無線通信規則（Radio Regulations）1.15条のISMバンドの定義，「産業科学医療用（ISM）の（無線周波エネルギーの）応用：無線周波エネルギーを発生させて限られた場所で（locally）産業用，科学用，医療用，家庭用その他これらと類似の用途（電気通信の分野における用途を除く）に利用するための設備又は装置の運用」について論じている。これは，locallyということで，近距離応用に限定しており，ある程度の距離伝搬するものを含まない。したがって，SPSはじめ多くの無線電力伝送の応用の実施のためには，適当な規則が必要となると述べている。要するにISMとみなされるのは近距離応用のみで，一般的な無線電力伝送は想定されていない。この文書は議長報告には載らなかったが，後年の議長報告に同様の趣旨が掲載されている。

1999年には，米国のSPS推進プログラムであったSpace solar power (SSP) Exploratory Research and Technology (SERT) Programを紹介し，ITU-R関連の技術課題を示した[10]。2000年の寄与は，今までの集大成に追加情報を加えた27頁の寄与文書である[11]。結構まとまった資料となっている。この時にはサブワーキンググループが作られ，presentationが行われたことやSG 3（Radiowave propagation）に研究内容6を調査する連絡文書（liaison statement）を送ることになった。

（4） JAXAの寄与

無線電力伝送に関するQuestionには2005年までと書かれているのに，1999年以降寄与がない。寄与がないとQuestionが無くなる可能性があり（最近では2回連続した会合で寄与がないと廃止の可能性がある[12]），作るのにも苦労がいるとのことで，JAXA（宇宙航空研究開発機構）の貢献が始まった。2003年にITUに行くことを希望したが，「SPSは干渉問題を抱えているので，総務省では日本代表としては認められない。JAXAは最近sector memberになったので，JAXAとして寄与してはどうかと」勧められた。寄与はできるが，国の代表と異なり，投票権はないmemberである。このような事情で，2004年に初めてJAXAとして各設問に簡単に答えた8頁の寄与文書[13]を提出し，スイスのジュネーブのITU本部での会合に参加し，期限の延

第 1 章　ワイヤレス給電技術の基礎

長を要請した。しかし，2005 年に改めて議論をすることとなった。

　2005 年には，前回よりも詳しくし，次節で述べる干渉解析を少し加えた 13 頁の寄与文書[14]と 10 頁の環境・エネルギー問題を論じた information document[15]を提出した。SPS について簡単に説明する機会も与えられ，2010 年までの延長が認められ，議長報告[16]にも明記された。同時に課題番号が 210-1/1[17]になった。'-1' は，一度改訂されたことを示す。この変更は意外と広い範囲に知られるようになった。

　2006 年には ITU には参加できなかったが，様々な動きがあった。SG3 からは，英国の information としての寄与ならびに連絡文書として，1986 年に CCIR から SPS と電離層に関する報告[18]の紹介があった。米国から Question 210 のタイトルや内容を変更する提案[19]があった。無線電力伝送は SPS を目指したものであることなどを理由に，タイトルを Power transmission via radio frequency beam に変更すべきであるとしていた。我々はこれに反対であったが，あいにく参加していない。議長報告[20]によると，基本的には反対はなかったが，用語や言葉に問題があるので，次回の会合で改めて議論することとなった。次回の 2007 年にも参加できず，米国からはマイナーな修正をして再度提案[21]があり，WP1A で変更が承認され，SG1 でも提案，承認[22,23]されて，厳密にはビームでないような無線電力伝送を含むかどうか分からない Question 210-2/1[3]となった。PTRFB はタイトルの略称で具体的な内容は，以下の通りである。

1　What applications have been developed for use of PTRFB?
2　What are the technical characteristics of the radiation employed in or incidental to applications using PTRFB?
3　Under what category of spectrum use should administrations consider PTRFB: ISM, or other?
4　What radio frequency bands are most suitable for PTRFB?
5　What steps are required to ensure that radiocommunication services, including the radio astronomy service, are protected from PTRFB operations?

で，これらの研究成果を 2012 年までに勧告に含めるよう書かれていた。基本的には，今までどおりだが，5 番目が提案者を示唆するような内容に変更されている。6 番はない。

　2009 年 2 月に報告を目指した Preliminary draft new report を 25 頁の寄与文書[24]として，久しぶりに参加した。会合は通常のジュネーブと異なり，韓国のソウルで行われた。従来の NASA の貢献[11]や SPS 白書[2]の内容，さらに最近の RFID や MIT の電力伝送方式，URSI の SPS 白書，米国 DoD による SPS の検討および JAXA の現状，最近の実験をも加えて充実させた。SPS に関する presentation をする機会も与えられたので，多くの図を使って説明した。この寄与は議長報告に掲載されることになったが，WP1A の要請もあり，SPS の説明に使った図も多数加えて分りやすくした[25]。長さは 36 頁になった。文書のタイトルは，Working document towards a preliminary draft new report とさらに前段階のものに変更された。目指すべき Report の見本として示されたのは，UWB (ultra-wideband) 技術に関する Rep. ITU-R

SM.2057[26]である．微弱電波ではあるが，広帯域であるために影響が大きく808頁もある．ここでは，地上移動，海上移動，航空業務，IMT-2000，無線LANや無線アクセス，アマチュア業務，気象レーダ，固定業務，固定衛星，移動・測地衛星，放送および衛星放送，地球探査，宇宙研究，電波天文など膨大な範囲への影響を検討している．なおSG3からの連絡文書に対する回答の寄与文書も提出したが，2006年と古いものだったので，回答は行わないことになった．

同年9月にジュネーブに戻って開催された会合では，総務省のワイヤレス給電の動き，ISM帯の利用状況を詳しくし，ISM帯での干渉と評価の前提条件の記述を追加して48頁の寄与文書[27]を提出した．同時に米国からの2月の文書に関するコメントと修正を示した寄与[28]もあった．協議の結果，これらをマージした43頁の議長報告[29]になった．相変わらず，Working document towardsが付加されたままである．

その後，干渉検討の情報が増えなかったために寄与を行ってこなかったが，2011年の議長報告[30]にこのworking documentが言及されており，この課題に寄与するよう強く勧める（urge）と記され，再度引用されていた．5.2.3項の（4）で述べたようにRes. 1-5[12]の規程により，廃止を視野に入れた警告であれば困ったことである．

5.2.4 これまでの干渉解析の概要

SPSの他の通信への干渉に関しては，2000年以前に通信関係者の協力も得て検討が行われてきた．その結果は，2000年の太陽発電衛星研究会（通称SPS研究会）で発表[31]されている．ISM帯の現状紹介に始まり，SPSの2.45 GHzのNASAモデルと5.8 GHzのJAXAモデルを説明し，ビームパターン，高調波特性を評価している．ここの干渉評価では，SPSの影響を受けそうなものとして，航空路監視レーダー，空港監視レーダー，気象レーダー，衛星放送の宇宙－地上間通信，無線LANおよびETC（自動料金収受システム）を取り上げ，SPSとの両立性を評価した．この結果を基に，2004年には，当時のJAXAのSPS検討委員会の下に，SPS関係者のみならず，レーダー，放送，無線LAN，ETC，地上回線，移動衛星，電波天文，アマチュア無線などの関係者も加えた周波数干渉問題検討委員会を作り，報告書[32]を作成した．以下にその「まとめ」の一部を引用する．

本稿ではSSPSマイクロ波送電の周波数問題について論じてきた．その結果，マイクロ波ビームの高調波に関してはフィルタや移相器の工夫，あるいは運用によりマイクロ波中継システム，レーダー，宇宙－地上間通信等と共存は可能であると結論した．しかし，これまでISMバンドであるという理由でマイクロ波送電に用いることを想定してきた2.45GHzと5.8GHzでは新しい電波の応用が始まっており，フィルタを挿入できない基本波の干渉であるため現在の設計よりもさらにサイドローブを10～20dB減少させる設計を行い，帯域端の周波数を使わなければ共存できないことがわかった．あらゆる場所での使用を前提とした無線LANやDSRCとの共存条件はさらに厳しいと考えられる．また同一地域における放送番組中継FPUとの共用は不可能である．電波天文に関しては2.45GHz帯の場合は高調波が影響を与える可能性があるが，5.8GHz帯の場合は，86-92MHz帯までは高調波によるin band干渉はない．このような高い周波数で

第1章　ワイヤレス給電技術の基礎

は実験的に評価する必要がある。

5.2.5 むすび

　無線電力伝送は，高周波利用設備として，屋内など限定的に国内で認められる可能性はある。しかし，無線電力伝送は，SPSよりもずっと早くに実現されるべき幅広い応用があり，これらが実用化されるためには，研究開発の推進だけでなく，無線通信規則でいう業務として認められる必要がある。既に認められている無線通信業務の範疇の無線LANやETCでも10年近くかかっている。無線電力伝送は，1900年代の初めにTeslaが実験を試みて失敗した古い歴史があるが，大多数の通信関係者にとっては大電力であり，「想定外」の応用である。認められるまでには，10年どころでは済まないであろう。当面は，影響を与える可能性のある多数の業務との干渉検討を行っていく必要がある。この作業は，当事者だけがいくら頑張っても限界があり，影響を受ける側であるITU-Rの関係者も交えた委員会等で検討していかないと，Reportに前進しない。非常に多数の方々のご協力なくしては不可能である。国際的な協力も必須である。本稿が今後の活動の参考になれば幸である。

文　　献

1) http://www.powercastco.com/products/powercaster-transmitters/
2) 例えば，H. Matsumoto and K. Hashimoto (eds.), Report of the URSI inter-commission working group on SPS, URSI, 2007, available at http://www.ursi.org/en/publications_whitepapers.asp や Solar power satellite and wireless power transmission, Special section, *IEEE Microwave Magazine,* vol. 3, no. 4, December 2002
3) Power transmission via radio frequency beam, Question ITU-R 210-2/1, ITU-R Study Group 1, 2007
4) Characteristics and Effects of Radio Techniques for the Transmission of Energy from Space. Report 679-2, CCIR, 1986
5) W. C. Brown, Beamed microwave power transmission and its application to space, *IEEE Trans. Microwave Theory Tech.,* vol. 40, no. 6, pp. 1239-1250, 1992
6) Wireless Power Transmission, Question ITU-R 210/1, ITU-R Study Group 1, 1997
7) Information leading to a draft new recommendation regarding wireless power transmission: Applications and characteristics of wireless power transmission, Document 1A/56-E, ITU-R Study Group, July 1997
8) Ibid, Annex 7 to Chairman's report, Doc. 1A/19-E, ITU-R Study Group, December 1998
9) Information leading to a draft new recommendation regarding wireless power transmission: Radio regulations – Wireless power Transmission, Document 1A/57-E, ITU-R Study Group, July 1997

10) Space solar power (SSP) Exploratory Research and Technology (SERT) Program, Document 1A/31-E, ITU-R Study Group, June 1999. Also Annex 6-2 of Chairman's report, 1A/4-E, August 2000
11) Update of information in response to Question ITU-R 210/1 on wireless power transmission, Document 1A/18-E, ITU-R Study Group, October 2000. Also Annex 8 of Chairman's report, 1A/32-E, January 2001
12) Working methods for the Assembly, the Radiocommunication Study Groups, and the Radiocommunication Advisory Group, Resolution ITU-R 1-5, ITU-R, 2007
13) Present status of wireless power transmission toward space experiments, Document 1A/53-E, ITU-R Study Group, October 2004
14) Proposal of the extension regarding the termination year of Question ITU-R 210/1 to 2010 from 2005: A response to Question ITU-R 210/1 and interference analyses between SSPS in the ISM bands and existing radio services, Document 1A/81-E, ITU-R Study Group, September 2005
15) Energy problems and prevention of global warming, Document 1A/82-E, ITU-R Study Group, September 2005
16) Chairman's report, 1A/95 (Rev.1) -E, ITU-R Study Group, November 2005
17) Wireless Power Transmission, Question ITU-R 210-1/1, ITU-R Study Group 1, 2006
18) Solar power satellite and the ionosphere, Rep. 893, CCIR, 1986
19) Practical reasons for revising Question ITU-R 210-1 (Wireless power transmission), Document 1A/121-E, ITU-R Study Group, October 2006
20) Chairman's report, 1A/134-E, ITU-R Study Group, November 2006
21) Practical reasons for revising Question ITU-R 210-1 (Wireless power transmission), Document 1A/156-E, ITU-R Study Group, June 2007
22) Draft Revisions of ITU-R 210-1/1, Document 1/144-E, ITU-R Study Group, June 2007
23) Executive Report to Study Group 1, 1/161-E, June 2007
24) Preliminary draft new report regarding Question ITU-R 210-2/1 Power transmission via radio frequency beam (wireless power transmission), Doc. 1A/111-E, ITU-R Study Group, 2009
25) Working document towards a preliminary draft new report regarding Question ITU-R 210-2/1 Power transmission via radio frequency beam (wireless power transmission), Annex 14 to working party 1A chairman's report, Doc. 1A/135-E, ITU-R Study Group, 2009
26) Studies related to the impact of devices using ultra-wideband technology on radiocommunication services, Report ITU-R SM.2057, 2005
27) Proposed revision - Preliminary draft new report regarding Question ITU-R 210-2/1 Power transmission via radio frequency beam (wireless power transmission), Doc. 1A/172-E, ITU-R Study Group, 2009
28) Comments on and corrections to the working document towards a preliminary draft new report regarding Question ITU-R 210-2/1 "Power transmission via radio

frequency beam", Doc. 1A/183-E, ITU-R Study Group, 2009

29) Working document towards a preliminary draft new report regarding Question ITU-R 210-2/1 Power transmission via radio frequency beam (wireless power transmission), Annex 12 to working party 1A chairman's report, Doc. 1A/207-E, ITU-R Study Group, 2009

30) Report on the sixth meeting of Working Party 1A, Chairman, Working Party 1A, Doc. 1A/379-E, ITU-R Study Group, 2011

31) 松本，橋本，篠原，マイクロ波送電の周波数問題について，第3回SPSシンポジウム，21，札幌市，太陽発電衛星研究会，2000

32) 周波数干渉問題検討委員会，マイクロ波送電の周波数の共用検討について，SPS検討委員会，JAXA，2004

5.3 エネルギーハーベスティングコンソーシアムの活動

竹内敬治[*]

5.3.1 はじめに

ワイヤレス給電と関係が深い技術分野に、エネルギーハーベスティングがある。本項では、まず、エネルギーハーベスティング技術の概要及びワイヤレス給電技術との関係を述べ、エネルギーハーベスティング技術に関する国際標準化の動向と、2010年5月に設立されたエネルギーハーベスティングコンソーシアムの活動を紹介する。

5.3.2 エネルギーハーベスティングとは

エネルギーハーベスティング技術は、光、振動、温度差、電波など、周りの環境に希薄な状態で存在する未利用のエネルギーを収穫（ハーベスト）し、電力に変換する技術である。日本語では，環境発電とも呼ばれる。風力発電，メガソーラーなどの大規模な自然エネルギー発電も，環境中のエネルギーを収穫して電力に変換するという意味では同じであるが，普通，エネルギーハーベスティングというと，より小規模なエネルギー変換技術を指すことが多い。近年，注目が高まっているのは，発電量にしてマイクロワットからミリワット，せいぜいワット程度のエネルギー変換技術である。

エネルギーハーベスティング技術を含め，環境中のエネルギーを収穫して電力に変換する技術全般（以下，本項においては，「環境発電技術」と呼ぶ）を図1に整理した。

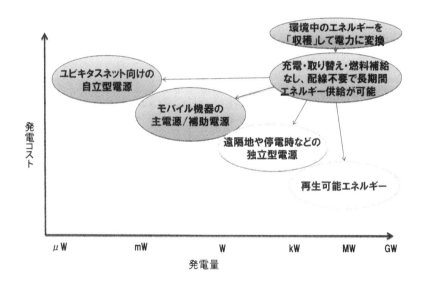

図1 エネルギーハーベスティングの範囲と用途

---

* Keiji Takeuchi ㈱NTTデータ経営研究所　社会・環境戦略コンサルティング本部　シニアスペシャリスト

第1章　ワイヤレス給電技術の基礎

　環境発電技術は，その場に存在するエネルギーを収穫して電力を得る。そのため，一次電池，二次電池，燃料電池やディーゼル発電機などにおいては必要な，充電や取り換え，燃料補給などの作業が必要ない。また，電源配線も要らず，長期間にわたってエネルギー供給が可能である。装置の劣化・故障や環境中のエネルギーの枯渇がなければ，半永久的に供給を続けられる電源ともなりうる。

　このような特徴を持つ環境発電技術には，多くの用途がある。図1では，横軸を発電量，縦軸をコストとして，4つの主要用途を配置している。

　図1の右下に配置されているのは，「再生可能エネルギー」である。発電量にして，キロワットからメガワットのオーダー，大規模な発電装置ではギガワット級の設備となる。発電コストは，原子力発電所や火力発電所に対して競争力のある水準であることが求められる。また，早期ペイバックも導入の前提となる。福島第1原発の事故に起因する我が国のエネルギー政策見直しで，再生可能エネルギーの導入が加速される見通しである。太陽光発電や風力発電は，世界的にも市場拡大が予想されている。水力発電，波力発電，潮力発電，地熱発電などの再生可能エネルギーも，発電量が安定しており，電力網への接続が容易であることから，普及が期待される。

　「再生可能エネルギー」の左上に配置されているのは，「遠隔地や停電時などの独立型電源」である。電力網に接続されていない遠隔地や，電力網が一時的に機能しなくなる災害発生時，停電時，計画停電時などにおいて，電力需要を満たすために利用される。発電量は，ワットからキロワットのオーダーである。発電コストへの要求は，直接電力網に接続される「再生可能エネルギー」ほどは厳しくない。多少コストが高くとも，電力網を整備するより安価であれば利用価値がある。利用可能な環境発電技術としては，太陽光発電，太陽熱発電，風力発電，小水力発電などがある。普段は電力網に接続されている場所での一時的使用の場合は，バックアップ用の蓄電池や自家発電装置など，より確実に電力供給できる非常用設備の補完的な役割となる。一方，発展途上国やルーラル地域など，電力網が存在しない場所においては，より環境発電技術の重要性が高まる。今後，発展途上国の経済発展に伴い，グローバルに市場が拡大すると予想される。

　「遠隔地や停電時などの独立型電源」のバリエーションのひとつに，ワットからキロワットのオーダーの発電用途として特筆すべきものがある。自動車の燃費向上，あるいは電気自動車の航続距離延長のために，自動車内で発電する用途である。自動車のショックアブソーバを利用した振動発電，エンジンからの排熱を利用した熱電発電，屋根やボンネット，窓を利用した太陽電池などの実装に向けた開発が行われているところである。

　「遠隔地や停電時などの独立型電源」のさらに左上に配置されているのが，「モバイル機器の主電源／補助電源」である。期待される発電量は，ミリワットからワットのオーダーである。発電コストは，独立型電源よりもさらに高くてもよい。乾電池のkWhあたりコストは，電力網と比較すると2桁以上高く，ペイバックもしないが，モビリティというメリットがあるために利用されている。取り換えや充電の手間も含めた電池のコストと比較して競争力があれば，環境発電は導入される。1970年代，半導体のCMOS化で消費電力の低下が進んだ時代に，太陽電池で駆

動される電卓や腕時計が日本で開発された。1980年代から90年代にかけて，セイコーやシチズン時計は，手首の動きや，体温と外気温の温度差で発電して駆動される腕時計製品を発売した。2009年，中国の中興通訊（ZTE）は，太陽電池で駆動される携帯電話をアフリカのケニアやウガンダで発売した。スマートフォンやリモコンなどをはじめとして，膨大な数のモバイル機器に対する電源ニーズがあり，それらは環境発電の適用分野として期待されている。

「モバイル機器の主電源／補助電源」のさらに左上に配置されているのが，「ユビキタスネット向けの自立型電源」である。いつでも，どこでも，誰でも，何でもネットワークにつながるユビキタスネット社会を実現するためには，いたるところに電源が必要であり，電池の取り換えや電源配線を不要とする環境発電は有力な選択肢の一つである。発電量として必要な量は，マイクロワットからミリワット程度である。発電コストは，電源配線のための人件費や，電池取り換えのための人件費などに比べて優位性があればよく，例えば危険な場所や人体内などでは，非常に高価な発電デバイスでも導入されていく可能性がある。今後，ワイヤレスセンサネットの電源などとして，市場の拡大が期待されている。

以上，環境発電の主要用途を列挙した。これらのうち，エネルギーハーベスティングと呼ばれる領域は，「モバイル機器の主電源／補助電源」及び「ユビキタスネット向けの自立型電源」である。ただし，発電量がもう少し大きな「自動車」を含める場合もある。

ひとくちに，エネルギーハーベスティング技術といっても，非常に雑多な技術の集合である。それは，環境中に存在するエネルギーの存在形態やエネルギー密度などが，多岐にわたるためである。一方，エネルギーハーベスティング技術と組み合わせて用いられる回路技術（整流回路，昇圧回路等），蓄電技術（全固体薄膜リチウムイオン電池，リチウムイオンキャパシタ，電気二重層キャパシタなど），低消費電力MCU，低消費電力無線技術などの周辺技術は，共通化が可能である。

表1に，主なエネルギーハーベスティング技術を列挙する。これらのうち，ワイヤレス給電との関係が深いのが，電波エネルギー利用である。この点については，次項で改めて述べる。

5.3.3 ワイヤレス給電技術とエネルギーハーベスティング技術との関係

ワイヤレス給電技術とエネルギーハーベスティング技術（あるいは範囲を広く取って環境発電技術）とには，深い関連がある。前述した環境発電の用途と，ワイヤレス給電の用途との対応付けを表2に示す。

表2に示すように，この2つの技術は，ほぼ同じ用途に使われることが分かる。「再生可能エネルギー」に対応するものは「宇宙太陽発電」である。これらは用途が同じだけでなく，太陽電池を使うという点で技術的にも共通点がある。自動車内での環境発電と，電気自動車用非接触充電とは，航続距離を延長したいというニーズに対応する技術ということでは共通している。モバイル機器やセンサネットの電源ニーズも共通している。

環境発電技術とワイヤレス給電技術は，いずれも，電源配線をしたり人手を介在したりすることなく，電力を供給するための技術である。環境発電技術が環境中に存在する未利用のエネルギー

第1章 ワイヤレス給電技術の基礎

表1 主なエネルギーハーベスティング技術

1. 光エネルギー利用
   各種太陽電池
2. 力学的エネルギー（振動など）利用
   磁石＋コイル（電磁誘導），圧電素子（圧電効果），エレクトレット（静電誘導），誘電エラストマ（静電誘導），磁歪材料（逆磁歪効果）
3. 熱エネルギー（温度差）利用
   熱電発電，熱磁気発電，熱電子発電，熱音響発電，熱機関
4. 電波エネルギー利用
   レクテナ
5. その他（バイオ等）
   生体電位差，グルコース燃料電池

表2 環境発電（エネルギーハーベスティング）技術の用途とワイヤレス給電技術の用途の対応

発電量	環境発電（エネルギーハーベスティング）技術の用途	ワイヤレス給電技術の用途
kW～GW	再生可能エネルギー	宇宙太陽発電
W～kW	遠隔地や停電時などの独立型電源	
	自動車の燃費向上・電気自動車の航続距離延長	電気自動車用非接触充電
mW～W	モバイル機器の主電源／補助電源	モバイル機器用非接触充電
μW～mW	ユビキタスネット向けの自立型電源	センサネットへの給電

を有効に活用しようという発想なのに対して，ワイヤレス給電技術は環境中には存在しないエネルギーを，電波を介して意図して送るという違いがあり，補完的な役割を果たすことができるものである。

　この2つの技術には，さらに大きな類似点がある。表1に挙げたエネルギーハーベスティング技術のうち，「電波エネルギー利用」（電波エネルギーハーベスティング）は，環境中に存在する電波のエネルギーを，電気エネルギーに再生する技術である。テレビ，ラジオ，携帯電話などの電波をアンテナで受信して，整流し，直流電力を得る。アンテナで受信して整流するためには，レクテナを用いる。

　このレクテナは，電磁波を利用したワイヤレス給電技術において使用されるものと同じである。

　電波エネルギーハーベスティング技術が，環境中に存在する電波（給電を意図しない電波）を受信して電力回生するのに対し，電磁波を利用したワイヤレス給電技術は，給電のために意図して発した電波を受信して電力回生する。電波の発信側に，給電の意図があるかないかが異なるだけで，受信側の技術は両者でほぼ同じといってもよい。受電デバイスであるレクテナは同じものが利用できる。

　両技術が使われる環境には違いがある。電波エネルギーハーベスティングの場合，受信できる電力が制御できないのに対して，電磁波を利用したワイヤレス給電の場合，受信できる電力があ

らかじめ想定できるということが指摘できる。しかしながら，電波エネルギーハーベスティングの場合でも，テレビ波やラジオ波の場合は出力が安定していること，ワイヤレス給電の場合も，送受信デバイス間に障害物（雨なども含む）が入るなど，意図しないかく乱要因があるので，必ずしも一定電力が常に受信できるわけではないことを考えると，両者はシステム的にもあまり大きな違いは出てこないと考えられる。

したがって，受電デバイス側は共通のものを用い，電磁波を利用したワイヤレス給電と，電波エネルギーハーベスティングとを電波環境に応じて補完的に使い分けるような利用も想定することができる。

ワイヤレス給電技術の標準化を検討する際に，受電側のデバイスに対して，電波エネルギーハーベスティングとしての利用を想定しておくということも，考えられなくはない。

5.3.4 エネルギーハーベスティングの標準化動向

エネルギーハーベスティングに関しては，海外中心に，幾つかの組織で国際標準化の検討が進められつつある。それらのうち，ISA100.18 の活動[1]を以下に紹介する。

2010 年 4 月，ISA 100.18 Power Sources Working Group が発足した。英国の振動発電機メーカ Perpetuum と，ワイヤレスセンサネットのユーザであるロイヤルダッチシェルとが座長を務め，ドイツの熱電発電機メーカ Micropelt も積極的に活動に参加している。日本のメーカは，エネルギーハーベスティング製品を販売するには至っておらず，議論の主導権は，エネルギーハーベスティング技術の事業化で先行する欧州にある。活動の目的は，以下の 2 点である。

①ワイヤレスセンサネットの電源技術の互換性を実現する標準的インタフェースを開発する。
②電源技術の比較評価が可能になるような標準的データシートを定義する。

①については，太陽電池，振動発電，熱電発電などの様々なエネルギーハーベスティング製品間の互換性だけでなく，ワイヤレス給電技術や，一次電池，二次電池との間でも互換性を確保できるようなインタフェースを検討している。乾電池を抜いて，その代わりにエネルギーハーベスティング製品を装着しても，ワイヤレスセンサネットとしては同じように作動することが可能になることを目指している。

②については，ユーザの立場で電源技術の比較評価をできるようにするための活動である。現在は，様々な企業が自社製品の性能をアピールしているものの，測定基準等がばらばらで，評価ができない。環境中には実在しないような高周波数の振動で性能を出す振動発電機が発表されているが，そのような情報は，ユーザが導入して実環境で使う時の参考にはならない。ワイヤレスセンサネットの発電ニーズと実環境を前提として，製品を横並び比較可能にするためのデータシートを作ろうとしている。発電ニーズとしては，0.3 ミリワット，1 ミリワット，20 ミリワットの 3 ケースが想定されている。

図 2 に，ISA 100.18 Power Sources Working Group の組織構成を示す。

第1章 ワイヤレス給電技術の基礎

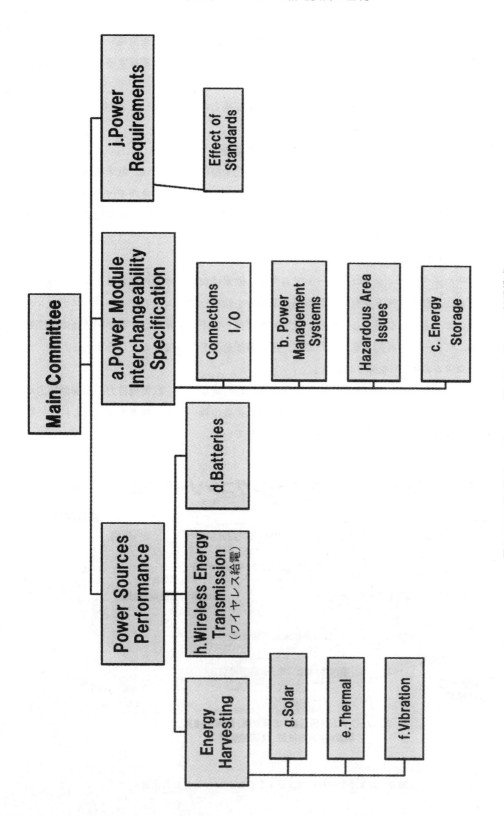

図2 ISA 100.18 Power Sources Working Groupの組織構成

電源として，エネルギーハーベスティング（太陽電池，振動発電，熱電発電）と，ワイヤレス給電，各種電池（一次電池）が同列に扱われ，これらの技術の互換性を確保するための電源技術や蓄電技術も検討の対象となっている。

エネルギーハーベスティング技術とワイヤレス給電技術との関係が深いことが，このような標準化活動の内容からも窺える。

5.3.5 エネルギーハーベスティングコンソーシアムの活動

我が国は，エネルギーハーベスティング技術の事業化や標準化活動では，欧米に後れを取っているが，個別要素技術では高いポテンシャルを有している。我が国のエネルギーハーベスティング技術を国際的に競争力のあるビジネスとするために，関係企業を中心とした情報共有，共同活動の推進等を行うプラットフォームとして，2010年5月，エネルギーハーベスティングコンソーシアムが設立された[2]。

エネルギーハーベスティングコンソーシアムでは，欧米における最新の取組みをフォローアップするとともに，様々な強みを有する我が国企業の力を結集して，エネルギーハーベスティング技術の早期のビジネス化を目指している。産学官が連携して市場を創造し，我が国技術の国際競争力を高め，グローバル展開を進めるために，広く参加企業を募っているところである。

コンソーシアムの体制[3]を図3に示す。

コンソーシアム化のメリットは，1社あたりの負担を軽減しつつ，政策提言力，市場開拓力が強化できるところにある。メンバー各社が個別で行う必要の無い活動，個別では実行しにくい活動を連携して推進していく母体としての活動を目指している。

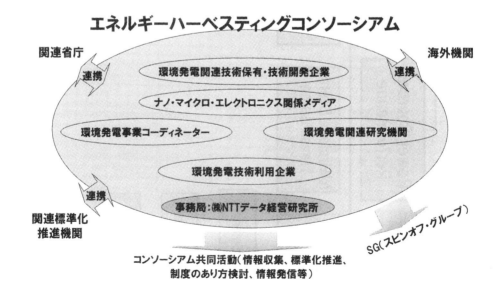

図3 エネルギーハーベスティングコンソーシアムの体制

第1章　ワイヤレス給電技術の基礎

「個別では実行しにくい活動」の代表例が，標準化である。標準化の検討は，コンソーシアムのような中立的な組織で行うことが適当であり，コンソーシアムでは，設立当初より，国際標準化に関する最新動向の把握，国際標準化に向けた戦略の検討と実施を進めることとしている。

コンソーシアムの活動内容は非公開であるが，活動2年目を迎えて，また，参加企業数が増えたこともあり，標準化に向けた活動を本格化させているところである。

参加企業リストを表3に示す。

表3　エネルギーハーベスティングコンソーシアム参加企業リスト（2011年9月15日時点）

旭化成株式会社	パナソニック エレクトロニックデバイス株式会社
旭化成エレクトロニクス株式会社	株式会社半導体理工学研究センター
アダマンド工業株式会社	バンドー化学株式会社
株式会社アルティマ	株式会社日立製作所
株式会社アルバック	株式会社日立産機システム
アルプス電気株式会社	株式会社フジクラ
NECトーキン株式会社	株式会社富士通研究所
株式会社エヌ・ティ・ティ・データ	富士通セミコンダクター株式会社
OKIセミコンダクタ株式会社	富士通VLSI株式会社
オリンパス株式会社	富士通マイクロソリューションズ株式会社
GSナノテク株式会社	富士電機株式会社
シチズン時計株式会社	富士フイルム株式会社
昭和電工株式会社	ブラザー工業株式会社
ソニー株式会社	ペクセル・テクノロジーズ株式会社
田中貴金属工業株式会社	株式会社本田技術研究所
東海ゴム工業株式会社	マイクロベルトGmbH
東京エレクトロンデバイス株式会社	ミネベア株式会社
株式会社東芝	ムネカタ株式会社
東洋インキSCホールディングス株式会社	株式会社村田製作所
トーヨーケム株式会社	株式会社山武
東洋ゴム工業株式会社	ヤマハ株式会社
株式会社豊田中央研究所	ルネサス エレクトロニクス株式会社
ナブテスコ株式会社	ローム株式会社
日本ガイシ株式会社	（以上，50音順）
日本電気株式会社	
日本特殊陶業株式会社	NTTデータ経営研究所（事務局）

文　献

1) Roy Freeland, "ISA100.18 Power Sources Working Group", Energy Harvesting 2011, Feb 7th 2011
2) エネルギーハーベスティングコンソーシアムの設立について　～エネルギーハーベスティ

ング技術(環境発電技術)の早期の国際的に競争力のあるビジネス化を目指して〜 株式会社 NTT データ経営研究所プレスリリース, 2010 年 5 月 21 日 http://www.keieiken.co.jp/aboutus/newsrelease/100521/index.html(2011 年 10 月 2 日アクセス)

3) エネルギーハーベスティングコンソーシアム　http://www.keieiken.co.jp/services/socio_eco/ehc/index.html(2011 年 10 月 2 日アクセス)

第 2 章　応用技術 —電磁波利用—

1　ワイヤレス給電の歴史

篠原真毅*

1.1　1960–70 年代

　無線によるエネルギー伝送の概念を始めて提唱し，実際に実験を行ったのは，20 世紀初等の Nikola Tesla である[1,2]。Tesla は「電磁波のエネルギーは離れたところにある家の電球をともすことができる。」と述べ，実際に 1899 年に 150kHz，300kW のエネルギー放射実験を行っている。この発想は後で述べるユビキタス電源と同じである。電磁波は基本的に等方的に r^2 に逆比例して広がる性質を持っている。高い周波数を用いて高利得アンテナを用いれば電磁波を 1 箇所に集中することができるが，150kHz では高利得アンテナを用いることができず，総量としては 300kW と大きくても放射後に薄く広がってしまい，波長が長すぎた Tesla の実験は不成功に終わった。当時の電気機器には薄く広がってしまった電磁波エネルギーは利用できなかったのである。そのため，無線エネルギー伝送技術は M. G. Marconi や R. Fessenden らによる無線による情報伝達技術の発達に大きく後れをとることとなる。発電技術よりも先に発明されていた電池技術の発展も，無線電力伝送へのニーズを妨げていた。

　1960 年代以降，同じ物理面積でも大きなアンテナ利得を得ることができる高周波，特にマイクロ波（＝1～10GHz 程度の電磁波）を用いて電磁波を 1 箇所に集中させ，ユーザーの求める程度の「エネルギー」として利用できる密度や量にすることが可能となった。マイクロ波技術の発展はマイクロ波を発振可能なクライストロンやマグネトロンの発明，発展[3~5]が大きく貢献している。高周波を用いると受電点近傍で電力密度分布を持つようなビームを形成することが可能となり，ある程度の面積の受電アンテナを用いれば放射電力のほとんどを受電することが可能となる。逆に Friis の公式が適用できるような平面波近似が適用できない領域での電力伝送となるため，Friis の公式だ

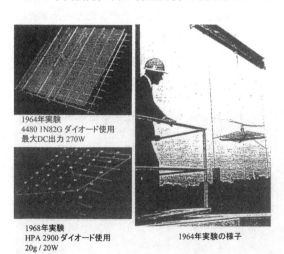

図1　ヘリコプターへのマイクロ波エネルギー伝送実証
　　 実験（1964，1968 年）[6]

1964年実験
4480 1N82G ダイオード使用
最大DC出力 270W

1968年実験
HPA 2900 ダイオード使用
20g / 20W

1964年実験の様子

＊　Naoki Shinohara　京都大学　生存圏研究所　教授

ワイヤレス給電技術の最前線

けで思考していては正確な物理を理解できない。

　Tesla以降初めての無線送電実験は，アメリカのW. C. Brownによって1964年及び1968年に実施されたヘリコプターへのマイクロ波無線電力伝送実証実験である（図1)[6]。この実験にはアメリカ空軍が関与している。1964年にはガイドに接続され，上下にのみ移動できるようにした模型ヘリコプターへのマイクロ波無線電力伝送実験を実施し，飛翔に成功している。実験は60フィート＝約20m上空に10時間以上滞空し続けた。その時のヘリコプターでの受電整流された直流電力は約270Wであった。送電システムは2.45GHzのマグネトロンと導波管スロットアンテナを用いていた。1968年にはシステムの改良を行い，模型ヘリコプターのガイド無し飛翔実験にも成功している。この時のレクテナは1g/1Wという非常に軽量のものであった。レクテナは立体のダイポールアンテナにやはり立体線路の整流回路を接続した網状構造であった。1990年代にはアラスカフェアバンクス大学でBrownの実験システムの再検証研究SABERも実施されていた。

　Brownは次に定点間の大規模無線送電実験に着手した。BrownとR. DicknsonはJPL（ジェット推進研究所）の実験グループと共に，1975年にアメリカGoldstoneで実験を行った[7]。送電システムは450kW CWクライストロンと26mφのカセグレンパラボラアンテナを組み合わせたもので，マイクロ波周波数は2.388GHzであった（図2）。送受電距離は1.54kmで3.4m×7.2m＝24.5m^{2}の受電レクテナから30kWの直流電力をRF-DC変換効率82.5%で得たとされる。450kWマイクロ波放射に対し30/0.825≒36.4kWがレクテナに入射した計算になるので，ビーム収集効率はたかだか8%程度であった。しかし，パラボラアンテナの方向を機械的に変えることでビームがレクテナ面に当たる箇所を変え，ビームがレクテナのどこに当たったかを示す表示灯がビームと共に移動する様子も映像におさめられている。この実験はそれに先立つこと5年の1970年前後からBrownとJPLにより行われたマグネトロンを用いた超近距離マイクロ波送受電実験を拡大したものであろう。1975年の超近距離マイクロ波送受電実験では室内実験ではあるがDC-RF-DC変換総合効率54%（495WDC）が記録されている（図3)[6]。

　これら一連の実験はマイクロ波を用いた無線電力伝送の可能性を示したが，アンテナサイズや効率，コスト等が当時のユーザーニーズとマッチせず，商用化には至らなかった。代わりにその後の無線電力伝送の研究の推進力となったのは宇宙太陽発電所SPS (Space Solar Power Satellite/Station) 構想である。SPSはBrownの実験に着想を得て，1968年にP. E. Glaserによって初めて提案され

図2　Goldstoneで行われた固定点間マイクロ波エネルギー伝送実験の様子（1975年)[7]

第2章 応用技術—電磁波利用—

図3 （左図）1970年にMSFC行われた実験（DC-RF-DC変換効率26.5%, 39WDC）
　　（右図）1975年にJPLで行われた実験（DC-RF-DC変換効率54%, 495WDC）[6]

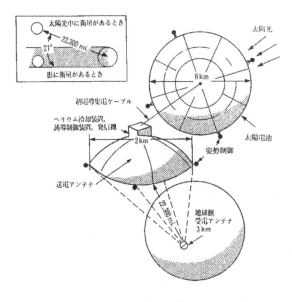

図4 Glaserによって最初に提案されたSPS（1968年）[8]

（図4）[8]，無線電力伝送の最大の可能性を示したシステムであった。SPSとは，地球の歳差運動のために1年を通じてほとんど地球（半径約6,300km）の影に入らない静止衛星軌道（36,000km上空）に巨大な太陽電池衛星を建設し，そこで発電した電力をマイクロ波もしくはレーザー光を用いて地上に無線電力伝送し，地上でその電力を活用しようという構想である。マイクロ波は当初2.45GHzが提唱されていたが，近年は5.8GHzが設計の主流である。送受電アンテナサイズもkmφ以上，送電電力100万kW以上，マイクロ波送電効率約50%と設計されたSPSであるが，宇宙空間で発電するために夜昼・天候に関係なく安定に太陽光発電を行うことができるためにマイクロ波送電効率が50%であっても地上の太陽電池の発電量よりも5〜10倍の電力を得ることができる。また宇宙システムである点と，100万kW以上という発電規模のため，アンテナサイズの大きさが他の応用に比べ問題になりにくい。このため，商用ニーズにこたえることができなかった60-70年代の無線電力伝送は，1980年代以降はSPSの実現を目指した研究として行われてきた。現在も日本では経済産業省とJAXA（宇宙航空研究開発機構）が中心となりSPSの検討委員会を行っている。

ワイヤレス給電技術の最前線

1.2 1980-90年代

　京都大学松本紘先生を中心とした研究グループが世界初のロケットを用いた宇宙でのマイクロ波送電実験を実施したのは 1983 年のことであり[9,10]，これを皮切りに 1980 年代以降マイクロ波送電研究の中心はこれ以降日本となる[11]。このロケット実験は MINIX (Microwave Ionosphere Nonlinear Interaction eXperiment)[9,10]ロケット実験と呼ばれ，京都大学，神戸大学，宇宙科学研究所によって行われた。続いて 1993 年に同グループにより改良されて実施された ISY-METS (International Space Year - Microwave Energy Transmission in Space)[12]ロケット実験も行われている。MINIX と ISY-METS では宇宙-宇宙間マイクロ波送電実験であり，2.45GHz マイクロ波エネルギービームと電離層プラズマとの非線形相互作用に関する貴重なデータが取得されている。京都大学では実験後に計算機実験の手法を持いてマイクロ波エネルギービームと電離層プラズマとの非線形相互作用に関する詳細な理論検討/実証と実際の現象の予測を行っている[13,14]。2006 年には神戸大，宇宙航空研究開発機構，ESA（ヨーロッパ宇宙機構）が行ったアンテナ展開，地上に向けたレトロディレクティブ（パイロット信号を用いた目標位置推定）方式マイクロ波ビーム制御，及び自立走行ロボットに関するロケット実験[15,16]も行われており，マイクロ波送電ロケット実験はこれまで日本でのみ行われている。

　1980 年代から 90 年代にかけ，放送や通信の中継機として人工衛星ではなく成層圏を飛行する飛行機を利用するシステムの構想「成層圏無線中継機システム」の検討が世界中で行われていた。人工衛星と異なり，成層圏を飛行する飛行機は飛行を維持するのにエネルギーが必要となる。このエネルギーをマイクロ波で無線給電しようというアイデアが生まれ，カナダと日本で実証実験が行われた。

　カナダで行われた実験は SHARP (Stationary High Altitude Relay Platform) 実験と呼ばれている[17]。SHARP はカナダの成層圏無線中継機システムのことであり，将来概念は高度 21km 上空を旋回停滞する無線中継機（通信中継 500km 範囲）に，直径 85m のパラボラフェーズドアレーから 500～1000kW のエネルギーを伝送しようというものであった。実験はその約 1/8 スケールモデルでの実証であった。実験はカナダ CRC (Communication Research Centre) によって 1987 年 9 月 17 日に行われた。全長 2.9m，翼長 4.5m，重量 4.1kg の飛行機に 2.45GHz, 約 10kW のマイクロ波エネルギーを地上のパラボラアンテナから伝送し，翼と腹の部分に取り付けられたレクテナから約 150WDC を得て高度 150m 上空の飛翔に成功している。送電システムは 5kW マグネトロンを 2 つ使用し，機械的にパラボラアンテナ面を制御して送電を行っていた。SHARP システムでは目標追尾には高度計と移相器の制御によるクローズドループを組み合わせた新しいビーム制御手法も用いられている[18]。

　日本の実験は MILAX (MIcrowave Lifted Airplane eXperiment) と呼ばれ，1992 年 8 月 29 日に成功したものである（図 5）[19]。日本の実験も最終的には成層圏無線中継機システムへのマイクロ波無線電力伝送を目指した実証実験であり，京都大学，神戸大学，CRL（通信総合研究所 Communication Research Laboratory, 現 NICT）他多くの民間企業の参加で実現したもので

150

第2章　応用技術—電磁波利用—

図5　MILAX 飛行機実験（1992年）

ある。SHARP 実験とは異なり，半導体増幅器とフェーズドアレーアンテナによるマイクロ波ビーム方向制御を行い，高度なマイクロ波制御を行っている。マイクロ波送電システムは，周波数 2.411GHz，半導体（GaAs-FET）増幅器（13W，40%）×96 で送電電力 1.25 kW，増幅器に 4-bit ディジタル移相器を装着し，3分配回路を通したマイクロストリップアンテナ 288 のアレーであった。MILAX の送電システムは前述の ISY-METS ロケット実験のそれと共通であった。約 10～15m 上空の飛行機＝レクテナ 120 素子（0.7λ間隔）で約 88W の直流を得て 400m の直線飛行に成功している。

　前述の 2 例は無線中継機として飛行機を想定していたが，飛行船を中継機とする案もあり，1995 年 10 月 17 日に神戸で開催された国際学会 WPT'95（International Symposium of Wireless Power Transmission '95）の中で実証実験が行われた[20]（図6）。この実験は ETHER（Energy Transmission toward High altitude long endurance airship ExpeRiment）と呼ばれ神戸大学と CRL により実施された。飛行船は上空 35～45m に停滞し，地上から 2 台のマグネトロンとパラボラアンテナを用いて 2.45GHz，10kW のマイクロ波を放射していた。レクテナは 1,200 素子（うち 200 素子は予備），22.8kg であり，効率最大 81%，最大 5.88kW，実験時 3kW の直流電力を得ている。

　これら 3 つの飛翔体へのマイクロ波無線電力伝送の実証実験がターゲットとしていた成層圏無線中継機システムは，現在もプロジェクトが続いているもののマイクロ波無線電力伝送は採用されず，他の方式でエネルギーをまかなうようになっている。

　その他，1994～95 年に京都大学，神戸大学，関西電力㈱の研究グループが固定点間送電の実証/研究を行っているが実用化には至らなかった。これは周波数 2.45GHz，5kW のマイク

図6　ETHER 飛行船実験（1995年）

151

ロ波をマグネトロン＋3mφのパラボラアンテナから放射し，約42m先の2,304素子レクテナ（3.2m×3.6m）で受電した実証実験であった[20]。神戸大のグループは2008年にアメリカとの共同研究としてハワイにおいてフェーズドアレーを用いた150km無線送電デモンストレーションも行っている。

1.3 2000年代以降

2000年代以降も日本を中心に無線電力伝送の研究は続いてきた。2000年代に入り，携帯電話やモバイルPC，そして電気自動車といったバッテリーを持ち歩くような世の中となり，マイクロ波無線電力伝送も新しいアプリケーションへの応用を模索するようになった。京都大学では様々な企業との共同研究により携帯電話の無線充電とその発展系であるユビキタス電源（いつでもどこでも電源）の提唱[21,22]，電気自動車無線充電システム実験[23,24]，建物構造を利用してマイクロ波配電するコードレス建物の提唱と実験[25,26]，バッテリーレスセンサーへの無線給電[27,28]等，様々な実証実験を行ってきた（図7）。走行中の電気自動車への無線給電を行うことにも成功している。一部の実験を除き，コストと効率の視点から実験は2.45GHzのマイクロ波が用いられている。マイクロ波送電システムもコストと効率，出力を考慮してマグネトロンがよく用いられている。

モバイル機器の普及と平行し，ICやLEDといったデジタルデバイスの発展によりmW以下，μW以下の電力でも駆動できるIC，LED等も近年実用化され始めた。無線電力伝送を応用した商用システムとしてRF-IDもしくはICタグと呼ばれるバーコードに代わるタグシステムがあげられる。これはタグが持っているICの情報を電磁波でやり取りを行うものであるが，このICの電源も通信のキャリアから得ようというものである。RF-IDは元々はピッツバーグ動物園のペンギン舎の温湿度センサへの無線充電の実験から始まった。現在世界で研究が進んでいるのは915MHz帯である。開発当初は2.45GHz帯を用いたシステムも日立のμ-チップと呼ばれるRF-ID等で研究されていたが，現在は900MHz帯がほぼデファクトスタンダードとなり，全世界で900MHz帯での研究が行われている。日立のμ-チップも「μ-チップHibiki」という名前に変わり，900MHz帯対応のシステムへと変わった。ICの動作電力は100μW以下であるため，密度の薄いマイクロ波を通信的に広い範囲に放射する利用法となる。ICカードに採用されているFelicaも開発当初は電磁波方式で距離があっても読み取れるように研究がされていたのだが，読み取り誤差の問題で途中から電磁誘導方式に変わっている。

デジタルデバイスはmW以下，μW以下の電力でも駆動できる。mW，μWという非常に省電力であれば，私たちの身の回りに存在するがこれまで弱すぎて利用できなかったエネルギーである電磁波（放送・通信等）エネルギー，振動エネルギー，熱エネルギー等からエネルギー変換＝発電しようというEnergy Harvestingが2000年代に入り注目され始めた[29]。ヨーロッパを中心に「発電する半導体」であるPowerMEMSという振動発電素子の研究開発等が進んでいる。独EnOcean社は，エネルギーハーベスティングと情報技術を組み合わせたコードレススイッチと

第 2 章 応用技術—電磁波利用—

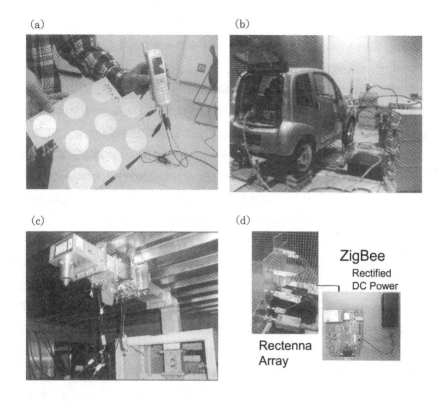

図 7 京都大学が中心となり行われたマイクロ波無線電力伝送アプリケーション実験
(a) 携帯電話マイクロ波無線充電
(b) 電気自動車マイクロ波無線給電（地面→車体下面）
(c) コードレス建物（床下構造利用のマイクロ波配電）
(d) ZigBee センサーへのマイクロ波給電

それを用いたコードレスビルディングをすでに商売としている。日本でも日本機械学会マイクロナノ工学専門会議マイクロエネルギー研究会[30]とエネルギーハーベスティングコンソーシアム（事務局 NTT データ経営研究所）[31]が学と産の立場からそれぞれ積極的に活動を行っている。

　Energy Harvesting の一種ではあるが，完全に自然エネルギーではないところに特徴があるのが電磁波である。もともと自然界に存在する電磁波は検出するのが困難なほど微弱であるが，20 世紀以降の人間活動に欠かせないものとなった電磁波は，現在ではかなりの量を人間が作り出し，利用している。携帯電話や TV・ラジオの電波は非常に微弱で変調もかかっており，まだ微弱分散エネルギーとして取り出すには研究が必要であるが，専用に発振源を持ち，エネルギーを無線で伝送するシステムとして設計すれば無線電力伝送であるため，電磁波の Energy Harvesting と無線電力伝送は基礎とする技術は共通している。米 Intel は 2009 年の RWS にてデジタルテレビ放送の電磁波から八木宇田アンテナを用いて約 $60\mu W$ を得ることに成功したと発表した[32]。米 PowerCast 社は創立初期はコードレス LED を用いたクリスマスツリー等を商品化

していたが，近年は電磁波の Energy Harvesting にシフトしている[33]。日本の電業工作社は2011 年に Energy Harvesting にも無線送電にも用いることができる 2.45GHz, 90%のレクテナ（受電整流アンテナ）を開発，市販を始めた[34]。

これらの電磁波，特にマイクロ波を用いた無線電力伝送と平行し，電磁誘導を用いた非接触充電も近年実用化され始めた。先述の IC カードに採用されている Felica が実用化されたのが 1995年。Felica は 13.56MHz でコイルに電流を流し，発生する磁場で非接触の IC に電源供給を行うシステムである。同時期にコードレス電話やシェーバー，歯ブラシ等に電磁誘導型の非接触給電システムも普及が始まる。電磁誘導を用いた電気自動車への非接触充電が本格化するのもこの頃である。2005 年には NTT DoCoMo が電磁誘導を用いた最初の携帯電話の非接触充電器の試作機を発表した。しかし，電磁誘導方式は原理上送電距離がほとんど取れないこと，位置ずれによる効率低下も顕著であり，安全性の問題もあって，限定的な普及に留まっていた。

そして 2006 年に無線電力伝送では画期的な実験が行われた。米 MIT により提唱された共鳴（共振）送電の提唱と実験である[35]。共鳴（共振）送電は，共振器同士のカップリング現象を用いた無線送電で，コイルとキャパシタで構成された共振器を用いたものは原理上電磁誘導と同じ動作をする。違いは距離が離れることによる電磁誘導の結合係数の減少（＝効率の低下）を，LC 共振の Q ファクターで補い，送電距離が離れても高効率の無線送電が出来る点である。電磁誘導の弱点をカバーし，マイクロ波の拡散という弱点もないこの共鳴（共振）送電は瞬く間に世界中の注目を集めた。MIT から生まれたベンチャー企業の WiTricity が様々な特許を所有・出願しており，共鳴（共振）送電の中心は WiTricity であるが，世界中で，また日本でも多くの研究が生まれている。2011 年にはトヨタが WiTricity の増資を引き受け，提携するとの発表があり，同時に IHI は WiTricity からライセンス供与を受け，電気自動車無線充電の開発を始めるとの報道があった。国内ではブロードバンドワイヤレスフォーラムに多くの企業が参加し，共鳴（共振）送電を中心に様々な無線送電方式の議論が行われている[36]。

共鳴（共振）送電と競うようにそして電磁誘導方式も規格化・商品化を加速した。電磁誘導方式の国際規格として Wireless Power Consortium (WPC) が 2010 年に定めた 5W 級の Qi 規格を[37]用いた携帯電話の非接触充電器が 2011 年に日米で商品化され始めた。また，Consumer Electronic Association (CEA) においても R6.3 Wireless Power が設置されており，5 つのワーキンググループでの議論が行われている[38]。標準化・商用化・製品化という観点では現在電磁誘導方式が先頭を走っている。

1.4 まとめ

マイクロ波送電の研究の歴史もあり，国際学会では IEEE MTTS が無線送電研究の中心となって活動を行っている。2011 年 5 月には世界初となる無線送電の国際学会 IEEE IMS Workshop Series on Innovative Wireless Power Transmission: Technologies, Systems, and Applications (IMWS-IWPT2011) が京都で行われ，参加 176 名と大変盛況であった[39]。続く 2011 年 6 月に

第 2 章　応用技術―電磁波利用―

ボルチモアで行われた IMS では新しい Technical Committee として MTT-26 "Wireless Energy Transfer and Conversion" が設立承認され，JAXA 川崎教授を委員長として活動を開始した。IMWS-IWPT2012 も MTT-26 の協力の下再び京都で実施予定であり，本稿で述べている様々な無線送電とエネルギーハーベスティングの最新研究が発表される予定である。国内では電子情報通信学会が中心となり，無線電力伝送研究会を実施している。

　世界は今新しいイノベーション技術である無線送電に注目している。これまで，マイクロ波送電を中心にこれまで日本が世界の研究を推進してきており，共鳴（共振）送電も研究が最も盛んなのは日本といってよい。今後は Qi 規格に代表されるような無線送電の規格化と商品化の流れをできれば日本が中心となって進めることを期待したい。

文　　献

1) Tesla, N., "The transmission of electric energy without wires, The thirteenth Anniversary Number of the Electrical World and Engineer", March 5, 1904
2) Tesla, N., "Experiments with Alternate Current of High Potential and High Frequency", McGraw Pub. Co., N.Y. (1904)
3) Hull, A. W., "Effect of uniformmagnetic field on themotion of electrons between co-axial cylinder", *Phys. Rev.,* **18**, 31-57 (1921)
4) Okabe, K, "Generation of Ultra short wavelength electromagnetic waves bymagnetic with divided anodes", *J. Institute of Electrical Engineering of Japan,* **49**, 284-290, (1928)
5) Varian, R. H. and S. F. Varian, "A high-frequency oscillator and amplifier", *J. Appl. Phys.,* **10** (321) (1939)
6) Brown, W.C.; "The history of power transmission by radio waves", IEEE Trans. Microwave Theory and Techniques, MTT-32, No.9, pp.1230-1242 (1984)
7) Dickinson, R. M., "Performance of a high-power, 2.388-GHz receiving array in wireless power transmission over 1.54 km", *1976 MTT-S Int. Microwave Symp. Digest,* pp.139-141, 197
8) Glaser, P. E.; "Power from the Sun ; Its Future", Science, No.162, pp.857-886 (1968)
9) Matsumoto, H. and T. Kimura, "Nonlinear excitation of electron cyclotron waves by amonochromatic strongmicrowave: computer simulation analysis of the MINIX results", Space Solar Power Review, Vol.6, pp.187-191 (1986)
10) Kaya, N., H. Matsumoto. S. Miyatake, I. Kimura, M. Nagatomo and T. Obayashi, "Nonlinear Interaction of strongmicrowave beam with the ionosphere: MINIX rocket experiment", Space Solar Power Review, Vol.6, pp.181-186 (1986)
11) Matsumoto, H., "Research on Solar Power Station and Microwave Power Transmission

in Japan : Review and Perspectives", IEEE Microwave Magazine, pp.36–45, December 2002

12) Kaya, N., H. Matsumoto, and R. Akiba, "Rocket Experiment METS Microwave Energy Transmission in Space", Space Power, Vol.11, No.1&2, pp.267–274 (1993)
13) 松本紘,平田尚志,橋野嘉孝,篠原真毅,"電離層における大振幅電磁波と静電プラズマ波の相互作用の理論解析",信学論誌 B-II, Vol. 78-B-II, No.3, pp.130–138(1995)
14) 松本紘,橋野嘉孝,矢代裕之,篠原真毅,大村善治,"大振幅マイクロ波と宇宙プラズマとの非線形相互作用の計算機実験",信学論誌 B-II, Vol. 78-B-II, No.3, pp.119–129 (1995)
15) Nakasuka, S., T. Funane, Y. Nakamura, Y. Nojiri, H. Sahara. F. Sasaki, and N. Kaya, "Sounding Rocket Flight Experiment for Demonstrating " FUROSHIKI SATELLITE " for Large Phased Array Antenna", Proc. of IAC2005, IAC-05-C3.3.01.pdf
16) Kaya, N., M. Iwashita, K. Tanaka1, S. Nakatsuka, and L. Summerer, "Rocket Experiment on Microwave Power Transmission with Furoshiki Deployment", Proc. of IAC2006, IAC-06-C3.3.03.pdf
17) Schlesak, J. J., A. Alden and T. Ohno, "A Microwave Powered High Altitude Platform", IEEE MTT-S Digest, pp.283–286, 1988
18) East, T. W. R., "A Self-Steering Array for the SHARP Microwave-Powered Aircraft", IEEE-Trans. AP 40, No.12, 1992
19) 松本紘,賀谷信幸,藤田正晴,藤野義之,藤原暉雄,佐藤辰男,"MILAX の成果と模型飛行機",第 12 回宇宙エネルギーシンポジウム講演集, pp.47–52 (1992)
20) 下倉尚義,賀谷信幸,篠原真毅,松本紘,"定点間マイクロ波送電実験",電気学会部門誌(電力・エネルギー B 分冊), Vol.116-B, No.6, pp.648–653 (1996)
21) 篠原真毅,松本紘,三谷友彦,"無線電力供給システム",特許 3777577 号,2006.3.10
22) Shinohara, N., T. Mitani, and H. Matsumoto, "Study on Ubiquitous Power Source with Microwave Power Transmission", Proc. of International Union of Radio Science (URSI) General Assembly 2005, CD-ROM C07.5 (01145).pdf, 2005
23) 篠原真毅,松本紘,"マイクロ波を用いた電気自動車無線充電に関する研究",電子情報通信学会論文誌 C, Vol. J87-C, No.5, pp.433–443 (2004)
24) Shinohara, N., "Wireless Charging System of Electric Vehicle with GaN Schottky Di odes", Proc. of IMS2011 Workshop WFA, CD-ROM (2011)
25) 篠原真毅,三谷友彦,松本紘,安達達彦,丹羽直幹,高木賢二,浜本研一,"建物内無線電力伝送システム",特許 4278061 号,2009.3.19
26) Shinohara, N., Y. Miyata, T. Mitani, N. Niwa, K. Takagi, K. Hamamoto, S. Ujigawa, J.-P. Ao, Y. Ohno, "New Application of Microwave Power Transmission for Wireless Power Distribution System in Buildings", Proc. of 2008 Asia- Pacific Microwave Conference (APMC), CD-ROM H2-08.pdf (2008)
27) Shinohara, N., "Development of Rectenna with Wireless Communication System", Proc. of 5th European Conference on Antenna and Propagation (EuCAP2011), CD-ROM 1569379251.pdf (pp.4139–4142) (2011)
28) Shinohara, N., K. Nishikawa, T. Seki, and K. Hiraga, "Development of 24 GHz

Rectennas for Fixed Wireless Access", Proc. of International Union of Radio Science (URSI) General Assembly 2011, CD-ROM C6-3.pdf (2011)
29) 桑野博喜監修,"エネルギーハーベスティング技術の最新動向",シーエムシー出版 (2010)
30) http://www.jsme.or.jp/mnm/index.html
31) http://www.keieiken.co.jp/services/socio_eco/ehc/index.html
32) Sample, A. P. and J.R. Smith, "Experimental Results with two Wireless Power Transfer Systems", *Proc. of RWS2009,* MO2A-5, pp.16-18 (2009)
33) http://www.powercastco.com/
34) http://www.den-gyo.com/special01/01.html
35) Karalis, A., J.D. Joannopoulos, and Marin Soljačić, "Efficient wireless non-radiativemid-range energy transfer", *Annals of Physics,* vol. 323, no. 1, pp.34-48, 2008
36) Shoki, H., "Issues and Initiatives for Practical Use of Wireless Power Transmission Technologies in Japan", Proc. of IMWS-IWPT2011, pp.87-90 (2011)
37) http://www.wirelesspowerconsortium.com/jp
38) http://www.ce.org/Standards/2011-01-31CEAStandardsMonthlyUpdate.htm
39) http://www.ieee-jp.org/section/kansai/chapter/mtts/iwpt2011/

2 センサーネットワークへの給電

阪口　啓*

2.1 はじめに

　ここではワイヤレス給電技術を応用したセンサーネットワークを紹介する。センサーネットワークとは，フィールドにばら蒔かれたセンサーの観測値を通信ネットワークを介して収集するシステムのことであり，プラントや工場の自動化や，自動車やロボットの制御，都市やビルのエネルギー管理，天候や自然災害の観測などへの応用が期待されており一部実用化されている。

　IEEE802.15.4やその後継であるIEEE802.15.4gは，センサーネットワークへの応用を念頭において標準化された無線通信の物理層規格であり，マルチホップ通信を用いてローカルなネットワークをアドホックに構築できる特徴を持っている。センサーネットワークを構築するにあたって重要な項目としては以下の二つがある。一つ目はセンサー数に対するスケーラビリティであり，二つ目はセンサーのライフタイムである。センサーネットワークではセンサー数が数千を超えることがしばしばある。この様な大規模センサーネットワークをツリー型のマルチホップ通信で構築すると，集約局付近の通信リンクがボトルネックとなり，センサー数を制限するか，センサーの観測頻度を制限せざるを得ない。つまり単純な（ホモジニアスな）マルチホップ通信ではセンサーネットワークのスケーラビリティを保つことができない。また現状のセンサーノードは電池駆動を前提に設計されているものが多い。マルチホップ通信によるノード当りの送信電力の低減やスリープ機能の高度化により低消費電力化が図られているが，電池のライフタイムは有限でありいずれ電池交換が必要となる。特に大規模なセンサーネットワークやビルトイン型のセンサーネットワークでは，この電池交換に掛るメンテナンス費用が問題となりアンビエントなセンサーネットワークを構築することができない。これらの問題を解決するために，ここではセンサーネットワークにワイヤレス給電技術を応用する。

　一方，UHF帯のRFIDは，フィールドにばら蒔かれた電池を持たないパッシブなタグのメモリの内容を遠隔（数m程度）より読書きするシステムであり，物流や在庫管理に応用されている。ISO/IEC18000-6 Type CはUHF帯（860～960MHz）のRFIDの標準規格であり，高出力な電磁波（最大30dBm）を用いてタグを駆動しミラーサブキャリア（MS）方式によりタグとリーダ／ライタ間で無線通信を行う。UHF帯のRFIDは，一対多のワイヤレス給電技術であり，これをセンサーネットワークに応用したシステムをアクティブタグと呼ぶこともある。しかしながらRFIDの給電距離は数m程度でありセンサーネットワークで想定しているカバレッジにはほど遠い。一方で，現状のリーダ／ライタを複数設置した場合は，リーダ／ライタ間の干渉が発生し通信品質が劣化する問題がある。これらの問題を解決するために，ここではRFIDのシステムを拡張した面的なワイヤレス給電技術を紹介する。

---

*　Kei Sakaguchi　東京工業大学　大学院理工学研究科　電気電子工学専攻　准教授

第2章 応用技術―電磁波利用―

2.2 ワイヤレスグリッド

ここでは屋内センサーネットワークを想定し，ワイヤレス給電によるセンサーへのエネルギー補給の方法を紹介する．屋外センサーネットワークの場合は，通常通信距離が長くまたシステムの規模も大きくなるためワイヤレス給電よりも太陽光発電などを用いる方が現実的である．想定する屋内センサーネットワークのイメージを図1に示す．ここでは温度，湿度，照度，人感，圧力，加速度などの任意のセンサーが屋内フィールドにばら蒔かれており，そのセンサーへのワイヤレスによる給電とデータ通信を行う仕組みとしてワイヤレスグリッド[1]が導入されている．ワイヤレスグリッドは，バックホールネットワークを介して相互に接続された電波照明と考えるとイメージを理解し易い．ワイヤレスグリッドでは，照明と同様に，もしくは照明と一体型で無線ノードを天井にグリッド状に配置し，そのグリッドノードが面的なワイヤレス給電を行い，またデータ通信ためのルーターの役割を果たしている．センサーはアクティブタグと同様に自己の電池（スーパーキャパシタ）をワイヤレス給電により充電し，イベント時には自律的にデータをネットワークに送信する．ワイヤレスグリッドは，電池交換を必要としない面的なセンサーネットワークを実現するための手段であり，階層型の（ヘテロジニアスな）伝送システムを導入することによって初めて実現される．

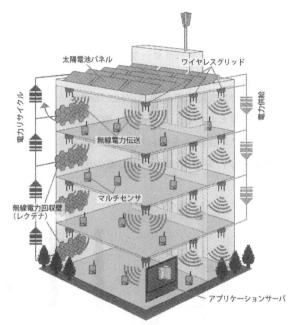

図1 ワイヤレスグリッドを用いた屋内センサーネットワーク

2.3 950MHz帯周波数スペクトル

ワイヤレスグリッドでは，面的なワイヤレス給電とデータ伝送を同時に行うため，950MHz帯の利用が国内では便利である（ただし周波数再編により920MHz帯への移行が予定されていることに注意されたい）．950MHz帯の周波数スペクトルマスクを図2に示す．この950MHz帯は，パッシブRFIDのための周波数と，センサーネットワーク（アクティブ系小電力無線システム）のための周波数が混在するスペクトルであり，ワイヤレス給電で駆動するセンサーネットワークを単一周波数帯で構築するために便利である．この帯域には，950MHzから958MHzの間に200kHz単位のチャネルが合計33個用意されており，その中にはキャリアセンスを必要としない送信電力が高出力（30dBm）なワイヤレス給電のためのチャネルが4つ含まれている．

一方，200kHz単位の33個のチャネルは低出力（10dBm）に限られるがアクティブシステムすなわちセンサーネットワークのデータ通信に用いることができる。そこでワイヤレスグリッドでは，4つのチャネルをワイヤレス給電専用に用い，残りの29個のチャネルを用いてデータ通信を行うことを想定する。この様にエネルギー伝送とデータ通信の住み分けを行うことで，グリッド間（リーダ／ライタ間）の干渉問題をシステム的に解決する。またここでは，エネルギー伝送とデータ伝送を同一の帯域内で実現することのみ紹介したが，広帯域またはマルチバンドのレクテナが手に入るのであればエネルギーハーベスティングとの組み合わせも可能である。

2.4 センサーノードのハードウェア構成

面的なワイヤレス給電の方法を説明する前に給電されるセンサーノードの構成を明確にしておこう。図3に想定されるセンサーノードのハードウェア構成を示す。センサーノードは，センサーと，電源回路，制御IC，無線回路，レクテナ回路から構成される。グリッドノードから送信されたワイヤレス給電用の搬送波は，レクテナ回路で整流され電源回路内の電池（スーパーキャパシタ）に蓄えられる。センサー，制御IC，および無線回路はこの電源を利用して駆動される。この中でAD変換器を含む制御ICが最も電力を消費することが多く，その消費電力を$100\mu W$と想定する。またレクテナは小電力用ダイオードを用いた整流器によって構成されるとし，

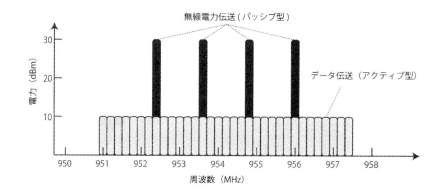

図2　950MHz帯周波数スペクトルマスク

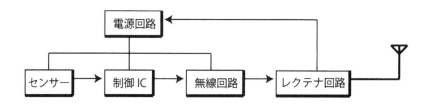

図3　センサーノードのハードウェア構成

第2章　応用技術—電磁波利用—

RFDCの変換効率は一般には入力電力に依存するが，ここでは簡単のために $100\mu W$ 以上の入力電力で一律70%と仮定した。

2.5　面的なワイヤレス給電の設計項目

　これから950MHz帯を用いてワイヤレスグリッドを用いたセンサーノードへのワイヤレス給電の方式を設計する。はじめに一対多の（シングルポイントの）ワイヤレス給電の回線設計を行い，そのカバレッジを計算する。次にグリッド状の多対多の（マルチポイントの）ワイヤレス給電に発展させるが，マルチポイントワイヤレス給電特有の定在波問題を解決するために，搬送波シフトダイバーシチを導入する。これらの定在波対策技術を考慮することで，面的なワイヤレス給電に必要なグリッドノードの密度を設計することが可能となる。センサーネットワーク全体を構築する場合は，グリッドノード間のバックホールネットワークの設計や，センサーとグリッドノード間のアクセス回線の設計も必要であるが，本書では以後ワイヤレス給電のみに注力して説明を行う。センサーネットワーク全体の設計やその特性解析は文献2を参照されたい。

2.6　ワイヤレス給電の回線設計

　グリッドノードとセンサーノード間の回線は，ワイヤレス給電を行うダウンリンクとセンサーの観測データを送信するアップリンクから構成される。図4は，シングルポイント型システムの回線設計のための電力ダイアグラムを示している。グリッドノードからワイヤレス給電のための電力30dBmが送信され，送信アンテナの指向性利得，空間損失，シャドウイング損失，フェージング損失を受けたのちセンサーノードに到達する。センサーでは，受信アンテナ利得，RF-DC変換損失を受けた残りの電力が電池（スーパーキャパシタ）に蓄えられる。蓄えられた電力は，センサーICの駆動 $100\mu W$ およびアップリンクのデータ送信に用いられる。ここでセンシングのデューティ比は1%程度であると想定し，残りの99%の期間は電力が蓄えられるとしてフェージング損失を換算していることに注意されたい。一方，アップリンクでは受信電力からセンサーICの消費電力を差し引いた残りの電力がデータ送信に用いられ，ダウンリンクと同様の空間損失，シャドウイング損失，およびグリッドノードでのダイバーシチ受信を考慮したフェージング損失を受けたのち，グリッドノードに受信される。グリッドノードの受信感度を−90dBmとすると，アップリンクには25dB以上の電力マージンがあり，グリッドノードとセンサーノード間のカバレッジは，ダウンリンクの給電系に依存していることが分かる。このときセンサーIC100 μWの駆動に許容される空間損失は38.5dBとなり，そのカバレッジは2m程度となる。

2.7　ワイヤレス給電のカバレッジ拡大技術

　上記回線設計から分かる様にシングルポイント型ワイヤレス給電のカバレッジは2m程度と非常に小さい。ここではワイヤレス給電のカバレッジ拡大技術として，搬送波シフトダイバーシチ，マルチポイント型給電，低消費電力アンテナ指向性制御を紹介する。図5は屋内ワイヤレス給電

のイメージを示している．シングルポイント型給電ではカバレッジが小さくデッドスポットが発生し，また壁面での電磁波の反射による定在波の問題もある．一方，カバレッジを拡大するための最も簡易な方法は複数のグリッドノードを用いたマルチポイント型給電である．しかしマルチポイント型給電では，カバレッジの重なりが発生する領域において定在波問題が顕著に発生する．

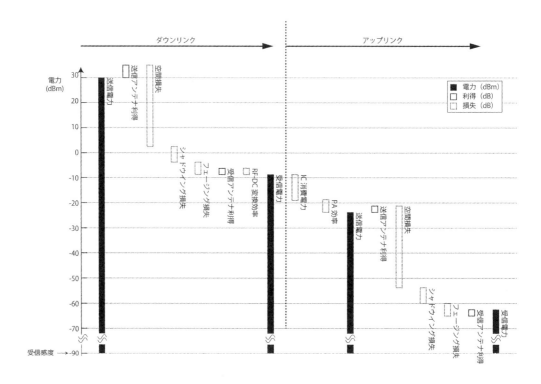

図4　シングルポイント型ワイヤレス給電の回線設計

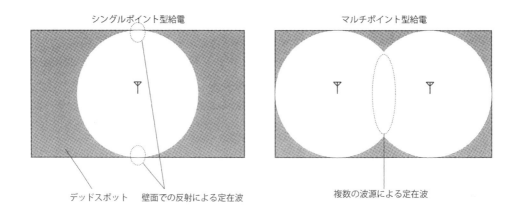

図5　屋内ワイヤレス給電の概念

第2章 応用技術―電磁波利用―

この問題を解決するのが搬送波シフトダイバーシチである。

搬送波シフトダイバーシチでは，図6に示す様にワイヤレス給電に用いる搬送波を複数用意し，それぞれ異なるポイント（グリッドノード）または各ポイントの異なるアンテナから送信する。これは搬送波に周波数広がりを持たせることでワイヤレス給電の時間ダイバーシチを実現していることと同様であり，給電用搬送波の定在波にゆらぎを与えることでデッドスポットを無くす効果がある。センサーIC駆動の頻度よりも搬送波シフトの間隔を大きくすることで，定在波変動の累積（平均）電力を電池に蓄えることができる。

図7は搬送波シフトダイバーシチを用いたマルチポイント型ワイヤレス給電のイメージ図を示している。送電ポイント数を増加させたことによる定在波問題を搬送波シフトダイバーシチにより解決しカバレッジを拡大することが可能となる。

屋内センサーネットワークでは，センサーのモビリティは非常に低いためセンサーノードへのアンテナ指向性の導入は効果的である。特に壁付近に設置されるセンサーノードにアンテナ指向性を導入することでカバレッジの拡大が可能となる。しかし，センサーノードの設置方法は環境に依存するため，センサー設置後の指向性制御が必要である。ここでは，センサーノードの初期電力のみを用いた低消費電力なアンテナ指向性制御（図8）を紹介する[3]。図は1つの給電素子の周りに4つの寄生素子を配置した可変指向性アンテナであり，寄生素子はバラクタダイオードを介してグランドに終端されて

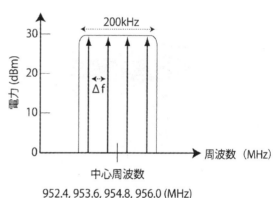

図6 ワイヤレス給電用搬送波シフトダイバーシチ

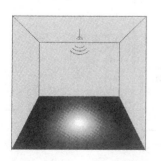
シングルポイント型給電

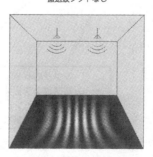
マルチポイント型給電
搬送波シフトなし

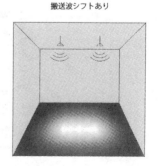
搬送波シフトあり

図7 マルチポイント型ワイヤレス給電

いる。このバラクタの印可電圧の状態を変化させることで，給電アンテナと寄生アンテナの結合の状態を変化させ指向性を可変にする。印可電圧を変化させてもバラクタダイオードにはほとんど電流が流れないため低消費電力にアンテナ指向性制御が可能となる。また図の構成はアンテナの直径が 0.3 波長と小型でもある。

2.8 ワイヤレス給電の特性評価

面的なワイヤレス給電の特性解析例として，レイトレースシミュレーションを用いた解析と，RFID システムを用いた実験を紹介する。図 9，10 はレイトレースシミュレーションを用いた解析結果を示している。まず図 9 は，正方形の部屋に 2 つのワイヤレス給電用ポイントを設置し，部屋の中でセンサー IC が駆動可能な場所率（カバレッジ）を解析したものである。カバレッジ

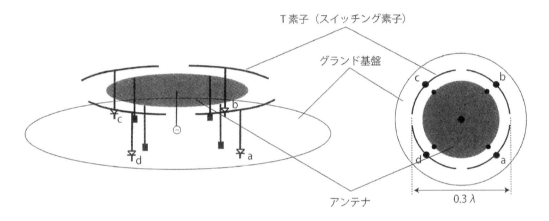

図 8　低消費電力アンテナ指向性制御

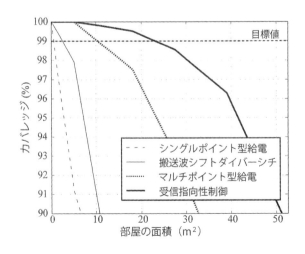

図 9　マルチポイント型ワイヤレス給電のカバレッジ

第 2 章　応用技術—電磁波利用—

99%を目標値とすると，シングルポイント型給電は非常に小さい面積しか給電できないものの，搬送波シフトダイバーシチ，マルチポイント型給電，さらにはセンサーノードにアンテナ指向性を導入する毎にカバレッジを大幅に拡大できることが確認できる。この解析は 2 つのグリッドノードで最大 22 平方メートルのワイヤレス給電を実現できることを示している。

つぎに同様に部屋の大きさを可変とし，その 99%のカバレッジを達成するのに必要となるポイント数を評価した結果を図 10 に示す。図より部屋の面積が小さいときは壁の影響が大きいため必要ポイント数の増加も大きいが，部屋が大きくなるにつれ必要ポイント数の増加はゆるやかとなることが分かる。図より 100 平方メートルをワイヤレス給電でカバーするためには 11 個程度のポイント数が必要となり，ほぼ照明と同程度の密度が必要であることが分かる。

さらに 950MHz 帯の高出力型 RFID システムを用いてマルチポイント型ワイヤレス給電の実

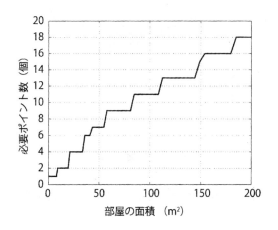

図 10　面的カバレッジを実現するための所要グリッド数

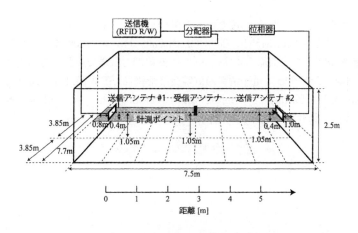

図 11　マルチポイント型ワイヤレス給電の実験環境

験を行った.図11は実験環境を示しており,ここではRFIDリーダ/ライタの出力を二分配したのち位相器を用いて搬送波シフトダイバーシチを実現している.RFIDリーダ/ライタ用のアンテナを2個用いて部屋の両端からワイヤレス給電を行い,RFIDのタグを駆動する.図12はタグが受信した電力の実測値を示しており,−10dBm以上が給電可能範囲であると想定すると,シングルポイント型給電のカバレッジはマルチポイント型給電により拡大できるが,副次的に発生する定在波問題は搬送波シフトダイバーシチを導入することで解決できることが確認できる.

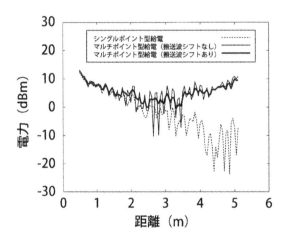

図12 マルチポイント型ワイヤレス給電の実験結果

文　　献

1) 阪口,ラギル,水谷,タン,"電力伝送と融合したワイヤレスグリッド,"電子情報通信学技術報告,RCS2009-316, MoMuC2009-89, SR2009-113, AN2009-82, 2010年3月.
2) 阪口,ラギル,タン,前原,荒木,古川,"無線電力伝送で駆動する屋内センサーネットワークの回線設計と評価,"電子情報通信学会技術報告,SRW2011-15, 2011年10月.
3) H. Nakano, H. Honma, H. Umetsu, and J. Yamaguchi, "A small steerable-beam antenna," in Proc. IEICE ISAP2006, Nov. 2006.

3 電磁波エネルギーハーベスティング

古川　実[*]

3.1 エネルギーハーベスティングの概要

エネルギーハーベスティングとは，これまで未利用であった周りの環境に存在する電波，光，熱や振動などのエネルギーを拾い集めて（収穫して）発電する技術である。収穫した電力は，充電や電池の取替えが不要な電池レスデバイスの電源としての利用が考えられている[1]。収穫対象の各エネルギーの特性を表1に示す。

光は，日中の屋外では比較的大きな電力を発電できるが，夜間は発電できない。また，電力密度の高い熱エネルギーは変換効率が低く，振動エネルギーは電気エネルギーへの変換に駆動機構が必要となり，構造が複雑になるといった課題がある。一方，無線LANや放送の電波といった電磁波エネルギーを利用した発電は，電気部品であるアンテナやダイオードを利用するため，駆動機構が不要で電子機器との融和性が高く，一日を通して発電が可能といった特長がある。

3.2 受電可能な電磁波エネルギー量

3.2.1 空間中の電磁波エネルギー

周囲空間に存在する電磁波の電力密度の計算例を送電源からの距離と共に図1に示す。UHF帯の地上デジタル放送波は，東京タワーを例にとると，1km圏内であれば$1\mu W/cm^2$程度の電力密度になると考えられる。また，家庭やオフィスで見られる無線LANの送信波の場合は，1m離れた地点においても放送波より一桁低い電力密度となる。携帯電話の場合は，電力密度は比較的低いが国内の隅々まで基地局が整備されており，最も広域に分布している送電源と言える。いずれの電磁波エネルギーを収穫する場合も受電電力は送信源からの距離に依存し，また，フェージング等の影響を受ける点は通信や放送と同様である。

表1　環境中のエネルギー

収穫対象	適用	変換効率	電力密度	利用時の課題
無線	GSM900MHz Wi-Fi	～50%	$0.01\mu W/cm^2$ $0.001\mu W/cm^2$	伝搬損失
光	屋外 屋内	10～20%	$100mW/cm^2$ $100\mu W/cm^2$	発電時間
熱	人体 産業装置	～0.1% ～3%	$60\mu W/cm^2$ $\sim 1\text{-}10mW/cm^2$	効率，熱対策
振動	～Hz-人体 ～kHz-機械	25～50%	$\sim 4\mu W/cm^2$ $\sim 800\mu W/cm^2$	駆動機構

---

[*]　Minoru Furukawa　日本電業工作㈱　事業開発部　第1R・Dグループ　グループ長

3.2.2 受電電力の予測

送電側の特性が既知であれば，受電点における受電電力 P_r は，式(1)で求められる。

$$P_r = P_t G_t G_r \left(\frac{\lambda_0}{4\pi R}\right)^2 \quad (1)$$

ただし，P_t：送信電力，G_t：送信アンテナの利得，G_r：受電アンテナの利得，λ_0：自由空間波長，R：送受電間距離

収穫電力は，これに整流回路や後段の回路の効率を乗じた値となる。

図2に 2.4GHz 帯無線 LAN について，式(1)の計算結果を示す。2.4GHz 帯の伝搬減衰は，送電距離 1m において 40dB と大きく，受電アンテナの利得を 7dBi と仮定した場合でも受電電力は送信距離 1m で約 10μW，3m では約 1μW となる。なお，実際の無線 LAN ルータの出力電力は，10mW/MHz で既定されているが，本計算では代表値として 10mW を用いている。

図3に UHF 帯地上デジタル放送波について，計算結果を示す。計算では，送電電力と送電アンテナ利得

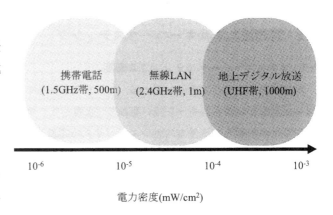

図1　電磁波エネルギーの電力密度

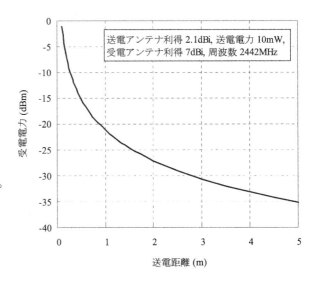

図2　送電距離と受電電力の関係（2.4GHz 帯無線 LAN）

の積である実効輻射電力を 360kW，受電アンテナの利得を 8dBi，周波数は東京タワーから放射されている周波数の帯域内中心周波数である 539MHz を代表値として用いた。計算結果より，送信アンテナから 1km の地点においても 8dBi 程度の利得の受電アンテナを用いれば，数 mW を受電できることがわかる。また，UHF 帯を利用していることから，伝搬距離あたりの減衰は GHz 帯と比較して小さく，送受電間距離が 6km においても 100μW 程度の電力を得られると予測される。ただし，放送波は 1 チャンネル当りの占有帯域幅が 5.6MHz であり，複数波の受電には広帯域なアンテナが必要となる。さらに，アンテナの利得は角度特性を持つため，受電電力の検討には送電アンテナと受電アンテナとの相対角度に留意しなければならない。

第2章 応用技術―電磁波利用―

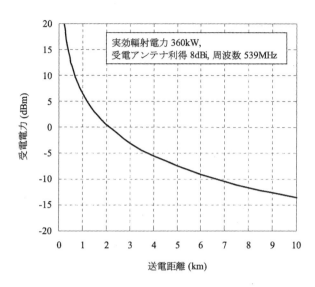

図3 送電距離と受電電力の関係（UHF帯地上デジタル放送）

3.3 電磁波エネルギーハーベスティングの原理

3.3.1 ハーベスティングデバイス

電磁波エネルギーを直流電力へ変換するデバイスは，受電アンテナと整流器が一体となったレクテナ[2]が用いられる。電磁波エネルギーハーベストと，収穫電力によるセンサ情報の送信を目的とした場合のレクテナの構成を図4に示す。

受電アンテナにより電磁波を受電し，整流回路で直流へ変換する。周囲空間中の電磁波エネルギーは，無線ICやマイコンを直接に駆動するには電力が小さいため，整流後に一旦，蓄電回路に蓄える。その後，昇圧回路でデバイス駆動に必要な電圧へ昇圧し，負荷の各デバイスへ供給する。

3.3.2 高出力化手法

図5に整流回路で用いる整流用ダイオードの順方向電圧－抵抗曲線を示す。高出力化にはレクテナ部の高効率化は必須であるが，受電できる電力はμWレベルとなることから，ダイオードは1kΩ以上の高抵抗領域での動作となり，高効率化には工夫が必要となる。下記にこれまで報告されている微小電力の高効率化手法を挙げる。

1）受電帯域の広帯域化[3]

電波は，前項で採り上げたUHF帯や2GHz帯に留まらず，800MHz帯の携帯電話や5GHz帯の無線LANなど，幅広く利用されている。これらの電波を広帯域なアンテナと整流回路を用い

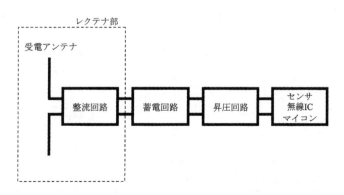

図4 電磁波エネルギーハーベスティング用レクテナの構成例

て収穫することにより，出力電力の増加を図る。

2）共振器の利用[4]

共振器を用いてダイオードへの印加電圧を高くすることにより，ダイオードが図5の低抵抗領域で動作する時間を長くすることで，整流回路の変換効率の高効率化を図る。

3）多段整流回路の利用[4]

コッククロフト・ウォルトン回路を用いてダイオード段間のキャパシタへ蓄電して昇圧，整流することにより，高電圧化を行う。段数を増加させることにより，変換効率は大きく変わらないが，出力電圧は高められる。

3.4 製品例

3.4.1 無線 LAN 波収穫用レクテナ（日本電業工作㈱）

無線 LAN 波収穫用レクテナの外観写真を写真1に示す。また，表2にその仕様を示す。受電アンテナには平面構造で高利得な特性を有するマイクロストリップアンテナを利用している。屋内で受電できる無線 LAN 波の電力は，図2より数十μW程度と予測さ

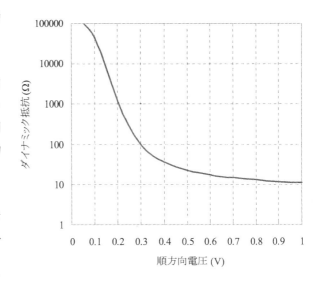

図5 ダイオード順方向の電圧－抵抗特性例

写真1 無線 LAN 波収穫用レクテナ

表2 無線 LAN 波収穫用レクテナの特性例

項目	仕様	備考
受電周波数	2440～2445MHz	
最大出力	1mW	電波強度による
アンテナ利得	7dBi	
アンテナ偏波	直線偏波	
整流回路変換効率	29%	入力電力 90μW
サイズ	100×100×12mm	

第2章 応用技術―電磁波利用―

表3 地上デジタル波収穫用レクテナの特性例

項目	仕様	備考
受電周波数	512〜566MHz	
最大出力	10mW	電波強度による
アンテナ利得	8dBi	
アンテナ偏波	直線偏波	
整流回路変換効率	44〜67%	入力電力 50〜1000μW
サイズ	400×400×30mm	

写真2 地上デジタル波収穫用レクテナ

れ，この受電電力付近に最適化した整流回路が組み込まれている。

3.4.2 地上デジタル放送波収穫用（日本電業工作㈱）

　地上デジタル放送波収穫用レクテナの外観写真を写真2に示す。また，表3にその仕様を示す。前項の無線LAN用と比較して大型化しているのは，周波数が低く，広帯域だからである。本製品の特徴としては，薄型であるが広帯域に渡って放送波を収穫できる点にある。実際に東京タワーから放射されている放送波を収穫した例を図6に示す。測定結果から，送信点から4kmの地点においても数十μWの電力が収穫できている。また，受電点が送電点から見通し環境にあるか否かの影響が大きいことが分かる。

3.5 まとめ

　周囲空間に存在する電磁波エネルギーを回収して発電できる電力はμWレベルであり，デバイスの消費電力に着目すると，センサ用途から実用化が進むと考えられる。電波は広域性に優れることから，微弱で不安定といった点を受電側で工夫して収穫できれば，散在するセンサの電源には適している。より効率的な発電には，微弱な高周波電力に対応したダイオードの開発や，微弱電圧を負荷デバイスの駆動電圧まで昇圧する回路の開発が期待される。

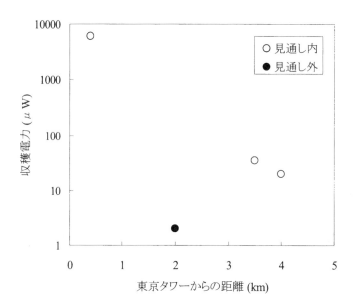

図6 地上デジタル波収穫用レクテナの特性例

文　　献

1) 川原圭博ほか,"センサネットワークのための環境電磁界からの電力再生に関する検討",信学総大,B-20-9(2008)
2) 伊藤精彦,"太陽発電衛星受電用地球局端末素子「レクテナ」に関する基礎的研究,"昭58年度科学研究費補助金(一般研究(B))研究成果報告書(1984)
3) J. A. Hagerty, "Recycling ambient microwave energy with broad-band rectenna arrays", IEEE Trans. Microwave Theory & Tech., vol. 40, no. 6, pp. 1259–1266 (1992)
4) 北吉　均ほか,"無電源10m超応答可能な無線タグ温度センサ",信学技報,AP2004-333,pp. 179–184 (2005)

4 電気自動車無線給電システム

安間健一[*]

4.1 開発背景，目的について

近年，省エネルギー・環境意識・化石燃料の枯渇認識の高まりとともに，電気自動車の普及が期待されている。電気自動車はガソリン車と比較して，エネルギー使用効率が高くCO_2排出量が少ない反面，充電1回あたりの走行可能距離が短い傾向があり，こまめな充電が必要とされている。電気自動車に手間いらずに"こまめな充電ができ，次に乗車する時にはいつも満充電状態という安心感を提供できるインフラ"（図1）が実現できれば，電気自動車の普及を大きく加速できる可能性がある。当社調査では，電気自動車購入希望者のうち，こまめな充電をいとわないユーザの割合は60%以下であり，手間いらずに"こまめな充電ができるインフラ"の実現は残りの40%以上のユーザへ，電気自動車を普及させる効果が期待される（図2）。

電気自動車向け無線充電システムの開発目的は，この"こまめな充電ができるインフラ"を実現することにある。電気自動車が駐車スペースに駐車する度に，自動的に電気自動車へ充電する装置の開発である。

4.2 無線充電システム原理

自動車が駐車する場合，駐車スペースにぴったり駐車することは一般的に難しく，左右方向に10～20cm程度，前後方向に3～5cm程度（輪留めのある場合）の位置ズレがある。充電プラグを充電器に接続する方法（"有線方式"）や，携帯電話等に所定のケースに置くだけでプラグ無しで充電する方法（"非接触方式"）で，自動的に電気自動車へ充電するためには，充電器や所定のケースに位置合わせを行う機構が必要となり，複雑な装置となる傾向がある。

電気自動車向け無線充電システムでは，この様な位置合わせを行う必要のない，マイクロ波を利用して充電する方法（"マイクロ波方式"）を採用する（表1）。

図1 電気自動車向け無線充電システム

---

[*] Kenichi Anma 三菱重工業㈱ 航空宇宙事業本部 宇宙事業部 宇宙システム技術部 電子装備設計課

ワイヤレス給電技術の最前線

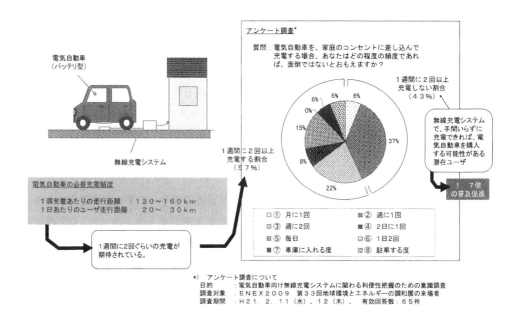

図2　電気自動車の普及促進効果

表1　充電方式の比較

		電磁誘導方式		磁気共鳴方式		マイクロ波方式（当社）
	原理	1次コイル 2次コイル 電磁誘導 高周波電源		1次コイル 共鳴周波数 2次コイル 高周波電源		送電アンテナ 受電アンテナ マイクロ波 整流回路 マイクロ波発振器
特長	送受電効率	○	・80〜90%	○	・80〜90%	△	・38%（H20年度実証） ・74%（H21年度部分実証）
	安全性	○	・大きな問題なし。	○	・大きな問題なし。	○	・電子レンジと同等の安全性を実証済み
	利便性	△	・非接触で送電ができる。 ・位置合わせが必要。 （左右10cm以下の駐車位置精度が必要）	○	・非接触で送電ができる。 ・位置合わせが不要。 （左右30cm程度の駐車位置ズレは問題なし）	○	・非接触で送電ができる。 ・位置合わせが不要。 （左右30cm程度の駐車位置ズレは問題なし）
	質量	△	・重い	○	・軽い	○	・軽い
	コスト	△	・高価	△	・高価	○	・安価

第 2 章　応用技術—電磁波利用—

この方法は，充電器側で電気を一旦マイクロ波に変換して車両側に放射し，放射されたマイクロ波を車両側で受取り再び電気に戻し充電する方法である。マイクロ波で電力の受け渡しを行うため，位置合わせが不要となる。この"マイクロ波方式"は，宇宙太陽発電システムの研究開発の一環としてこれまで研究開発が進んでおり，本技術をベースに電気自動車向け無線充電システムの製品化に必要な送受電効率の改善，送電器価格の低減，車両への影響遮断，安全性確保等の技術開発を行っている。

4.3　本システムの設備概要

電気自動車向け無線充電システムは，充電する側の装置として送電装置，充電される車両側の装置として受電装置から構成される（図3，表2）。また，送電装置は，電源系，送電系，給湯系，遮蔽系から構成され，受電装置は，受電系，放熱系から構成される（図4）。以下に，それぞれの概要を示す。

(a)　電源系

電源系では，一般電源から送電系（マグネトロン）の発振に必要な電源に変換し，送電系に供給する。送電系（マグネトロン）の発振電圧は 6.6kV 直流電源であり，一般商用電力網（高圧線）の供給電圧は 6.6kV 交流電源であることから，一般商用電力網から直接引き込み，AC-DC 変換を行っている。

家庭用電源（100V 交流電源）から引き込む場合と比較して，一般商用電力網から家庭用電源に降圧する際の変換損失，及び家庭用電源から送電系（マグネトロン）の発振に必要な電源に昇圧する際の変換損失がなく，効率の高い電源となっている。

(b)　送電系

送電系では，電源系から供給された 6.6kV 直流電源から，マグネトロンによりマイクロ波を発振する。マグネトロンは，電子レンジで広く一般に普及しているマイクロ波発振装置であり，信頼性が高く低コストである。

発振されたマイクロ波は，金属製の筒

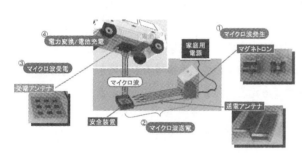

図3　システムの概要

表2　基本性能（開発目標）

項目		性能（開発時の目標値）	
		家庭用	業務用 （急速充電）
消費電力	kW	0.9	21
送電電力	kW	0.7	18
送電周波数	GHz	2.45	2.45
受電電力	kW	0.6	16
熱回収エネルギ	kW	---	3
送受電効率	%	73	77
総合効率	%	73	90

ワイヤレス給電技術の最前線

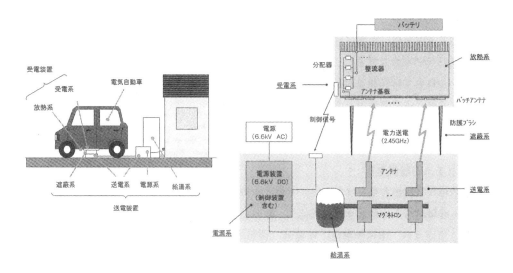

図4　システムの基本構成図

（送電アンテナ）を伝わって駐車スペース真下まで伝播され，真下から電気自動車の下面に取り付けられた受電系に向けて放射される。

ここで，マイクロ波の放射領域にゴミや昆虫等の異物が入った場合，マイクロ波で加熱される危険があるため，赤外線検知センサー等により異物がないことを確認する。万が一異物により温度上昇した場合には，赤外線温度センサーにより温度上昇を検知し，自動停止させている。

(c)　給湯系

送電系（マグネトロン）で電気をマイクロ波に変換する際に，変換できない電力が熱として発生する。

そこで給湯系では，マグネトロンを水冷ジャケットで覆い，マグネトロンの発熱で温められた水冷ジャケットの水をタンクに貯め，給湯利用することでエネルギーの使用効率を高めている。また，マグネトロンを水冷ジャケットで冷却していることで，マグネトロンの寿命を長くしている。

(d)　遮蔽系

送電系で発振したマイクロ波は，駐車スペース真下から電気自動車の下面に取り付けられた受電系に向けて放射されるが，このままではマイクロ波が幅広く放射され，車両の搭載電子機器や近くを通行した人への悪影響が懸念される。

そこで遮蔽系では，送電系と受電装系でマイクロ波が放射される空間を，電子レンジと同じように電波が外部に漏れないように，専用のロの字型の扉が送電系側から蓋を行うことで遮蔽する。これにより，車両の搭載電子機器や，近くを通行した人への悪影響を回避する。また，蓋が閉まらなかった場合や，隙間が開いた場合などは，電子レンジと同じように導通センサーで検知し，マイクロ波が発振されない様にしている。

（e） 受電系

受電系では，送電系から放射されたマイクロ波を受電アンテナで受電し，ショットキーバリアダイオードを用いてマイクロ波からDC電気に変換し，電気自動車のバッテリに充電している。電気自動車のバッテリ電圧に合わせるために，1つのアンテナから入射するマイクロ波を複数に分配し，分配されたマイクロ波を約20VのDC電流に変換し，これを直列配線して昇圧している。

（f） 放熱系

受電系でマイクロ波を電気に変換する際に，変換できない電力が熱として発生する。

そこで放熱系では，受電系で発生した熱がそのまま車両に伝導し，車両側温度を上昇させて悪影響が発生しない様に，ヒートシンクにより発熱を吸収する。またヒートシンクで吸収した熱は，さらに放熱フィンから放熱している。これらにより，車両側温度上昇をインタフェース条件以下に抑えている。

4.4 本システムの特長・利点

電気自動車向け無線充電システムは，主に以下に示す2つの特長を有する。

（a） シンプル

受電装置を送電装置に対して左右30cm，前後10cm広くしているため，駐車時の位置ズレが発生しても，マイクロ波の放射位置の位置合わせをすることなく無線で電力伝送が可能である。これにより，位置合わせを行う機構が不要となり，装置全体がシンプルな構成となっている。シンプルな構成であるため，信頼性，品質，及びコストの点で高い潜在的メリットがある。

（b） 低コスト

送電装置のマイクロ波発生器に，電子レンジで広く一般に普及しているマグネトロンを採用している。電子レンジが大量生産されていることで，本来ならば最もコストがかかるマイクロ波発生器が安価に調達できることから，コストの点で高い潜在的メリットがある。

以上の特長を持つ"電気自動車向け無線充電システム"は以下の大きな利点があり，電気自動車の利便性を高める製品として期待されている。また，いつでも充電できる"電気自動車向け無線充電システム"は，スマート充電を効果的に実現する製品としても期待されている。

◎ 駐車するだけで自動的に充電され手間がいらない
◎ 雨の日，雪の日は，特に便利である
◎ 買い物袋で手がふさがっている時は，特に便利である
◎ 乗るときはいつも満充電で安心感がある
◎ 充電をし忘れて自動車を使えない心配がない
◎ ケーブルがないのですっきりしている
◎ ケーブルを外し忘れて走ってしまう心配がない

4.5 現在の開発状況

電気自動車向け無線充電システムは，製品化に向けて必要な，基本技術及び実用化技術の研究を進めている。

(a) 基本技術の研究

基本技術の研究では，製品化に必要な①送受電効率の改善，②送電器価格の低減，③車両への影響遮断，④安全性確保を主な目標として，独立行政法人 新エネルギー・産業技術総合研究開発機構 委託研究「エネルギー使用合理化技術戦略的開発 エネルギー有効利用基盤技術先導研究開発 電気自動車向け無線充電システムの研究」として，H18～20年度に実施した。以下に，現状の開発状況の概要を示すが，送受電効率の改善を除いては，製品化していく上での課題に，概ね目処がつけられたものと考えられる。

(1) 送受電効率の改善

送受電効率の改善では，試作試験による実証で38%の送受電効率*を確認している。また，解析による評価で70%の送受電効率に改善可能なことを確認している。今後更なる改善を行っていく計画である。

*) 送電時に発生した廃熱を，給湯エネルギーとして回収した効果を含む。

(2) 送電器価格の低減

送電器価格の低減では，安価な発信器であるマグネトロンを採用することで，20万円～30万円のコスト見通しとなることを確認している。

(3) 車両への影響遮断

車両への影響遮断では，マイクロ波の放射空間を専用の扉で遮蔽することで，電子レンジと同レベルの漏れ電波（$1mW/cm^2$）以下となることを確認しており，車両への大きな影響はない見通しを得ている。

(4) 安全性確保

安全確保では，各種センサーにより，遮蔽のための扉が開いたり，隙間ができたりした場合には，無線充電を停止できていることを確認しており，安全性確保をできる見通しを得ている。

(5) 電気自動車への充電実験

個々の改善をもとに，プロトタイプモデルの製作を行い，H20年12月に電気自動車（三菱自動車，スバル製の電気自動車）への充電実験を実施し，約1kWの無線充電ができていることを確認している（図5）。

(b) 実用化技術の研究

実用化技術の研究では，基本

(三菱自動車工業)

(富士重工業)

図5 基本技術の研究 電気自動車への無線充電実験

第 2 章　応用技術―電磁波利用―

技術の研究で課題となった"送受電効率の改善"を，実用レベルまで高性能化するため，①送電用電源の効率改善，②受電用アンテナの入射効率改善，③受電用整流ダイオードの効率改善を行っている。本研究開発は，独立行政法人 新エネルギー・産業技術総合研究開発機構 助成事業「イノベーション実用化開発 次世代戦略技術実用化開発助成事業 電気自動車向け無線充電システムの高性能化研究」として，H21～H22 年度に実施した。3 つの効率改善を行い，送受電効率全体で，従来の 38％から 68％に改善できる見通しを，試作実証により確認した（図 6）。

4.6　課題と今後の展望

電気自動車向け無線充電システムの実用化に向け，今後下記の 2 つの課題を解決していく。さらに，本無線充電システムの市販化を早期に実現し，電気自動車の普及促進に貢献してく（図 7）。

（a）送受電効率

ガソリン車から電気自動車への乗り替えを対象に，電気自動車に乗り替えた場合のガソリン代節約効果が有線と遜色のない"ほぼ 70％以上の送受電効率"を実証した。

また，将来的に電気自動車の普及段階では，送受電効率が有線方式と遜色のない"70～90％の送受電効率"を目指して改善を図っていく（図 8）。

（b）耐運用環境性能

これまでの開発では，無線充電システムによる電気自動車への無線充電を確認したところまでであり，無線充電システムが電気自動車の走行時の環境等に問題なく耐えられるかの確認は実施していない。今後は，無線充電システム搭載車両での走行運用実証を行い，耐運用環境性能が確保できることを確認していく計画である。

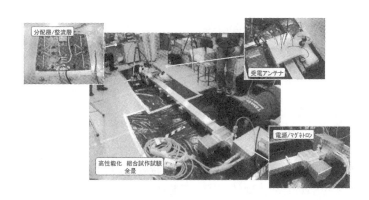

図 6　実用化技術の研究 高性能化組合せ試作試験

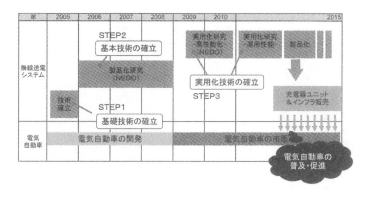

図 7　今後の展望

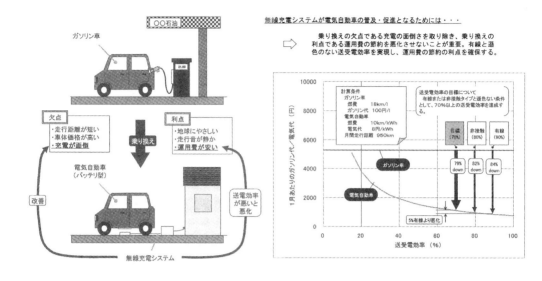

図8 当面の送受電効率の目標

文　献

1) NEDO委託業務　平成18年度～平成20年度成果報告書
エネルギー使用合理化技術戦略的開発　エネルギー有効利用基盤技術先導研究開発電気自動車向け無線充電システムの研究YET09113，2009年3月，三菱重工業
2) NEDO助成事業　電気自動車向け無線充電システムの高性能化研究助成事業結果報告書YET11068，2011年2月，三菱重工業

5 建築構造物を用いたマイクロ波無線ユビキタス電源

丹羽直幹*

5.1 はじめに

　電磁波を用いた無線電力伝送の歴史は 20 世紀初頭のニコラ・テスラの実験（150kHz）の失敗から始まり[1]，1960 年代の米ウィリアム・ブラウン博士の一連の 2 点間マイクロ波送電実験の成功（2.45GHz 帯）[2]と同時期に提唱された宇宙太陽発電所 SPS[3]によるマイクロ波送電応用の夢，1980 年代以降の京都大学松本紘教授らによるフェーズドアレーなどを用いた様々なマイクロ波送電応用の提唱と実証（2.45GHz 帯と 5.8GHz 帯）[4]を経て，現在のユビキタス電源（いつでもどこでも電源）の期待[5,6]へとつながっている。無線電力伝送は理論的にポインティング・ベクトルに代表される電磁波自体の特性を利用しており，1）無線であるが故の送受電システムの移動の自由度の飛躍的な向上，2）バッテリーレス化による稼働時間の制約の撤廃，3）大気の伝搬ロスは導体の伝搬ロスより少ないために大口径アンテナを用いれば長距離送電に適しているなどの利点を有する反面，1）理論的に電磁波は拡散する傾向があるため無線電力の集中のためにはアンテナが肥大化，2）逆に小さなアンテナでユビキタスに電力を得る場合には電力の受電点以外での消失が増大，3）電磁波と電気の変換を送電受電で 2 回行わなければならないために生じる効率の低下などの欠点もある。

　一方，建物内の電力伝送においては，情報が無線化によりユビキタス性を増すなか，有線給電の不便さとバッテリーの限界を感じる状況に至っている。また，持続可能社会の実現に向けて，電力網の更新性を増すことの重要性も認識されるようになっている。さらには，各種の再生可能エネルギーの利用にもつながる直流電源の利用への期待も高まっている。

　このような背景のもと，建物内の至るところに存在する構造体の閉空間を用いたマイクロ波無線電力伝送によるユビキタス電源を提案する[7,8]。再生可能エネルギーなどで発電した電力をマイクロ波に変換して建物内を伝送し，直流電力に変換して IT 機器などを稼働する。提案システムでは，マイクロ波による人体への影響や拡散による伝送効率の低下を抑制することができ，電磁波による無線電力伝送の欠点を補いながら，利点を生かすことができる。

　本論文では，まずシステムの概要を示し，高い伝送，及びエネルギー変換効率を実現するための各要素技術の開発について述べる。要素技術として，可変電力分配器，伝送経路，コンセントアダプタ，GaN ダイオードを開発した。次に，開発したシステムを実装した実大規模のモックアップを用いた実験により，各種データ収集を行った。

5.2 システム概要

　電磁波は空間を飛ばさなくても，導体で囲われた空洞＝導波管や，導体と誘電体で構成された導波路＝同軸ケーブルやマイクロストリップ線路の中を伝播させることができる。導波管や線路

＊　Naoki Niwa　鹿島建設㈱　技術研究所　上席研究員

ワイヤレス給電技術の最前線

中を伝播する電磁波は線路固有の損失は存在するが拡散がないため，無線電力の拡散という弱点を伴う空間放射よりも高密度/高効率に電磁波を伝播させることができる。また，空間を飛ばす電磁波は，電波法の規制を受けるが，線路中を伝播させる電磁波は法的規制を受けないため，システムの実用化を考えやすいという特徴もある。電磁波の放射をともなわないマイクロ波電力伝送，つまり閉鎖空間でのマイクロ波電力伝送においては，「人体に対する安全基準である1mW/cm^2以下」の基準は技術的な縛りではなくなり，電力密度を送電/受電機器の許容限界まであげることができる。

本報で提案するシステムは，図1に示すように，天井や床内部など建物内に必ず存在する部材内閉空間をマイクロ波無線電力伝送路として利用し，建物内の至る所に電力を供給する電源システムである。例えば，建物のスラブを構成するデッキプレートは通常の建物内に縦横無尽に存在している。構造用建材としてのみ使われているこのデッキプレートに遮蔽板を設置して閉空間送電網として利用することで建築スペースの有効利用を図ると同時に電気配線工事を最小限としてトータル・ライフサイクル・コストの低減を図ることができる。この閉空間を使ってマイクロ波送電を行うことで，電力量は配線の制限を受けず，マイクロ波の発振器の容量の変化のみで増加が可能となり，用途変更への対応性が高い。また，壁と仕上げ材で形成される閉空間も簡単な内部処理を施すことで伝送路とすることができる。さらに，情報通信の無線化と合わせ，フリーアクセスフロアを削減できる。

基本とするシステム構成を図2に示す。本システムは，マイクロ波を発生させる「送電部」，給電用導波管を伝送されるマイクロ波を各デッキプレート導波管に必要量分配する「分配・分岐」，「伝送経路」として電力を伝送するデッキプレート導波管，デッキプレート導波管からマイクロ波を取出しDC電力として供給する「電力取出し部」，そして「電力取出し部」からの使用電力量情報に基づき「送電部」「分配・分岐」を制御して電力供給を最適化する「電力制御手法」により構成される。

「送電部」で発生させる電力伝送用の電磁波としては，1) ISM帯（Industry-Science-Medicalの略，産業科学医療用バンド。通信以外の目的で電波を利用する用途のために設定されている周波数帯）として法的に規定され，2) 安価高効率大電力マイクロ波発振管であるマグネトロンが利用しやすく，3)

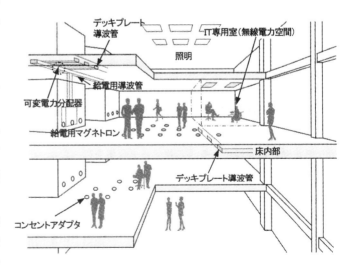

図1　システム概要

第2章 応用技術―電磁波利用―

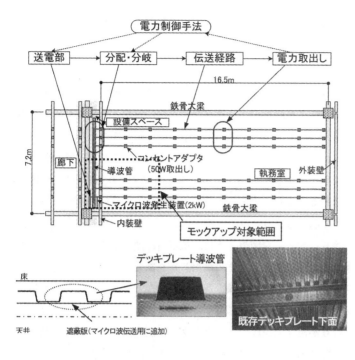

図2 基本システム構成

これまでの研究実績も豊富な2.45GHzのマイクロ波を無変調で用いることとした。

「分配・分岐」は，給電用導波管から各デッキプレート導波管へ適切な分配率（入力されたマイクロ波量の内，デッキプレート導波管に分配する比率）でマイクロ波を分岐する。分配率は，電力利用の最適化を果たすため，可変性を有する必要がある。

「伝送経路」として既存の床デッキプレートの下面に遮蔽板を設置した台形導波管を用いる。遮蔽板の接合方法は伝送効率と施工性を考慮して開発する必要がある。

「電力取出し部」は，デッキプレート導波管を伝搬するマイクロ波を，レクテナ（Rectifying Antenna）により受信した電波を整流して電気にし，平準化・安定化のための蓄電池を含む制御回路を通して直流コンセントとして利用できるようにする。この要素技術を「コンセントアダプタ」と称する。コンセントアダプタを必要な場所に付け替えて新しいコンセントとして利用することでユビキタス性を確保する。コンセントアダプタからは直流が得られるため，コンピュータを始めとする現在直流で動作している機器は，本システムによりAC/DCコンバータを用いる必要がない。そのため，多段のDC/AC/DC変換が不要となり，より高効率なシステムが実現できる。さらに，直接マイクロ波のまま空間に放射すれば，IT専用室（無線電力空間[8]）も実現可能である。

「電力制御手法」は，「電力取出し部」の蓄電池の充電状況から「送電部」の出力，「分配・分岐」の分配率を制御し，必要な電力を必要な場所に伝送することで，過不足ない電力供給を実現する。このような要素技術の実現により，目標総合効率として50%を設定している。

5.3 要素技術

①送電部：マグネトロン

マイクロ波の発生源には前述のように安価高効率大電力マイクロ波発振管であるマグネトロンを用いる。民生用電子レンジ用のマグネトロン（2.45GHz）で72～74%の変換効率があり，入

ワイヤレス給電技術の最前線

手も容易である。後述する実大空間モックアップ実験で用いたマグネトロンは，効率82％である（参考資料（1）参照）。

②分配分岐：可変電力分配器

マグネトロンで発生させた大電力のマイクロ波は，まず幹となる基幹の導波管（新設）を通し，基幹導波管数箇所に設置された分配器により既設のデッキプレート内に分配・分岐される。この分配器には，必要量のマイクロ波をデッキプレートに低損失で分配/分岐することが求められる。分配・分岐の割合をアクティブに変更することができるものが最適である。これは，建物各場所での電力使用量は一定ではなく，ユーザーの使用状況を把握しながらマイクロ波の分配/分岐を可変することにより不要な損失を低減できるためである。また，機械製品と建物構造体を接合することを想定しているため，現場での簡単な取り付けを実現するような構造でなければならない。

可変電力分配器の設計概念図を図3に示す。左図のように，給電用導波管からデッキプレート導波管へ同軸プローブを用いて電力の一部を取出す。その取出し量を制御するために，右図に示すようにコンダクタンス調整用フィンとプローブの距離，及び絞り部などフィンの開口幅を制御する。コンダクタンス調整用フィンは，同軸プローブに近づけることによりその周辺の電界を変化させて取出し量を減少させる。絞り部用フィンは，コンダクタンス調整用フィンの各位置において，反射を抑制するために開口幅を制御する。この可動をコンパクトに高い制御精度を得るために，導波管壁面に軸を持つ回転機構によりフィンを回転させる機構を採用した。

図4が試作した可変電力分配器と等価回路である。同軸プローブの並列アドミタンスを g_p+jb_p で，同軸プローブ位置から見た絞り部のアドミタンスを g_n+jb_n で表し，これらのアドミタンスが規格化されているとすると，無反射整合条件は式（1）のようになる。取出し量の制御と低反射特性を実現するために，同軸プローブのコンダクタンスを可変にし，かつ無反射条件が成立するようにパラメータを調整する。

図5（a）はシミュレーションと実測による分配率を変化させた結果である[9]。図中 ϕ，θ，da は図6のパラメータである。取出し電力が1.62～67.6％まで可変できていることが分かる。反射電力も図5（b）より2.45GHzではすべての場合において－24dB以下の反射で抑えられており，損失が小さいことがわかる。シミュレーションと実験に多少差があるのは稼働部製作の際の誤差などに起因する。このコンダクタンス調整用フィンなどの制御は，「電力取出し部」での

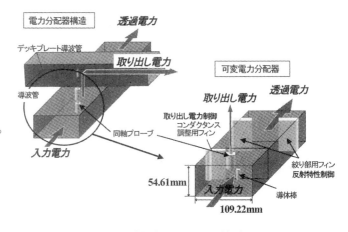

図3　可変電力分配器の設計概念図

第2章 応用技術—電磁波利用—

電力の使用状況を無線でフィードバックし,消費電力を抑制するようコントロールする。本研究は,岡山大学との共同研究である。

③伝送経路:デッキプレート導波管

マグネトロンで発生し,基幹導波管と可変分配器で分配されたマイクロ波は,デッキプレートに分岐される。建材としてのデッキプレートは,各種の形状を有しているが,図6に示す台形波型形状のものを選定した。このデッキプレートを導波管としてマイクロ波を伝搬するために開いている面を金属の遮蔽板でふさぐ。導波管内の電磁界分布はマクスウェル方程式により求められる。モード解析によりこのデッキプレート導波管において基本モード(最も低い遮断周波数を有するモード)が生じる周波数を算定した結果,1.43〜2.86GHzとなった。この周波数帯が2.45GHzを含むことから,ここで選定したデッキプレート形状が2.45GHzの伝搬に適していることがわかる。次に,金属の有限な導電率に起因する導体損失による理論上の減衰量を算定した。減衰定数は式 (2)[10]

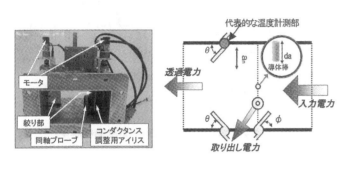

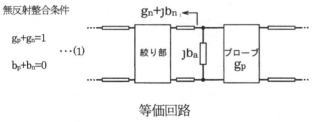

図4 可変電力分配器と等価回路

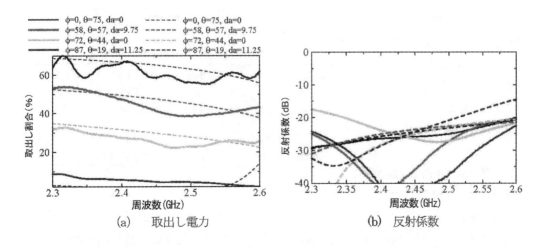

(a) 取出し電力 (b) 反射係数

図5 可変電力分配器の性能

で表され，R_s は表皮抵抗，λ は波長である。これより，亜鉛めっき（メッキ厚 16.9μm）を施したデッキプレートでは，2.45GHz における減衰量は 0.018dB/m であり，伝送損失は 1m 当たり 0.2%となることから十分に小さいことが予想される。

前述のようにコの字をした開放波構造に金属で蓋をして導波管構造とするが，その接続方法によっても損失が発生するとともに余分な放射損が発生する可能性が考えられる。そこでデッキプレートに金属蓋をする方法を図7のように3案考案し，実験を行った[11]。結果を表1に示す。はんだ接合の損失は，デッキプレートの導電率から算定した理論値どおりであることが検証できた。このはんだ接合での損失は，実際に伝送する距離20m でも 5%程度である。また，作業性に勝るスポット溶接やボルト接合では損失がかなり大きくなっている。これは，実験において確認された接合部近傍でのわずかな隙間により発生する発熱が原因と思われ，今後改良が必要である。

④電力取り出し：コンセントアダプタ

デッキプレート内を伝搬させたマイクロ波を同軸プローブで受信し，コンセントとして利用できるようにするためにコンセントアダプタを開発した。コンセントアダプタは，受信用の同軸プローブと整流器からなるレクテナ，及び電源の安定化のためのバッテリーと制御回路などから構成される（図8）。通常のレクテナは，アンテナとしてマイクロス

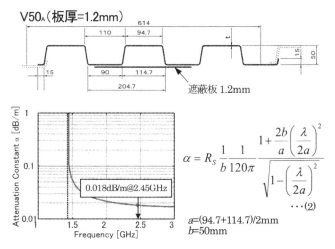

$$\alpha = R_S \frac{1}{b} \frac{1}{120\pi} \frac{1+\frac{2b}{a}\left(\frac{\lambda}{2a}\right)^2}{\sqrt{1-\left(\frac{\lambda}{2a}\right)^2}} \cdots (2)$$

$a=(94.7+114.7)/2$mm
$b=50$mm

図6　デッキプレート導波管形状と電磁界伝搬特性

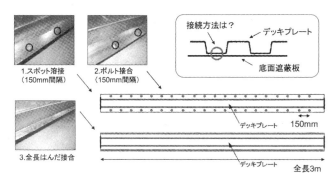

図7　デッキプレート導波管の製作方法案

表1　デッキプレート導波管の伝搬特性

	反射損失 [dB]	挿入損失 [dB]	減衰定数 [dB/m]
スポット溶接	−12.7	−2.32	0.69
ボルト接合	−22.2	−1.13	0.37
全長はんだ接合	−21.1	−0.08	0.02

第2章 応用技術─電磁波利用─

トリップアンテナやダイポールアンテナを用いることが多いが，本提案システムはマイクロ波がデッキプレート導波管内を伝搬してくるため，通常の導波管─同軸変換器で用いる同軸プローブを採用した。

レクテナ動作の安定化とともにユーザーの負荷変動に対応するために，コンセントアダプタは蓄電池と制御回路を備えている。これは，電力の平準化にも有利である。図9はコンセントアダプタのレクテナ制御部ブロック図である。レクテナ，制御部，蓄電池を一体化小型化したコンセントアダプタが図8右であり，コンセント変更の自由度を上げるキーテクノロジーとなっている。

受信した電磁波は，ダイオードにより全波整流を行い直流に変換する。この変換を行う整流器にはショットキーバリアダイオードが用いられる。通信分野の「検波器」などでも同様の整流を行うが，弱い電力のため非常に低い電圧領域で動作させることから効率が非常に悪い。レクテナではダイオード1つで全波整流動作をさせるシングルシャント整流回路[12]を用い，ダイオードのブレークダウン電圧領域までの高い電圧を使って整流動作をさせるために70~90%程度の高い変換効率が実現されている[13~15]。このレクテナの効率は，入力マイクロ波強度と接続負荷によって大きく変動する。既往のSiやGaAsのショットキーバリアダイオードを用いたレクテナでは，入力マイクロ波強度が数100mW程度で効率のピークを持ち，このマイクロ波強度は，宇宙太陽光発電などこれまで検討されてきている適用対象では十分な容量である。しかし，本システムの場合，コンセントとして機能させるためには最低100W程度の強いマイクロ波を整流させる必要があり，既往のダイオードのブレークダウン電圧では対応できない。そこで1) 現在のSiやGaAsのショットキーバリアダイオードを用いて電力分配器と組み合わせ，多数のダイオードを用いてかつダイオードへの入力電力を小さくすることで大電力高効率化を図る「電力分配型レクテナ」，2) ワイドバンドギャップ半導体であるGaNでショットキーバリアダイオードを開発し，少ないGaNダイオードを用いて大電力高効率化を図る「GaNダイオードレクテナ」の検討を行った。

「電力分配型レクテナ」はダイオードに入力するマイクロ波を分散して大電力化を図るための手法であるが，電力分配器の損失とダイオードの個数が増えることによ

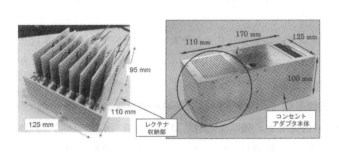

図8 電力分配型レクテナとコンセントアダプタ

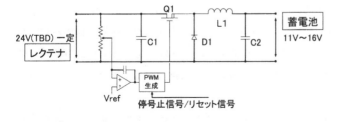

図9 コンセントアダプタのレクテナ制御部ブロック図

る損失が共に増えることと，構造上小型化が難しくなることの2点の問題が発生してしまう。本システムではこれらの問題を考慮し，1）電力分配器を立体構造として省スペース化を図る，2）電力分配器に通常用いられるバランス抵抗を排して損失を抑える，3）電力分配器段での位相を最適化し，反射波もほかの分岐に流れ込むようにして整流回路としてトータルの効率向上を図ると同時に線路長の小型化も図る，4）整流回路の更なる小型化などの工夫を行い，小型大電力高効率レクテナの開発を行った。

その結果，立体型の64分配回路と，1整流回路に2直2並列＝4つのダイオードを用いた整流回路を64セット用いた電力分配型レクテナ（図8左）で約55%@90～100Wを実現した[16]。図10が整流効率特性である。しかし，この整流回路は，入力1W程度では本来70%以上の効率を示す。すなわち，ダイオードの能力があるにもかかわらず分配回路などでの損失が大きいために効率が低下する結果となっている。また，この手法では回路の小型化も限界に近い。本研究は，京都大学との共同研究である。

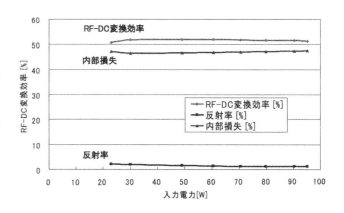

図10 電力分配型レクテナの効率特性（接続負荷10Ω）

⑤電力取り出し：GaNダイオードレクテナ

既往のダイオードではコンセントアダプタに必要なレクテナの大電力化と小型化，高効率化という複数の技術的な課題を同時に解決できないため，ワイドバンドギャップ半導体であるガリウムナイトライドGaNを用いたダイオードを試作し，「GaNダイオードレクテナ」を開発した。ワイドバンドギャップ半導体は，広禁制帯幅（Siの2～3倍），高絶縁破壊電界（Siの10倍），高飽和電子速度（Siの2.5倍），高熱伝導度などの優れた物性を持ち，p型，n型の価電子制御が容易な半導体であるため，高電力デバイス，高周波高出力デバイスなど，既存の半導体（Si，GaAsなど）では物性の限界のため実現できない次世代デバイス用半導体として注目されている新しい半導体である。その応用も高耐圧pn接合ダイオード，高周波トランジスタ（MESFET），高周波トランジスタ（JFET, SIT），パワートランジスタ（MOSFET），パワーサイリスタ，高耐圧ショットキーダイオードと幅広い。ワイドバンドギャップ半導体は次世代の半導体として期待が高まっている。GaNを用いたショットキーバリアダイオードはインバータなどの低周波大電力用の研究例はあるものの，マイクロ波帯の整流用途に用いた例はなく，本研究が世界初の例となる。

数種類の様々な構造や耐圧を持つGaNショットキーバリアダイオードを開発して実験を行っている[17,18]。図11は開発したGaNショットキーバリアダイオードの構造の一例である。図11に

第2章 応用技術—電磁波利用—

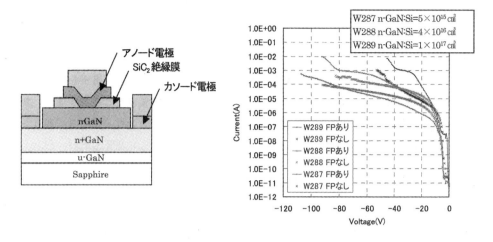

図11 GaN ショットキーバリアダイオードの構造と V-I 逆特性

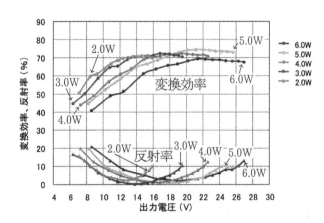

図12 GaN ショットキーバリアダイオードを用いたシングルシャント整流回路の試作実験結果（周波数 2.45GHz）

は，これらのデバイスの逆方向 V-I 特性を示している。材料特性により，差はあるものの最大で 100V を超える耐圧を示すものがあり，既往のダイオードの逆耐圧の最大値 20V の 5 倍の耐電圧を示した。これにより，単一素子で 20 倍以上の電力容量に対応できる整流回路が可能となる。

この GaN ダイオードを用いれば，電力分配型レクテナでは 256 個で 100W 整流を実現していたものを，10-20 個の GaN ダイオードで 100W 整流を高効率で実現できることになる。そこで，開発した GaN ダイオードを用いた整流回路を試作して実験を行い，その性能を確認した。実験結果を図 12 に示す。これより，マイクロ波 5W 入力において，効率 74.4%を実現している。本研究は，徳島大学，京都大学との共同研究である。

5.4 実大空間試作・評価
①対象建物とシステム構成

対象建物とシステム構成は図 2 に示すとおりである。高層オフィスビルを対象として，パソコンなどの IT 機器を中心としたユビキタス性を必要とする機器への電力供給を当面の目的としている。実際の建物で計測しデータをもとに，消費される電力 $15W/m^2$ を仕様とした。

②実大空間モックアップ[19]

図2の対象建物の点線で示す部分を，実大空間を模擬するモックアップ領域とし，3.6m×3.6mの平面形状に設計した（図13）。デッキプレート下は，可変電力分岐器，マイクロ波発生装置を設置するため，約1.0mの空間を鉄骨架台により構成しており，天井裏の部分を切り出した状態に近い構成となっている。第1，第2レーン（デッキプレートで構成した電力の通路）からの取り出し電力により，床面積あたりに必要な電力量が確保される設計となっている。第3レーンは，分岐特性などのバリエーションを検討するための予備レーンとして設置した。

③評価実験

a. 電力によるレーン毎の取り出し比率の確認

設計では各レーンで電力取り出し口である各ポートの取り出し量が均等になるようアンテナ長を設計している。その状況を確認するため，ネットワークアナライザーを用いて2.45GHzでのSパラメータを計測した（表2）。これより，各ポートの取り出し比率は，設計で意図した33%に近い状態となっている。

b. 電力によるレーンごとの取り出し・伝送評価

約300Wのマイクロ波を入力した場合の受電特性と各レーンの効率を計測した（表3）。小電

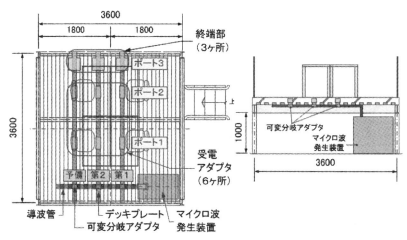

図13 実大空間モックアップ

第 2 章 応用技術—電磁波利用—

表 2 小電力実験結果

レーン	ポート1	ポート2	ポート3	反射率
第 1	32.0%	32.5%	29.3%	4.1%
第 2	32.8%	32.0%	29.3%	3.9%

表 3 大電力実験結果

レーン	ポート1	ポート2	ポート3	入力電力	反射電力
第 1	70.6W	102W	114W	300W	11.2W
第 2	64.3W	109W	129W	299W	1.08W

表 4 効率評価

構成要素	効率
マグネトロン	82%
可変電力分配器	95%
デッキプレート導波管	95%
コンセントアダプタ（レクテナ含む）	74%
電力制御*	95%
総合	52%

※電力制御の効率は実運用を想定した仮の値

力実験とは異なり，取り出し電力はポート1が比較的小さく，その分ポート3が大きくなっている。これは，小電力実験では，解析と同様に周波数を2.45GHzに固定して計測できるのに対し，大電力実験ではマイクロ波発生装置から出力されるマイクロ波の周波数が2.45GHzから若干ずれているため，取り出し電力に誤差が生じたものである。ただし，入力と各ポート出力量・反射量の関係から，大きな損失なく伝送されることは確認された。

5.5 おわりに

提案システムの実現性を見極めるために要素技術の開発を行った。要素技術の効率の内訳は表4の通りである。この結果，開発した要素技術に基づく本システムの総合効率は52%となり，目標を達成できている。

提案システムと既往システムのトータル・ライフサイクル・コストを初期コストや電気代，システム改修費等を含めて40年間のライフサイクル（参考資料（2））で比較した結果，現時点での機器のコストで比較しても，若干ではあるが優位性が見出せた。これら省エネルギー，ライフサイクルコストでの優位性に加え，先述の無線電力空間や電気自動車の無線充電への展開など，マイクロ波電力伝送の応用性・発展性を考えた場合，提案システムは今後商用システムとして十分競争力を持つものと考える。

謝辞

本研究は，（独）科学技術振興機構（JST）から受託した革新技術開発研究事業によるものである。

ワイヤレス給電技術の最前線

参考資料

(1) パナソニック社製マグネトロン効率測定結果

フィラメント電圧：3.3V，平均陽極電流：300mA

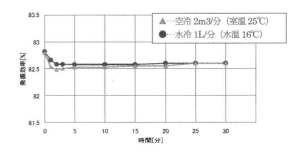

(2) ライフサイクルコスト試算

項目		既往システム	本システム
更新サイクル	システム1	10年	5〜40年
	建物	40年	40年
効率		40%※	50%
初期コスト （万円/m²）	システム2	2.10	3.46
	建物	30.00	30.00
40年間ランニング コスト（万円/m²）	電気代	3.34	2.67
	システム1	5.22	3.87
ライフサイクルコスト 合計（万円/m²）		40.66 (1.00)	40.00 (0.98)

【システム1】既往システム：配線，AC/DCアダプタ，他
　　　　　　本システム：電気機械部品，電池
【システム2】既往システム：配線，分電盤，フリーアクセスフロア，コンセント
　　　　　　本システム：コンセントアダプタ，可変電力分配器，他
※現状のIT機器のAC/DC変換効率の平均値

文　献

1) Tesla, N.; The transmission of electric energy without wires, The Thirteenth Anniversary Number of the Electrical World and Engineer, 3.1904.
2) Brown, W. C.; The history of power transmission by radio waves, IEEE Trans, MTT, Vol.32, No.9, (1984), pp.1230–1242.

第2章 応用技術—電磁波利用—

3) Glaser, P. E.; Power from the sun, Its Future, *Science*, No.162, (1968), pp.857-886.
4) Matsumoto, H.; Research on solar power station and microwave power transmission in Japan, Review and Perspectives, IEEE Microwave Magazine, No.12, (2002), pp.36-45.
5) ついに電源もワイヤレス, 日経エレクトロニクス, No.948, (2007.3), pp.95-113.
6) 篠原真毅, 松本紘, 三谷友彦, 芝田裕紀, 安達龍彦, 岡田寛, 冨田和宏, 篠田健司；無線電力空間の基礎研究, 信学技報 SPS2003-18, (2004.3), pp.47-53.
7) 丹羽直幹, 高木賢二, 浜本研一, 篠原真毅, 三谷友彦, 安達龍彦, 松本紘；建築構造物を用いたマイクロ波無線ユビキタス電源の実現（その1）（その2）, 日本建築学会大会梗概集, (2006).
8) 丹羽直幹, 高木賢二, 浜本研一；建築構造物, 特許公開 2006-166662 号.
9) 濱島浩志, 佐薙稔, 野木茂次, 浜本研一, 丹羽直幹, 高木賢二, 篠原真毅, 三谷友彦；建物内マイクロ波配電システムのための可変電力分配器の特性, 電子情報通信学会総合大会, C-2-53, (2008.3).
10) 小西；マイクロ波工学の基礎とその応用」, 総合電子出版社, 1992.
11) 篠原真毅, 三谷友彦, 松本紘, 丹羽直幹, 高木賢二, 浜本研一；建物内無線配電システムの研究, 電子情報通信学会総合大会, CBS-1-8, (2006. 3), pp.24-27.
12) Gutmann, R. J. and J. M. Borrego; Power combining in an array of microwave power rectifier, IEEE Trans, Microwave Theory Tech, Vol.27, (1979), pp.58-968.
13) Brown, W.C.; The History of the Development of the Rectenna, Proc. of SPS Microwave Systems Workshop, (1980), pp.271-280.
14) McSpadden, J. O., L. Fun, and K. Chang; A high conversion efficiency 5.8 GHz rectenna, IEEEMTT-S Digest, (1997), pp.547-550.
15) 篠原真毅, 松本紘, 山本敦士, 桶川弘勝, 水野友宏, 植松弘行, 池松寛, 三神泉；mW級高効率レクテナの開発, 第7回宇宙太陽発電システム（SPS）シンポジウムプロシーディング集, (2004), pp.105-110.
16) 宮川哲也, 篠原真毅, 三谷友彦, 松本紘, 丹羽直幹, 高木賢二, 浜本研一；建物内無線配電システムのための小型大電力レクテナの開発研究, 電子情報通信学会総合大会, C-2-65, (2007.3), pp.20-23.
17) 高橋健介, 伊藤秀起, 原内貴司, 井川裕介, 岡田政也, 胡成余, 敖金平, 河合弘治, 篠原真毅, 丹羽直幹, 大野泰夫；GaN を用いたマイクロ波整流用ショットキーバリアダイオード, 応用物理学会, (2008.9), pp.2-5.
18) 澤田剛一, 高橋健介, 胡成余, 敖金平, 篠原真毅, 丹羽直幹, 大野泰夫；マイクロ波整流用表面 p 層 GaN ショットキーバリアダイオード, 応用物理学会, (2009.3), 4.2.
19) 丹羽直幹, 高木賢二, 浜本研一, 篠原真毅, 三谷友彦,「建築構造物を用いたマイクロ波無線ユビキタス電源の実現（その7）」, 日本建築学会大会梗概集, (2009.8).

6 飛翔体への無線給電システム

藤野義之[*]

6.1 飛翔体への無線給電の歴史および概論

　飛翔体への無線給電が最初に行われたのは，初めての無線電力伝送による実証的な研究である，1964年にアメリカのW. C. Brownがマイクロ波送電によってヘリコプタを飛翔させたときであった[1,2]。これは，マグネトロンとスロットアンテナを使用したアンテナを送電系として使用し，ヘリコプタ上にダイポールアンテナを使ったレクテナアレーを搭載することにより，ヘリコプタを飛翔させる実験であった。ヘリコプタの操縦は行わないため，機体の四隅には回転防止のための紐が付いている。この実験によって200Wの電力が得られたことが記録されている。

　その後，1980年代になると，高々度プラットフォームの研究開発の一環として各国で実験が実施されることとなった。

　最初に高々度プラットフォームの研究を開始したのはカナダのCommunications Research Centre (CRC) であり，Stationary High Altitude Radio relay Platform (SHARP) 計画を推進した。飛翔体を高度21kmに滞空させ，500～1000kWの電力を直径85mの送電アンテナから送電し，飛翔体上で直径30m程度のビームスポットに集中する。受電できる電力は40kWで，これを飛翔体の推進用電力とする計画である。このシステムの開発の段階において，CRCでは，SHARP無人機の1/8スケールモデルを開発し，この模型飛行機をマイクロ波送電により飛翔させるデモンストレーションに成功した[3,4]。このデモンストレーションでは，15フィート（4.57m）のパラボラアンテナから10kWの電力を放射し，無人機上にレクテナ搭載用の円板を取り付けて，ダイポールアンテナを用いたレクテナを使って受電した。飛行高度は300フィート（91.4m）前後であり，3分半の滞空に成功した。受電電力は150～200W前後であった。

　日本における成層圏無線中継システムのためのマイクロ波電力伝送技術の研究は，郵政省（現，総務省）が中心となって進めてきた。このなかで，「成層圏無線中継システムに関する調査研究会」が設置され，このシステムに関する調査を行い，平成4年度に報告書を提出している[5]。成層圏無線中継システム自体はその後，無線中継技術を中心とするさらに大きなプロジェクトへ引き継がれたが，このことは本節と関係が無いので省略する。また，1992年には京都大学を中心とした共同研究グループが，マイクロ波による小形模型飛行機の飛翔実験（MIcrowave Lifted Airplane eXperiment, MILAX）[6,7]を行った。これは，マイクロ波送信機を搭載した自動車からアクティブフェーズドアレーを使って1kWの電力を15m上空の模型飛行機に向かって送電し，小形模型飛行機の飛翔に使用するという実験であった。本実験では模型飛行機を150m，40秒間自由飛行をさせることができ，また，88Wの受電電力を確認することができた。1995年には通信総合研究所（現，情報通信研究機構），神戸大学，機械技術研究所（現，産業技術総合研究所）などの共同研究グループがさらに大規模化した実験として，飛行船へのマイクロ波電力伝

---

　　* Yoshiyuki Fujino　情報通信研究機構　宇宙通信システム研究室　主任研究員

第2章 応用技術—電磁波利用—

送実験を行った。

さらに，飛翔体から地上へのマイクロ波送電実験もその後実施された。これは，2009年に京都大学が中心となって実施した実験であり，高度33mに係留した飛行船からの送電実験に成功している[8]。さらに，近年では小型飛行ロボットシステムとして，Micro Aerial Vehicle (MAV) と称するバッテリ駆動を基本とした無人，自動操縦の小型飛行体の研究も実施されており，送電，追尾，受電に関する原理的な実験が実施されている[9]。

ここでは，これらの実験を例に取り，特に飛翔体への無線給電システムに必要な技術の具体例に関して解説を実施する。

6.2 マイクロ波送電小形模型飛行機実験（MILAX実験）

MILAX実験とは，Microwave Lifted Airplane Experimentの略であり，マイクロ波で伝送した電力を用いて小型模型飛行機を飛行させる実験である。MILAX実験の目的は成層圏無線中継用のプラットフォームへのエネルギー供給手段として想定されているマイクロ波による電力伝送技術の基礎実験，および，これに続くロケット実験の動作試験の側面もあった。

MILAX実験における分担は以下の通りであった。京都大学超高層電波研究センター（現，京大生存圏研究所）および神戸大学工学部は送電用アクティブフェーズドアレーアンテナの開発および全体の総轄，日産自動車㈱は追尾装置の製作と送電系のまとめを，富士重工㈱は，飛行体であるモーターグライダーの設計，製作を，マブチモータ㈱は，推進用モータの製作をそれぞれ行った。通信総合研究所（現，情報通信研究機構）は受電用レクテナの開発を行った。計画は自動車に送電機を搭載し，模型飛行機の下を併走しながら，エネルギーを供給することとした。

ここで，MILAX実験システムを構成する各サブシステムについて述べる。

送電システムはアクティブフェーズドアレーの構成であり，発振した2.411GHzのマイクロ波は96分割の後，それぞれが移相器，高出力アンプ，アンテナを経由して送電され，空間で合成されてマイクロ波電力伝送のためのビームが形成される。移相器はPINダイオードを使用した4ビットディジタル移相器であり，その位相量は追尾回路から得られた模型飛行機の位置情報から計算され，制御される。高出力アンプはGaAsFETを使用した増幅器であり，1台で最高13Wの電力を出力する能力を有している。また，アンテナは1点給電の円偏波マイクロストリップアンテナであり，3素子のアンテナをまとめてサブアレーを形成し，これに1素子のアンプの出力を接続している。最高出力電力は1250Wであり，アンテナ素子数は288となった。この送電アンテナは送電用自動車の上部に取り付けられた。

追尾システムは，送電車上面のアンテナ部の両端に設けられた2基のCCDカメラの映像を用いて，送電アンテナから模型飛行機までの角度，距離を算出し，このデータを元に，移相器を制御して，模型飛行機方向に送電ビームを集中する機能を持っている。

MILAX実験に使用した模型飛行機は全長1.9m，全幅2.5m，全重量4kg（レクテナアレイを含む）の機体であり，レクテナを搭載するために，翼面積が大きく設計されている。この模型飛

行機には，駆動用のモータが搭載されている。

MILAX のために開発されたレクテナは重量が約 1kg，厚さが 5mm と軽量化，薄型化を実現している。このため，アンテナ部にマイクロストリップアンテナを採用し，またその基板材料にペーパーハニカムを使用している。RF–DC 変換効率は 52.7% であった[10]。また，機体側で要求する電力を考慮しつつ，予備を含めて 120 素子のレクテナアレーを作製することとした。このレクテナアレーは 20 素子のサブアレーパネル 6 枚に分割されて，模型飛行機に搭載された。全てのレクテナ素子の出力端子は並列に接続した。このため，MILAX 用レクテナアレーの最適負荷抵抗は 0.83Ω となった。また，駆動用モータはその内部抵抗値をレクテナの最適負荷抵抗値と合致させるように製作された。

模型飛行機にはバッテリを搭載し，離昇時はこの電力により動力上昇し，十分高度を取ったあとで送電車が真下を並走する形になった後，レクテナ電力に切り替えた。レクテナへの切り替えは操縦者の判断でラジコンによって行うことができ，豆ランプを点灯させて外部から確認できるようにした。

MILAX 実験の屋外での飛行実験は日産自動車㈱の追浜テストコースにおいて，1992 年 8 月 22 日，23 日に行われた。まず，マイクロ波出力電力の確認を目的として，固定試験を行った。この写真を図 1 に示す。推進用モータの代わりに疑似負荷を搭載した機体をクレーン車で送電車の上空 10m に吊り，送電試験を行った。機体が風によって動揺したので，レクテナの出力電力も変化したが，88W の最大出力が確認された。この出力電力は，模型飛行機の飛行のための電力としては十分であった。このときの出力電力の時間変化を図 2 に示す。

その後，8 月 29 日早朝に自由飛行試験を行なった。機体はバッテリによって動力上昇し，送電車の上空にさしかかったところで駆動用電源がバッテリからレクテナに切り換え

図 1　MILAX 固定試験の模様

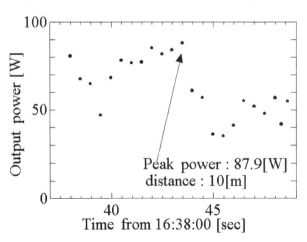

図 2　MILAX 固定試験による受電電力の時間変化

第2章　応用技術―電磁波利用―

られた。その瞬間，機体はレクテナからの電力を得て，プロペラを回転させ，送電車の上空約 10m を高度を維持し，さらに上昇しようとした。飛行時間は約 40 秒間であり，飛行距離は 350m であった。このときの写真を図 3 に示す。画面上方に模型飛行機があり，中央が送電車である。左側は送電車に模型飛行機の前後の位置を知らせるための補助車であり，後方の車はラジコンの操縦者が乗ってい

図 3　MILAX 自由飛行試験の模様

る。これにより，日本初，世界でも 2 例目のマイクロ波による模型飛行機の飛行実験は成功裡に終了することができた。

6.3　無人飛行船のマイクロ波駆動実験（ETHER 実験）

　実際の成層圏無線中継システムを念頭に置いたとき，MILAX 実験で実証した伝送電力は実際のシステムにおいて飛翔体が必要とする電力の 500〜200 分の 1 程度であるため，何らかの方法で大出力化や更なる高効率化を図り，マイクロ波電力伝送技術が実用に耐えうることを示す必要がある。このため，1995 年にさらに大規模な実験として，飛行船へのマイクロ波電力伝送実験が行われた。このデモンストレーション実験が無人飛行船のマイクロ波駆動実験（Energy Transmission toward High altitude airship ExpeRiment, 以下 ETHER 実験という）である。

　この実験は通信総合研究所（現，情報通信研究機構），神戸大学，機械技術研究所，㈱エイ・イー・エスの共同研究として推進されたもので，通信総合研究所がレクテナを含むマイクロ波受電系の開発，神戸大学がマイクロ波送電系と追尾系の開発，機械技術研究所が無人飛行船およびその推進系・制御系の設計，㈱エイ・イー・エスが無人飛行船の製造と運用をそれぞれ担当した。

　実験は地上に置かれたパラボラアンテナから 2.45GHz，10kW の電力を送電し，飛行船の下部に取り付けられたレクテナで得られた直流出力を飛行船の推進器の駆動に使用するというものであった。送電周波数 2.45GHz であり，送電器としては 5kW 出力のマグネトロンを 2 本使用し，これを直径 3m のパラボラアンテナに給電して送電を行った[11]。送電用パラボラアンテナには油圧シリンダーによる駆動装置とテレビカメラが取り付けられており，飛行船の動きを映像で見ながら手動で追尾を行った。飛行船は全長 16m，最大の胴体径が 6.6m であり，その前方左右に取り付けられた 2 基のプロペラをモータで駆動する。

　ここで，レクテナについて紹介する。アンテナ部には薄型に構成することができるマイクロストリップパッチアンテナを採用し，整流回路の整流素子として受電したマイクロ波を効率よく整

197

ワイヤレス給電技術の最前線

図4 ETHER実験用レクテナ

流するために高耐圧のショットキーバリアダイオード（MA46135-32）を使用した。また，整流回路で発生する不要波である高調波を抑圧するために，フィルタを挿入している。今回，新しく二重偏波用のレクテナとして，水平，垂直の二点の給電点をもつマイクロストリップアンテナに水平，垂直偏波に対応した2個の整流回路を持つ新しい構成を考案した[12]。

1素子のレクテナの大きさは約9cm×9cmであるので，送電電力の70%が集中する直径3mの領域を全てこのアンテナで覆うためには約1000素子が必要となる。直径3mにも及ぶ大きなレクテナを飛行船に搭載するために，全体を1パネルあたり20素子のレクテナから成るサブアレーに分割し，これらのパネルを予備も含めて60枚（合計1200素子）用いることによりレクテナを構成することとした。このレクテナの全体の大きさは2.7m×3.4mとなった。これを図4に示す。出来上がったレクテナパネルの動作確認は，電波暗室の中で1枚ずつ行われた。試験では送電アンテナと20素子パネルを対向させて，出力電力から効率を測定した。各パネルのマイクロ波―直流変換効率は平均で81%を達成した。この値はパッチアンテナを使用したレクテナとしては，世界で類を見ないほど高い効率である。

次にレクテナの制御回路とモータとの結線について述べる。本レクテナアレーにおいては，図5に示すように，配線の途中に過電圧に対する保護回路を挿入している。この保護回路の動作は，マイクロ波送電によって極端に端子電圧が上昇したとき，その電圧上昇を検知し，FETをオン状態とするもの（ドレイン―ソース間を低抵抗とする）である。FETの先にはダミー負荷が接続されているため，電流はダミー負荷とモータに分流され，端子電圧の上昇を防ぐことにし

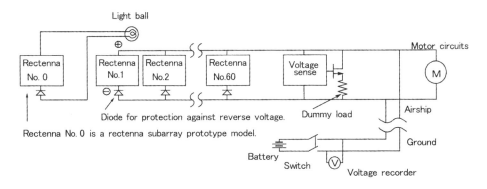

図5 ETHER実験用レクテナと制御回路の配線図

第 2 章 応用技術—電磁波利用—

ている。

ETHER 実験は 1995 年 10 月 16 日に行われた。飛行船はパラボラアンテナの上空 35〜45m に滞空し，全く動く気配がなかった。飛行船の離陸と上昇の為の電力は地上に置いたバッテリから長い電線で給電していたが，安定した飛行の様子をみて，バッテリからの給電をレクテナからの給電に切り替え，飛行船のモータへマイクロ波送電された電力を供給した。この結果，モータが勢い良く回転し，定点に滞留し，

図 6　ETHER 飛行試験の模様

さらに上昇しようとした（図 6 参照）。このようにして，3 分間の連続した定点飛行に成功した。また，2 度目の飛行試験では前回よりもやや風が強く，レクテナの追尾がやや困難な所もあったが，連続して 2 分半，断続的には 4 分 15 秒の定点滞留に成功した。また，この飛行試験時にも 3kW の最大送電電力が得られていることを確認した。このようにして世界初のマイクロ波送電による飛行船の駆動実験は成功裡に終了した。

6.4　まとめ

開発したレクテナアレーを用いて，世界初の飛行船のマイクロ波駆動実験に成功した。同時に受電電力として確認した 3kW の電力は移動体へのマイクロ波送電電力としては世界最高の値であり，このことを通じて，大電力マイクロ波送電システムの実用化に向けた一歩を踏み出すことができた。マイクロ波送電の応用分野は非常に広く，飛翔体のみならず，宇宙空間におけるエネルギー供給，特に人工衛星間や，月面車等への電力供給が考えられている。また，無電源型の非接触 ID カードへの電源供給や管路ロボット等に対する電源供給などへの応用も考えられている。しかし，当該技術の将来の実用化にあたっては，高電力マイクロ波の使用に伴う電磁環境問題に関しての検討が不可欠である。従って，これらの応用指向の研究と電磁環境等の基礎研究をバランス良く進める必要があると考えている。また，マイクロ波帯の周波数の逼迫の中でこの目的に使う周波数が確保できるかという問題もあり，将来的にはさらに高い周波数に移行する可能性をも含めて検討する必要がある。我々はこれらの問題に対してさらに積極的に研究を進め，電波利用の一形態としてのマイクロ波送電の有効性を示してゆきたいと考えている。

文　　献

1) W. C. Brown, "The history of power transmission by radio waves", IEEE Trans. on Microwave Theory and Tech., Vol. MTT-32, No.9, pp.1230-1242, Sep., 1984
2) W. C. Brown and E. E. Eves, "Beamed microwave power transmission and its application to space", IEEE Trans. on Microwave Theory and Tech., Vol.MTT-40, No.6, pp.1239-1250, Jun., 1992
3) J. J. Schlesak and A. Alden, "SHARP rectenna and low altitude flight tests", Proc. IEEE Global Telecomm. Conf., New Orleans, Dec., 1985
4) J. J. Schlesak, A. Alden and T. Ohno, "A microwave powered high altitude platform", Proc. IEEE MTT-S International Symposium, May, 1988
5) "成層圏無線中継システムに関する調査研究報告書", 郵政省電気通信局電波部航空海上課, 1993
6) 松本, 賀谷, 藤田, 藤野, 藤原, 佐藤, "MILAXの成果と模型飛行機", 第12回宇宙エネルギーシンポジウム, 宇宙科学研究所, pp.47-52, Mar., 1993
7) 藤野, 藤田, 沢田, 川端, "MILAX用レクテナ", 第12回宇宙エネルギーシンポジウム, 宇宙科学研究所, pp.57-61, Mar., 1993
8) 橋本, 山川, 篠原, 三谷, 川崎, 高橋, 米倉, 平野, 藤原, 長野, "飛行船からのマイクロ波による電力と情報の同時伝送実験", 第28回宇宙エネルギーシンポジウム予稿, 2009.03
9) 澤原, 小田, 石場, 小紫, 荒川, 田中, "軽量フレキシブルレクテナ搭載MAVへのマイクロ波自動追尾送電", 第30回宇宙エネルギーシンポジウム予稿, 2011.03
10) 藤野, 藤田, 沢田, 川端, "MILAX用レクテナ", 第12回宇宙エネルギーシンポジウム, 宇宙科学研究所, pp.57-61, 1993
11) N. Kaya, S. Ida, Y. Fujino and M. Fujita, "Transmitting antenna system for ETHER air-ship demonstration", Space Energy and Transportation, Vol.1, No.3 & 4, 1996
12) Y. Fujino, M. Fujita, N. Kaya, N. Ogihara, S. Kunimi, and M. Ishii, "A planar and dual polarization rectenna for HALROP microwave powered flight experiment", Space Energy and Transportation, Vol.1, No.3 & 4, 1996, In press

7 配管中移動ロボットへの無線給電システム

篠原真毅*

電磁波を用いた無線電力伝送の弱点はマックスウェル方程式に従い3次元に広がって薄まっていく電磁波の特性そのものである。3次元に広がる電磁波は伝送効率がどうしても悪くなる。この電磁波の広がりのために100年前のTeslaは実験に失敗し，50年前のBrownは高周波（マイクロ波）のアンテナ利得を大きくすることで電磁波の広がりを抑えてビームを形成し，高効率無線電力伝送実験に成功した。ワイヤレス電力伝送シートという伝播路を形成することで電磁波の広がりを3次元ではなく2次元に抑えることで伝送効率を向上させるシステム提案も存在する。そして本節では導波管形状の中を電磁波，特にマイクロ波を伝播させることで電磁波の広がりを抑えて，伝播する1次元方向のみに電磁波を伝播させ，伝送効率を向上させるシステムについて説明する。導波管とは導体で壁面を形成した矩形もしくは円形形状の中空の導波路のことである。導波管の構造上，ある一定の波長より長い電磁波を導波管で伝搬させることはできない。これをカットオフと呼び，そのため導波管ではある程度以上短い波長の電磁波＝マイクロ波で用いられることが多い。

導波管形状の例としてガス管がある。ガス管の検査用のロボットへのマイクロ波無線電力伝送が京都大学と大阪ガスで検討されたことがある。現在のガス管検査ロボットのエネルギーは有線で供給されている。これはエネルギー切れの心配をする必要がないが，ある程度の距離を進むと給電線自体の重量でロボットが動けなくなってしまうという問題がある。逆にバッテリー形式では重量の問題は少ないが，万が一バッテリー切れになるとロボットの探索/救助が大変であり，そこでマイクロ波無線電力伝送応用のアイデアが出された。ガス管の多くはまだ導体で構成されており，また円形であるため，円形導波管としてみなすことが出来る。

検討は図1のロボットを前提として，2.45GHzのマイクロ波で行われた。現在のガス管の多くはまだ円形の鉄管であるため，導波管と見なすことができる。実際に用いられていた様々なガス管を使用し，ガス管の中にマイクロ波を入射することによってガス管にお

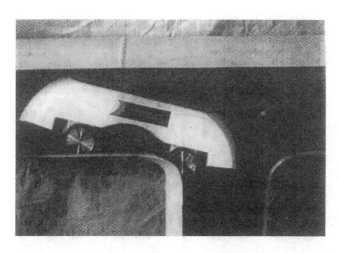

図1 ガス管検査ロボット[1]

---

*　Naoki Shinohara　京都大学　生存圏研究所　教授

けるマイクロ波の伝わり方および減衰量の考察を行っている[1]。

円形マイクロストリップアンテナを用いて直線偏波のマイクロ波をガス管に入射するとTM$_{11}$の伝送モードでマイクロ波が伝搬していくことが実験的に確認されている[1]。内径155mmのガス管に2.45GHzの電磁波を伝搬させた場合,理論的に計算される電磁界の伝播モードは図2のようになる。そして実際に計測したガス管内の電磁界分布は図3のようになり,TM$_{11}$の理論値と実験値がある程度一致していることが分かる。

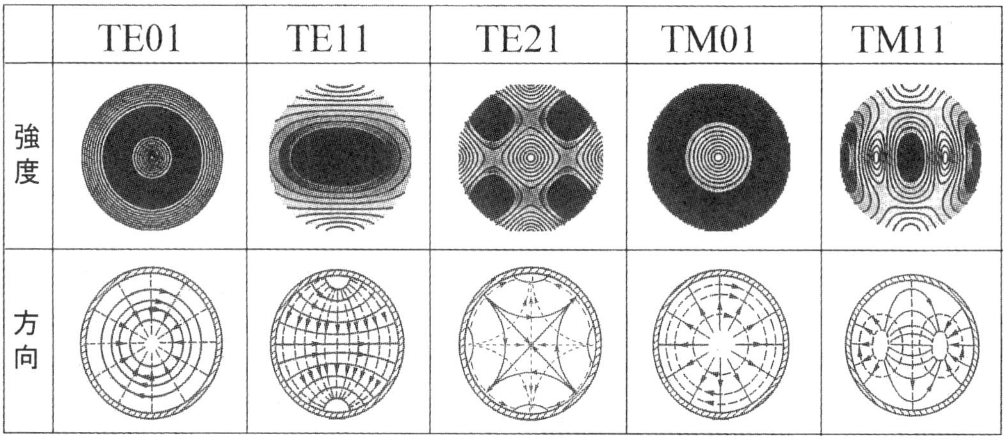

	TE01	TE11	TE21	TM01	TM11
強度					
方向					

図2 内径155mmのガス管に2.45GHzの電磁波を伝播させた場合の電磁界の伝播モードの理論値(実線:電界E,破線:磁界B)

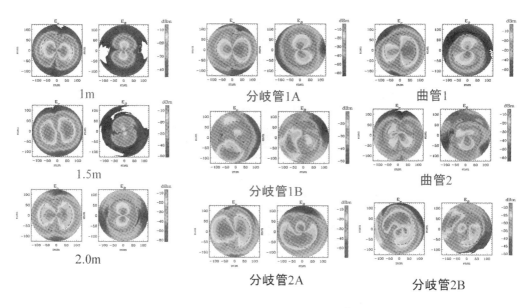

図3 ガス管内電磁界分布の測定値[1]

第2章 応用技術―電磁波利用―

　TM$_{11}$モード伝播を仮定し，実験により測定された定在波の最大値の曲線を減衰がある場合の理論定在波式の最大値の曲線にフィッティングさせることにより減衰量の考察を行った。円形導波管の損失は次式で表される。

円形導波管のTE$_{mn}$モード波の損失係数α

$$\alpha = \sqrt{\frac{\mu\sqrt{\mu_0\varepsilon_0}}{2\sigma\mu_0}}\,a^{-\frac{3}{2}}\sqrt{\rho'_{mn}}\left[\frac{m^2}{\rho'_{mn}-m^2}+\left(\frac{f}{f_c}\right)^2\right]\frac{\left(\frac{f}{f_c}\right)^{\frac{3}{2}}}{\sqrt{\left(\frac{f}{f_c}\right)^2-1}} \quad (nepar/m) \tag{1}$$

円形導波管のTM$_{mn}$モード波の損失係数α

$$\alpha = \sqrt{\frac{\mu\sqrt{\mu_0\varepsilon_0}}{2\sigma\mu_0}}\,a^{-\frac{3}{2}}\sqrt{\rho_{mn}}\frac{\left(\frac{f}{f_c}\right)^{\frac{3}{2}}}{\sqrt{\left(\frac{f}{f_c}\right)^2-1}} \quad (nepar/m) \tag{2}$$

　その結果，減衰率としては幅があるが－0.1～－1.0dB/mであると予測された。他の伝送モードについてはTM$_{11}$の減衰率が－1.0dB/mであるとしてガス管の導電率を求めることにより他の伝送モードでの減衰量を求めることができ，この結果TM$_{11}$で減衰率が－1.0dB/mのときでも伝送モードとしてTE$_{11}$を選べば－0.19dB/mにすることができることが予測されている。この結果は，実験によりガス管内の錆があってもその損失は小さくマイクロ波を伝播させることはできるが，複雑なガス管の分岐箇所ではマイクロ波が十分伝播できないため，ガス管検査ロボットへのマイクロ波無線電力伝送は限定使用に限り可能であるという結論となる。ロボットに必要な電力は60W程度であったため，ガス管の直径を考えた場合に4素子程度のレクテナしか配置できないが，大電力用レクテナを開発したことによって実現可能となった[2]。現在はロボット駆動の電力も大幅に下がっており，レクテナへの要求は下がっている。

　方形導波管と同様，実用上の問題はほぼないが，円形導波管のブレークダウン電力を以下に示しておく。ガス管中をマイクロ波電力伝送させた場合に懸念されるガス爆発であるが，爆発は酸素がないと起こらないのであるが管中に酸素は存在しないため，万が一の放電が起こったとしても爆発の可能性は極めて低いとされた。

$$P_{breakdown} = 1970a^2v\left[1-\left(\frac{f_{c11}}{f}\right)^2\right] \quad (kW) \; (for TE_{11} \text{ mode})$$
$$P_{breakdown} = 1805a^2v\left[1-\left(\frac{f_{c01}}{f}\right)^2\right] \quad (kW) \; (for TE_{01} \text{ mode}) \tag{3}$$

　もう一つの閉鎖空間ロボットへのマイクロ波無線電力伝送の研究は日本の㈱DENSOで1990年代後半にNEDOの委託研究として行われていた。配管内自立移動ロボットへの無線送電で，周波数14～14.5GHzのマイクロ波を用いている。文献3の頃は図4にあるような直線偏波の立体型ダイポールを用いて実験を行っていたが，文献4の頃には4素子のパッチアンテナに改良さ

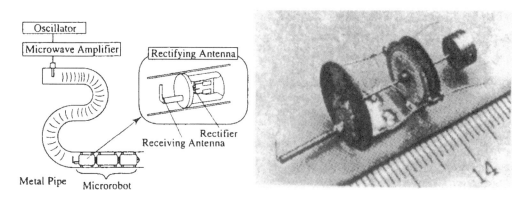

図4 配管内自立移動ロボットへの無線送電の概念図と開発されたマイクロロボット[3]

れている。パッチを14.5mmφの液晶ポリマーの基板上に軸対称に配置することにより円形 TE_{11} モードの円偏波を受信するようになっていた。ロボットはレクテナと移動機構の駆動波形を生成すると共に赤外線を感知して移動方向を逆転させる回路，圧電素子を用いた移動機構 PLD (Prigrammable logic device) からなる。送電電力4Wでの実験で200mWを受電し，直径15mmの配管内を自律動作で毎秒10mmの実用的なスピードのマイクロロボットの移動に成功している。

文　　　献

1) 平山勝規,"ガス管内を移動するロボットへの無線電力伝送システムに関する研究"，京都大学大学院工学研究科電子通信工学専攻修士論文 (1999)
2) 三浦健史，篠原真毅，松本 紘","マイクロ波無線電力伝送用レクテナの大電力化に関する研究",信学論誌 B, Vol. J83-B, No.4, pp.525-533 (2000)
3) Shibata, T., Aoki, Y., M. Otsuka, T. Idogaki, and T. Hattori, "Microwave Energy Transmission System for Microrobot", IEICE Trans. Electron, vol.E80-C, no.2, pp.303-308 (1997)
4) 柴田貴行，川原伸章,"マイクロ波エネルギー伝送技術を用いた配管内自立移動ロボットの開発",信学会総合大会予稿集，B-1-24, p.24 (1999)

8 宇宙太陽光発電システム

佐々木 進*

8.1 はじめに

地上の殆ど全ての自然現象や生命活動は太陽からのエネルギーにより維持されている。太陽から地球へ届くエネルギーの総量は膨大であり人類の全エネルギー消費量の 10,000 倍に相当する。昨今の地球環境問題，化石燃料枯渇，原子力発電の安全性問題に対応して，地上での太陽光利用はますます注目を浴びている。しかしながら，地上の太陽光利用は，夜の存在や天候による影響を受けて恒常性に欠けること，さらには必要な総量のための土地確保の問題が避けられない。これらの問題を根本的に解決する方法として，宇宙で太陽光発電を行いその電力を無線で地上に送電する"宇宙の発電所"宇宙太陽光発電システムの構想が提案されている。この構想は，40年も前に米国で提案され長い間夢物語として扱われてきたが，太陽光発電や無線送電などの技術の進歩と環境やエネルギーに係わる社会的な要請から本格的な研究が始まりつつある。

8.2 宇宙太陽光発電システムの仕組み

宇宙空間の太陽光のエネルギー密度は約 1,350W/m² であり，地上の平均日射量（昼夜を通した年平均）の 10 倍近くに達する。これは静止衛星軌道のような高い軌道では夜が殆ど無く，天候の影響を全く受けず，かつ大気減衰が無いためである。宇宙太陽光発電システムは，宇宙空間で豊富な太陽エネルギーを電力に変換し，その電気エネルギーをマイクロ波やレーザーなど無線で地上に送電し，地上で商用電力に変換して利用者へ配電するシステムである。このシステムの軌道上の部分は太陽発電衛星と呼ばれている。図1にマイクロ波を用いた場合のシステムの基本的な構成を示す。このシステムは地上の太陽光発電と比べると，無線送受電の部分で余分の電力損失がある。しかし，6GHz以下の周波数のマイクロ波の空間減衰は通常 5%以下であり，送受電技術の最近の進歩から判断すると，近い将来送受電の損失は 50%以下とすることが可能である。このため平均日射量を考慮

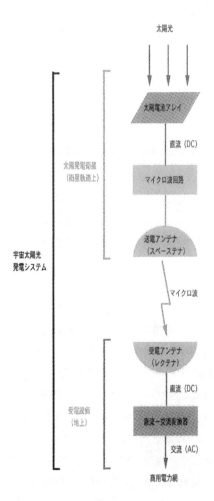

図1 マイクロ波を用いた場合のシステムの構成

---

* Susumu Sasaki　宇宙航空研究開発機構　宇宙科学研究所　教授

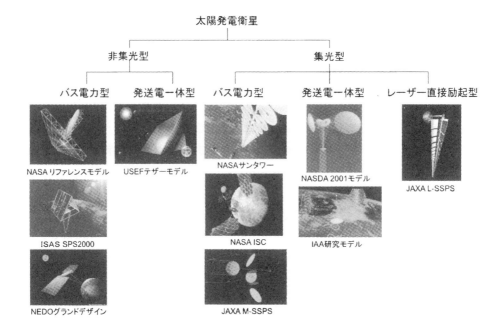

図2 これまで各国で設計研究が行われた各種の太陽発電衛星（宇宙太陽光発電システムの軌道上部分）

すると宇宙太陽光発電システムは地上の太陽光発電システムと比較して，5倍以上エネルギー収集効率（単位面積当たり）の高いシステムとなりうる。このシステムは製造や輸送の過程でCO_2を発生するが，運用の段階ではCO_2を発生しないため，化石燃料を使用した発電方式と比べ非常にクリーンなエネルギーシステムである。

8.3 宇宙太陽光発電システムの研究の歴史

1968年にピーター・グレーザーがこの構想[1]を発表して以来，1970年代には米国のNASA及び当時のエネルギー省で本格的な研究が行われた。この時概念設計されたシステムは，リファレンスシステム[2]と呼ばれている。この設計研究は21世紀初頭のアメリカの必要電力（約3億キロワット）を全て宇宙太陽光発電で賄うという前提で行われた。リファレンスシステムは余りにも巨大な電力システムを検討の対象としたため，技術的・社会的な飛躍が大き過ぎて，実現のための一歩を踏出すことなく検討は終了した。米国での研究が一段落した1980年代以降は，我が国で宇宙太陽光発電システムの構想に注目した研究者たちにより，観測ロケットによる無線送電技術の宇宙実験[3]や，早期の実現をめざした実証システムの設計研究[4]が行われた。1980年代の終わり頃からは，地球環境問題が全世界的に認識されるようになり，これを解決するための有力な選択肢として，宇宙太陽光発電システムを現実のエネルギーシステムとして見直そうという機運が世界的に高まってきた。1990年以降，米国，日本，欧州で様々なタイプの宇宙太陽光発電システムが設計研究されている。図2にこれまで世界で設計研究されてきた各タイプの太陽発

第 2 章　応用技術—電磁波利用—

表 1　宇宙太陽光発電システム実現のために必要な技術とその規模

主要な技術	現状の到達レベル	目標レベル	ファクター
宇宙太陽光発電	百 kW（国際宇宙ステーション）	GW	10,000
マイクロ波送電	数十 kW（地上），1kW（宇宙）	GW	100,000
レーザー送電	百 W（地上），0.1W（宇宙，通信）	GW	10,000,000
大型構造物	100m クラス（国際宇宙ステーション）	数 km	10
宇宙輸送のコスト	50-100 万円/kg	1 万円/kg	1/50～1/100

電衛星の設計例を示す．特に我が国では，2009 年に宇宙基本計画が策定され，宇宙太陽光発電システムは今後着手すべき研究開発プログラムの一つとして，「実現に必要な技術の研究開発を進め，地上における再生可能エネルギー開発の進捗とも比較しつつ，10 年程度を目途に実用化に向けた見通しをつけることを目標とする」と定められている[5]．

8.4　宇宙太陽光発電システムに必要な技術と課題

　宇宙太陽光発電システムの構築には，宇宙での太陽発電技術，電力管理技術，無線送電技術，大型構造物の建造・姿勢制御・軌道維持技術，地上の大規模受電技術，地上から宇宙への大量の物資輸送技術が必要である．それぞれの技術は小規模なレベルであれば既に実用化されており，原理的に新たな検証を必要とする未踏の技術はない．実際，現在の衛星でも太陽電池パネルで発電した電力を用いマイクロ波を利用して地上に情報（微弱なエネルギー）を届けている．この点が未だ原理部分（ブレーク・イーブン）が検証されていない核融合発電と根本的に異なる点である．今後これら各技術の大規模システムへの応用と低コスト化，及び電力部分についての効率向上が宇宙太陽光発電システム実現のための課題である．表 1 に主要技術の現状の到達点と実用レベルの宇宙太陽光発電システムを実現するための技術目標を示す．原理的な問題は無いとは言え，現状技術からの飛躍は極めて大きい．

8.5　宇宙太陽光発電システムの研究の現状

　我が国ではこれまで，無線送電の実証的研究とともに，様々なタイプの宇宙太陽光発電システムの設計研究が行われてきた．図 3 に比較的詳細な検討が行われた最近の 3 つの代表的なシステムの設計例を示す．これらは，宇宙航空研究開発機構（JAXA），無人宇宙実験システム研究開発機構（USEF），大学や研究機関の研究者と関連メーカーの技術者が共同で設計を行ったものである．Basic Model[6] は発送電一体型パネルを地球指向させるモデルで，太陽指向方式と比較してエネルギー取得効率は低いが構成が単純で技術的な実現性が高い．Advanced Model[7] は編隊飛行するミラーを太陽指向させるモデルで技術的なバリヤーは高いがエネルギー取得効率が高い．Laser Model は複雑でエネルギー取得効率が低いが送受電部が小型となりうる．

　現在これらのモデルに係わる基本的な技術について，地上での実証的な研究が進められている．マイクロ波送電については，kW 級の電力を約 50m 離れた受電ターゲットに 0.5 度の制御精度

図3 我が国で設計研究の行われている代表的な太陽発電衛星モデル

で送電を行うこと（図4），レーザー送電については約1kWの電力を500m離れた受電ターゲットに10マイクロラジアンの高い制御精度で送電を行うこと，大型構造については100m級のパネル及び反射ミラーの展開構築を可能とする技術の地上実証を行うこと，を目指して，研究機関や大学，関連メーカーによる研究が進められている。

外国では，米国で1995年から2000年代初頭にかけてNASAを中心とした見直し研究（フレッシュ・ルック・スタディと呼ばれている）が行われたが，現在は大学，研究機関，ベンチャー

図4 地上のマイクロ波送電実験の構想。kW級のマイクロ波ビームを約50m先の受電パネルに正確に送電する。

企業での個別研究や調査活動が行われている状況である。ヨーロッパでも2000年前後に調査研究やレーザー送電のデモンストレーション実験等が行われており，それらを基に軌道上実証実験が提案されている段階である。国際的な学会の動きとして，2007年にはURSI（国際電波科学連合）による太陽発電衛星白書が発行され，2011年にはIAA（国際宇宙航行アカデミー）の宇宙太陽光発電システムに関する研究レポートがとりまとめられている。

8.6 宇宙太陽光発電システム実現への展望

現在我が国で進行中のマイクロ波及びレーザーの地上での無線送電実験は今後数年で完了し，次の段階では小規模な軌道上実証実験を行うことが当面の目標である。初期の軌道上実証のテー

第 2 章　応用技術—電磁波利用—

マとしては，現在研究が先行しているマイクロ波送電がその最初の候補となっている。軌道高度数百 km の小型衛星あるいは国際宇宙ステーションを用いて，数 kW 級のマイクロ波ビームを地上に向けて放射し，地上からのパイロット電波への追随性やビーム形成の実証及び高い電力密度（約 1kW/m^2）のマイクロ波の電離層通過実証を行うことが目標である（図5）。ただしこの実験では地上でのマイクロ波の電力密度（最大で 100μW/m^2 程度）が小さいため，地上の受電アンテナ（レクテナ）で有意な電力を取得することはできない。

小型の宇宙実証から先の開発についてはまだ研究者レベルの提案であるが，図 6 に示すようなロードマップが描かれている。小型の実証実験が完了後，地上での研究結果も合わせて，宇宙太陽光発電システムの無線送電の方式としてマイクロ波を採用するかレーザーを採用するかの判断が行われる。その後選択された方式で 100kW 級の本格的な軌道上実証を行う。マイクロ波方式の場合は，20m×20m スケールの送電アンテナを低高度軌道に投入し地上で直径 500m 規模のレクテナを構築すれば，10kW 級

図5　小型衛星によるマイクロ波送電実験（想像図）

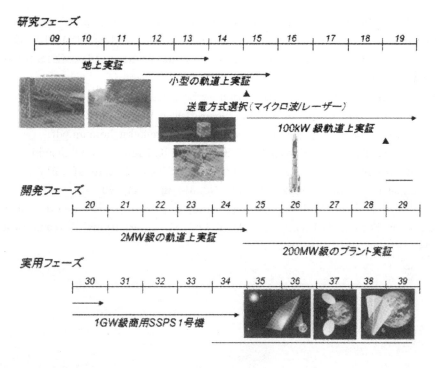

図6　ロードマップ

の電力を取得することができる。これにより宇宙太陽光発電システムの電力システムとしてのend/endの実証が行われシステムとしての評価が定まる。この段階で本システムが実用的なものになりうるという技術的・社会的評価が固まれば，引き続いて2020年代に2MW級から200MW級のプラント実証を行い，2030年代半ばの実用化（1GW級）が可能となる。

8.7 おわりに

　宇宙太陽光発電システムの構想は，エネルギー・環境問題などの地球規模の問題に対し，地球という閉鎖系の中ではなく開かれた宇宙空間にその解決の道を探ろうとするものである。宇宙太陽光発電システムを実現するには，今後関連技術の大規模化と低コスト化という大きな課題を克服する必要があるが，このシステムは将来のクリーンで安定したエネルギーシステムとして極めて有力な選択肢と考えられている。この構想が具体化すれば，地球近傍の宇宙空間はフロンティアの場からエネルギー取得の場に変わる文明史的なパラダイムシフトが実現することになるだろう。

文　　献

1) P. E. Glaser, Power from the Sun:Its Future, *Science,* Vol. 162, pp. 867-886, 1968
2) DOE/NASA, Program Assessment Report Statement of Findings, DOE/ER-0085, 1980
3) R. Akiba, K. Miura, M. Hinada, H. Matsumoto and N. Kaya, ISY-METS Rocket Experiment, ISAS Report No. 652, 1993
4) M. Nagatomo and K. Itoh, An Evolutionary Satellite Power System for International Demonstration in Developing Nations, *Space Power,* Vol. 12, pp. 23-36, 1993
5) http://www.kantei.go.jp/jp/singi/utyuu/keikaku/keikaku_honbun.pdf
6) S. Sasaki, K. Tanaka, S. Kawasaki, N. Shinohara, K. Higuchi, N. Okuizumi, K. Senda, K. Ishimura and the USEF SSPS Study Team, Conceptual Study of SSPS Demonstration Experiment, *Radio Science Bulletin,* No. 310, pp. 9-14, 2004
7) N. Takeichi, H. Ueno, M. Oda, Feasibility Study of a Solar Power Satellite System Configured by Formation Flying, IAC-03-R. 1.07, 54th International Astronautical Congress, Bremen, Germany, 2003

第3章 応用技術―カップリング利用―

1 電気自動車用ワイヤレス給電システム（電磁誘導）

高橋俊輔*

1.1 はじめに

電気自動車（EV）用充電装置において，車両外の電源から車両に電力を供給するコネクタ部のプラグとレセプタクルの組み合わせを充電カプラといい，通電方式から接触式と非接触式に大別される。接触式は金属同士のオーミック接触を用いて電気的に電力電送するものであり，非接触式とは一般的にはコイルとコイルを向かい合わせ，その間の空間を介して電磁気的に通電させて電力伝送するものである。EV に使用可能と考えられるワイヤレス給電システムとしては，・マイクロ波方式，・電磁誘導方式，・磁界共鳴方式の3種類が挙げられるが，出力，効率の点から現状において実用に最も近いシステムは電磁誘導方式である。

1.2 電磁誘導方式の原理

1831年に英国の Michael Faraday は，静止している導線の閉じた回路を通過する磁束が変化するとき，その変化を妨げる方向に電流を流そうとする電圧が生じると言う電磁誘導現象を発見し，変圧器の基本原理であるファラデーの電磁誘導の法則を導き出した。それ以降，送受電コイル間に共通に鎖交する磁束を利用するワイヤレス給電システムはいろいろ研究されたが，大電力半導体デバイスの普及により，安価で小型，高性能なインバータを容易に入手できるようになった1980年頃から，電磁誘導方式のワイヤレス給電システムの本格的な開発が始まった。

電磁誘導方式のワイヤレス給電には，静止型（図1a)）と移動型（図1b)）の2つの方式がある。静止型はヒゲ剃りなどの家電品や EV 用として使われるように，給電中は1次側コイルの直上にギャップを隔てて2次側コイルを置いておく必要があり，移動体側に搭載した電池に電気エネルギーを充電する。移動型は，静止型の1次側コイルのコアを取り去り，コイルをレール状に伸ばして給電線としたもので，ピックアップが給電線上にある限りは EV などの移動中にも給電が可能である。

いずれの方式も，基本的にはコア間に大きなギャップ長のある変圧器である。図2の変圧器のように1次コイルに交流電流を流すとコイル周囲に磁界が発生し，1次／2次コイルを共通に鎖交する磁束により2次コイルに誘導起電力が発生する。理想的な変圧器の磁束は全て主磁束で構成され，漏れ磁束がない。この場合の1次コイルと2次コイルとの結合の度合いを示す結合係数

---

* Shunsuke Takahashi 早稲田大学 環境総合研究センター 参与

kは1である。しかし、ワイヤレス給電では大きなギャップにより磁路が切れていて、漏れ磁束があるために結合係数は1よりも小さくなる。この漏れ磁束が変圧器の1次側，2次側にそれぞれ直列に接続されたインダクタンスとして、チョークコイルと等価な働きをする。これが漏れインダクタンスである。つまり、変圧器として働く励磁インダクタンスは自己インダクタンスのうちのk倍で、残りの部分は漏れインダクタンスになる。ワイヤレス給電は変圧器に比べ励磁インダクタンスが小さく、漏れインダクタンスによる電圧降下が大きいシステムと言うことができる。そこで、電力を効率よく伝達するために、1次側の印加周波数を10kHz程度から数100kHzの

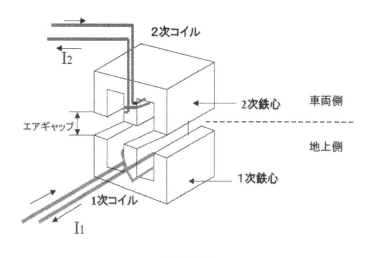

a) 静止型

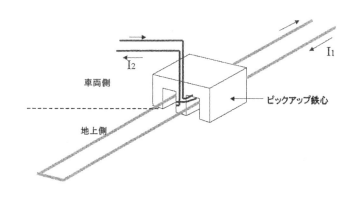

b) 移動型

図1 電磁誘導式非接触給電の原理

範囲で最適な値の高周波にして2次誘起電圧を上げたり、漏れインダクタンスの補償のために、コイルのインダクタンスにコンデンサを並列もしくは直列に接続した共振回路を用いる。1次コイルから出る磁束が2次コイルに鎖交し易くするためと、1次コイルに流す電流を低減させるため、コアとして磁性体が使用されるが、周波数が高いためフェライトを用いる。また周波数が高くなると導線の表面近くしか電流が流れない表皮効果が現れ、導体の有効断面積が小さくなって導体抵抗が増加、損失となる。そこで、径を細くした素線を絶縁して、多数撚り合わせ、導体の表面積を増やしたリッツ線を使用する。

1.3 電磁誘導方式の開発

実際に使われたEV用のワイヤレス給電システムとして最初のものは、1980年代の米国での

第3章 応用技術—カップリング利用—

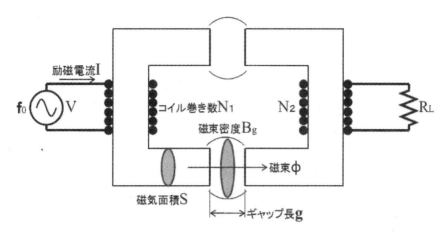

図2 トランスの磁路断面

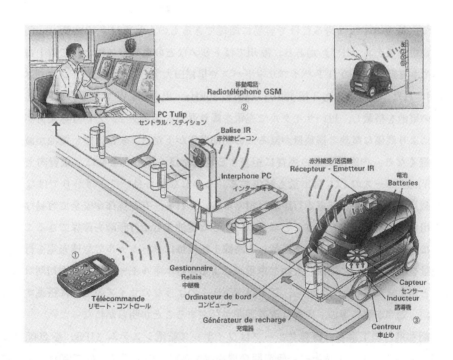

図3 Tulip計画の非接触充電システム
(出典:カースタイリング別冊 NCV 21)

PATH (Partners for Advanced Transit and Highways) 計画で,図1b) の原理を使い,道路に埋め込んだケーブルからの電磁誘導により,走行中の車両に給電するシステムである。実験は成功したが漏れ磁束が大きかった。1995年仏国の Peuseot/Citroen 社による Tulip (Transport Urbain, Individuel et Public) 計画では図1a) の原理に従い,図3に示すように,地上に

ワイヤレス給電技術の最前線

設置した送電コイル上にEVが跨り，床面に設置した受電コイルとの間で給電すると共に，通信システムで充電制御を行うと言う，現在のものと殆ど変わらないシステムが採用された[1]。1997年仏国のCGEA社およびRenault社が，サンカンタン・イヴリーヌ市で実験を行ったPraxiteleシステムの構造は，高周波による電磁波漏洩問題から逃れるために床下につけた低周波トランスによるワイヤレス給電であったが，効率が悪く，車両の位置決めが難しいという課題があった。日本では1998年に，本田技研工業がツインリンクもてぎで，ICVS-シティパル用の自動充電ターミナルにおけるワイヤレス給電システムを一般公開した。その構造は棒状の分割トランスをロボットアームで車両に差し込むものであったが，製品化には至らなかった。

製品化されたものとしては，米国GM社が開発したMagne Chargeと呼ばれるパドル型のものがあり，1993年に豊田自動織機にて国産化され，国内数百台，国外に数千台以上が販売された。入力単相200V，周波数130kHz～360kHz，出力6kWであったが，1次コイルのパドルを2次コイルとなるインレット部に差し込まねばならず，コネクション操作が不要というワイヤレス給電の特徴を損ねる構造をしていたため，広く普及するには至らなかった。

大電力で，地上コイルに跨るだけで容易に給電できるものとしてはドイツWampfler社のワイヤレス給電システム（IPT）があり，欧州ではトリノなどの電気バス用として数十台が採用され，日本でも日野自動車のIPTハイブリッドバスや早稲田大学の先進電動マイクロバス（WEB-1）に採用された。仕様は入力3相400V，周波数20kHz，出力30kWである。WEB-1では，必要最小限の電池を搭載し，短いサイクルで充電を繰り返しながら使う，という考え方が導入された。これにより高価な電池の搭載量が減るため初期費用が下がる。また，重い電池が減るため車両重量が軽くなり，内燃機関車の燃費に相当する電費が良くなるとともに，電費向上の分だけWell to WheelベースのCO_2排出量も減少する。しかしながら良いことばかりではなく，電池の絶対搭載量が減るので1充電走行距離は短くなる。それを，充電操作が安全で容易なワイヤレス給電を用いて短時間充電を行うことにより，小さな電池でも走行距離を確保できることになる。この考えに従い，WEB-1にIPTを搭載し，路線1往復毎にターミナルで急速充電を行うことで，電池搭載量を必要最小限に削減，大幅な車重減による走行エネルギー削減と車両初期コストを低減することができた。しかしながら，IPTはWEB-1のようなのサイズのEVに搭載するには大きく，重い，効率が悪い等の，大きな改善課題が存在することが明らかになった[2]。

そこで昭和飛行機工業らの研究グループはワイヤレス給電システム（IPS）を2005年から4年間，新エネルギー・産業技術総合研究開発機構（NEDO）の委託を受けて開発した。具体的な装置構成例は，図4にあるように地上側システムが高周波電源，1次コイル，高周波電源から1次コイルまでの給電線とインピーダンス調整用のキャパシタボックス，移動体側システムは2次コイルと高周波を直流に直す整流器，バッテリーマネジメントシステムと地上側の高周波電源との間で制御信号をやりとりする通信装置からなる。高周波電源装置の内部は，商用電源を直流に変換するAC/DCコンバータ，高周波（方形波）を出力する高周波インバータ，方形波をサイン波に変える波形変換回路，安全対策のための絶縁トランスで構成されている。IPTと同じ

第 3 章　応用技術—カップリング利用—

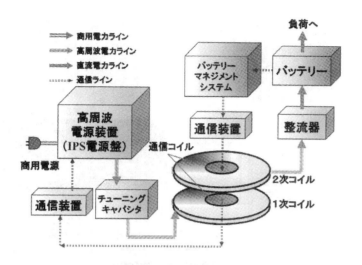

図 4　電磁誘導式非接触給電システムの構成

30kW，22kHz の仕様で開発した IPS は，コイル形状やリッツケーブル構造，高周波電源装置の最適化により，円形コア，片側巻線，1次直並列2次並列共振コンデンサシステムで，コイル間ギャップ 50mm を 100mm に増加，商用電源から電池までの総合効率は 86％を 92％に改善した。その他，2次側コイルの重量や厚みを半分にするなど小型，軽量化がはかられている[3]。

　WEB-1 は板バネのため車両側のコイル下面は地上から 180mm に固定され，また IPS のギャップはコイル間で 100mm，カバーを考慮したメカニカルギャップは 80mm であるため，地上側コイルは地上に 100mm 出っ張った状態で運用試験を行った。これでは実際に道路上に設置する場合において，他の車両走行の邪魔になり，道路上設置の要件を満たしていない。そこで WEB-1 に搭載した通常型 30 kW コイル（外径 847mm）より大きな径（外径 1247mm）にはなるが大ギャップ型コイルを開発した。道路交通法で規定されている軸重 10ton の耐荷重，すなわち片輪 5ton，車体が傾いた場合の偏荷重を想定し，コイルの表面を樹脂コンクリートで覆い 6ton の耐荷重を持つ地中設置型の地上コイルを製作した。厚い樹脂コンクリートで覆われながらも，メカニカルギャップは 120mm である。このコイルを 2009 年に環境省の「地域産学官連携環境先端技術普及モデル策定事業」の補助金を受けて早稲田大学が開発した 25 人乗り先進電動バス（WEB-3）に搭載した。WEB-3 はバリアフリーのため 60mm 車高を下げるニーリング機能を保有している。この機能を使うと図 5 に示すようにバスの床面に固定した車両側のコイルの下面は，地表面と面一になるように設置した地上側コイルの上面から 120mm となり，問題無く充電ができる。

　このシリーズは一人乗り EV 用の 1kW，普通車サイズ PHEV や EV 用の 10kW，マイクロバスなど中型車両用の 30kW，IPS バスやトラックと言った大型車両用の 60kW，LRT（次世代型路面電車）や連接バス用の 150kW を越える大電力まで，ラインナップされている。

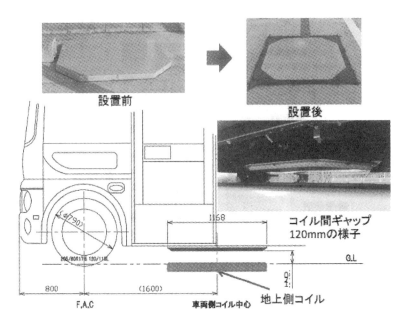

図5　WEB-3用埋込コイルとギャップの様子

1.4 電動バスによる実証走行試験

奈良県は奈良市内にパークアンドライド（P&R）と電動バスを導入し，利便性を上げると共に環境への優しさで多くの宿泊観光客の招致を計画している。2008年に"少量電池搭載WEB-1＋非接触式急速充電器（IPS）"と"大容量電池搭載電動バス＋接触式急速充電器"の2式の電動バスシステムを使い，県庁に両方の充電器を設置し，走行ルートとして東大寺・春日大社を含む奈良公園一帯を巡回する観光用周遊バスの社会実験を実施した。実験の結果，どちらの電動バスでもCO_2排出削減効果の有効性は確認できたものの，充電の利便性の点では"WEB-1＋IPS"のシステムに軍配が上がった。そこで2009年にはWEB-1のみを使い，再度，奈良公園にて実証走行試験を行った。試験では走行ルートにIPSを2か所，1つはターミナル駅での充電を想定して奈良県庁に設置，もう1つはバス停での充電を想定してルート途中の春日大社に設置，乗客が乗降する間に充電することにした。試験条件として，県庁では毎回必ずSOC（充電率）70％まで充電を行い，春日大社では途中経路の渋滞度合いによって充電時間を充電無し・1分間充電・2分間充電の3パターンを設定，空調負荷については有り，無しとした。最も代表的な春日大社1分間充電，空調無しの条件で試験を行ったときの結果は，1周5.5kmのルートの走行に約30分を要し，消費したSOCを回復するのに要した充電時間は県庁で約6分，春日大社で1分の合計約7分であった。このIPS充電を行うことで12kWhという少ない電池容量でもアップダウンの大きな奈良公園内を1日中運用できることが示され，本車両のコンセプトである「短距離走行・高頻度充電」が実証された。試験結果より算出されるM15モードでのCO_2排出はWEB-1

第3章 応用技術—カップリング利用—

図6 IPSハイブリッドバスと埋込コイルの様子

に改造する前のディーゼルバスに比べ67.6%削減できた[4]。

WEB-3を使った試験は2010年に埼玉県の本庄市（1周12.5km）と熊谷市（1周5km）の2カ所で行った。どちらもターミナル1カ所のみにIPSを設置してSOC 70%まで充電を行い，空調負荷有り，無しとし，比較のためベースのディーゼル車も走行させて試験を行った。試験結果として消費エネルギーは改造する前のディーゼルバスに比べ電動化により本庄市で73%，熊谷市で62%，CO_2排出はそれぞれ60%，52%削減できた。空調負荷が電費に与える影響はクーラー最大で15〜19%，ヒーター最大で32〜37%消費エネルギーが増加した[5]。

純粋な電動バスではないが日野自動車のIPSハイブリッドバスにも50kW型IPSを搭載し，2011年に東京駅前に図6のように地上側コイルを設置し，東京駅前と晴海間路線で試験運用が行われた。

1.5 おわりに

現在，日本各地で電動バス導入の計画が進んでいて，省エネ，低公害を容易に実現できる利便性の高いワイヤレス給電システムを搭載した電動バスがバス停で簡単充電をしながら，街中を走行しているシーンが近々見られる予定である。また，ワイヤレス給電システム標準化の動きも急速に進んでいて，通常のEVにもワイヤレス給電システムが搭載されるのも，そう遠い日ではないと思われる。

文　　献

1) 高木啓，NCV 21 21世紀は超小型車の時代，カースタイリング別冊 Vol. 139 1/2, p 99–105 (2000)
2) 紙屋雄史ほか，先進電動マイクロバス交通システムの開発と性能評価（第1報），自動車技術会論文集，Vol. 38, No. 1, 20074109, p 9–14 (2007)
3) 高橋俊輔ほか，非接触給電システム（IPS）の開発と将来性，自動車技術会シンポジウム論文集 No. 16–07, p 47–52 (2008)
4) 荻路貴生ほか，先進電動マイクロバス交通システムの開発と性能評価（第4報），自動車技術会春季学術講演会論文集，No.1, 20105128, (2010)
5) 小林王義ほか，先進電動マイクロバス交通システムの開発と性能評価（第5報），自動車技術会秋季大会学術講演会前刷集，No. 108–11, 83 (2011)

2 電磁共鳴を用いた電気自動車向け非接触充電システムの開発

居村岳広[*]

2.1 はじめに

2010年は電気自動車（EV: Electric Vehicle）元年と言われ，量産型の電気自動車が相次いで販売された。ガソリンや軽油を使用するエンジン搭載車に比べ，電気自動車は圧倒的にエネルギー効率が高く，Well-to-Wheelの効率では約3倍高い。Well-to-Wheelでの二酸化炭素排出量も1/4と低く，非常にエコであることは，一般の人にも常識となりつつあり，電気自動車への注目を高める大きな要因となっている[1]。しかしながら，現在の電気自動車は，ほぼ毎日の充電作業を必要とし，手動で電気ケーブルをコンセントに挿す作業，つまり，接触式の充電作業が必要となる。この充電作業がどの程度，電気自動車の普及の足枷となるかは未知数であるが，実際の利用シーンを考えると，使用者にとって大きな負担となるのは想像に難くない。そこで，自宅での停車中のワイヤレス自動充電システムが大いに注目されている。

この様な状況の中で，2006年から2007年にかけて新しいワイヤレス電力伝送方式としてMITからWiTricity（Wireless Electricityの造語）という非放射型の電磁共鳴技術が発表された[2,3]。2つの共振コイル間において，距離（エアギャップ）1mで効率約90%，また，距離2mで効率約45〜50%かつ60Wをワイヤレスで電力伝送出来ることを示した。実験に使用した送信と受信用の共振コイルは直径600mm，5.25巻，周波数は約10MHzである[2,3]。そこでは本現象を共鳴現象として捉え，Q値が高いアンテナにおいて，高効率の電力伝送が可能であることが示されている。以後，本現象やアンテナや回路設計の見通しを更に良くするために，等価回路化に関する論文[4]，アンテナ形状に関する論文[5]，効率を最大化する論文[6]，中継アンテナに関する論文[7〜9]など多数発表されている。

本稿では，この磁界共鳴を用いて電気自動車へワイヤレス充電を行うシステムの研究開発の方針と各コンポーネントについての解説を行う。そのために，はじめに基本事項として，等価回路からみた電磁共鳴現象の解説を行ない，磁界共鳴の基本特性を示した後，将来のパワーエレクトロニクスの一次側制御が適応できるよう周波数を13.56MHzから120kHzまで下げたアンテナを紹介し，そして，kHzでもMHzでも適応できる素早い制御を可能とする二次側でのインピーダンスマッチングについて紹介する。

2.2 磁界共鳴と電気自動車へのワイヤレス充電の適応

現在，ワイヤレス電力伝送技術は大きく4つに分類されており，非放射型として電磁誘導方式，電磁共鳴方式があり，放射型としてマイクロ波方式，レーザー方式がある。2007年当時は，4つの方式は周波帯域ごとにきれいに分かれ，電磁誘導方式がkHz，電磁共鳴方式がMHz，マイク

---

[*] Takehiro Imura　東京大学大学院　新領域創成科学研究科　先端エネルギー工学専攻
　　助教

第3章 応用技術—カップリング利用—

ロ波方式が GHz，レーザー方式が THz となっていた。しかしながら，2011年現在では，電磁共鳴の適応周波数が広い事もわかってきており[1]，更に，特殊なケースの電磁誘導に関しても，磁界共鳴との同一性も指摘されているなど[2]様々なことが明らかになってきた。いずれにせよ，従来の共振を上手く利用していない電磁誘導では非常に近い距離に関しては高効率であるが，大きなエアギャップでは電力伝送自体が困難であり，数 cm 程度のエアギャップと厳密な位置合わせを要する事により，応用範囲は限られていた。そこで，電磁共鳴方式に注目が集まっている。本方式は非放射型の電力伝送に分類され，共振状態かつ共振周波数を同じにしたアンテナを使用して電磁界の結合によって電力伝送を行なう方式である。電磁共鳴は磁界で結合する磁界共鳴と電界で結合する電界共鳴があり，これらの理論は共振器理論に一致する。そして，磁界共鳴は回路トポロジーを限定した電磁誘導とも一致するが，その発見の経緯や大ギャップ長を形成できる事，オープン型のアンテナ形状で実現できる事[5]，高 Q のアンテナの使用など，従来の電磁誘導とは多くの特徴の違いを有することにより現在のところは別の技術として分類されている[10,11]。電磁共鳴技術は，高効率，大ギャップ長，位置ずれに対するロバスト性，大電力の4点をバランス良く兼ね備えており，電気自動車や家電へのワイヤレス充電においてはこの4点全てが必須事項となるため，次世代のワイヤレス電力伝送方式として注目されている。

現在，電磁誘導，電磁共鳴，マイクロ波方式の3方式が主に電気自動車向けのワイヤレス電力伝送方式として研究されている。いずれの方式を採用しても，電気自動車へのワイヤレス充電のシステム構成はほぼ同じである。高周波電源を使用して発生した高周波の電磁エネルギーを使用し，送信アンテナから受信アンテナにワイヤレスで電力伝送を行ない，受電回路で整流を行ない2次電池やキャパシタなどの蓄電装置に電力を貯める（図1）。

この際，本システムで使用する周波数の選定が非常に重要になってくる。磁界共鳴は最初に発表された論文が約 10MHz を使用していたこともあり，多くの論文が MHz を採用している。しかしながら，MHz では電源も負荷制御装置も高価になり，また，各部分における損失を抑えるのは容易ではない。更に，パワーエレクトロニクス技術の様な高度な制御技術が適応できる周波数を超えてしまっているので，一次側で素早く適切な制御を行なうことが困難である。そこで，本稿では 13.56MHz から約 120kHz まで動作周波数を下げたアンテナを紹介する。これにより，将来的には一次側においてパワーエレクトロニクス技術が適応できることになる。

この電磁共鳴は，磁界の結合が優位な磁界共鳴と電界の結合が優位な電界共鳴がある。本稿では，磁界が結合に優位に働いている磁界共鳴について解説する。この磁界共鳴方式によるワイヤレス電力伝送は，大きなエアギャップだけでなく位置ずれに強い事が大きな特徴である（図2）。モーメ

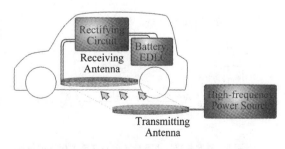

図1 電気自動車へのワイヤレス充電の構成

ワイヤレス給電技術の最前線

(a) 位置ずれの場合

(b) 横に置いた場合

図2 磁界共鳴による電球点灯実験の様子

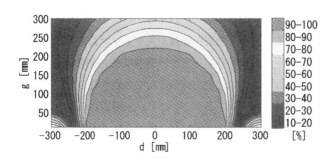

図3 パラメータと電力伝送効率
(半径 150 mm, 5 巻, ピッチ 5 mm)

(a) オープン (端)

(b) オープン (給電側)

図4 オープンタイプのヘリカルアンテナ
(半径 150 mm, 5 巻, ピッチ 5 mm)

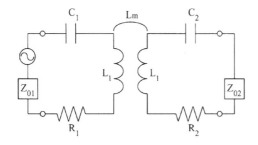

図5 磁界共鳴によるワイヤレス電力伝送の等価回路

ント法を用いた電磁界解析を行なった時の電力伝送効率と電力が届く範囲を図3に示す。この様に、非常に広い範囲で電力伝送が可能である。図2、図3では 13.56MHz 用のアンテナを使用している。

図2の実験で使用したアンテナを図4に示す。ここで使用したアンテナはアンテナの端が解放されているオープンタイプのアンテナを使用している。アンテナ端が短絡している、ショートタイプのアンテナでも外部回路にコンデンサを挿入する事で同様に電力伝送が可能である[5]。

電磁共鳴のアンテナは、送信側単独で共振し、かつ受信側単独で共振を起こしている。そして、それぞれの共振周波数が一致した状態で電力伝送を行なう事により高効率の電力伝送が実現できる。アンテナでの共振は L, C, R の直列共振であらわされ、電力伝送を行なっている部分は磁界での結合なので相互インダクタンス L_m で表わすことができる。また内部抵抗の銅損と放射損の合算は R で

第3章 応用技術―カップリング利用―

表す事ができ，そのため等価回路は図5のようになる。

この等価回路を元に電力伝送効率 η_{21} を求めると以下となる。まず，(1) 式に電力伝送効率 η_{21} と透過 S_{21}，(2) 式に電力反射率 η_{11} と反射 S_{11} の関係を示す。送信アンテナの自己インダクタンスを L_1，受信アンテナの自己インダクタンスを L_2 とすると，全て同じアンテナなので，$L_1 = L_2$ である。以上より，インダクタンスは (3) 式となり，回路のインピーダンスは (4)，(5) 式となる。Sパラメータは (6) 式で表されるので，インピーダンスとの関係は，(7) 式となる。(7) 式で使用されるパラメータは (8) 〜 (11) 式に示してある。各ポートに繋がったインピーダンスは (8) 式である。以上より，(12) 式が導かれ，電力伝送効率 η_{21} は (1) 式より計算できる。また，電磁共鳴型のアンテナは波長に対して小さいため，不要な電磁波を抑える事が出来る。しかしながら，アンテナの形状や送受信アンテナの位置によって僅かな放射が生じてしまうので，如何にそれを防ぐかが重要である。

$$\eta_{21} = |S_{21}|^2 \tag{1}$$

$$\eta_{11} = |S_{11}|^2 \tag{2}$$

$$[L] = \begin{bmatrix} L_1 & L_{12} \\ L_{12} & L_2 \end{bmatrix} \tag{3}$$

$$[Z] = \begin{bmatrix} Z_{11} & Z_{12} \\ Z_{21} & Z_{22} \end{bmatrix} \tag{4}$$

$$[Z] = \begin{bmatrix} R+j\left(\omega L - \dfrac{1}{\omega C}\right) & j\omega L_{12} \\ j\omega L_{12} & R+j\left(\omega L - \dfrac{1}{\omega C}\right) \end{bmatrix} \tag{5}$$

$$[S] = \begin{bmatrix} S_{11} & S_{12} \\ S_{21} & S_{22} \end{bmatrix} \tag{6}$$

$$[S] = \left\{[\hat{Z}]+[I]\right\}^{-1}\left\{[\hat{Z}]-[I]\right\} \tag{7}$$

$$[Z_0] = \begin{bmatrix} Z_{01} & 0 \\ 0 & Z_{02} \end{bmatrix} \tag{8}$$

$$[Y_0] = [Z_0]^{-1} \tag{9}$$

$$[\hat{Z}] = \left[\sqrt{Y_0}\right][Z]\left[\sqrt{Y_0}\right] \tag{10}$$

$$[I] = \begin{bmatrix} 1 & 0 \\ 0 & 1 \end{bmatrix} \tag{11}$$

ワイヤレス給電技術の最前線

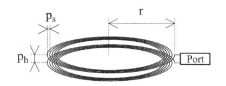

図6 アンテナパラメータ

$$S_{21}(\omega) = \frac{2jL_m Z_0 \omega}{L_m^2 \omega^2 + \left\{(Z_0+R)+j\left(\omega L - \frac{1}{\omega C}\right)\right\}^2}$$
(12)

120kHzで動作するアンテナを作るにあたり，先だって13.56MHzで動作するアンテナの特性を調べる。

また，ヘリカル形状では，アンテナの厚みが非常に大きくなる事が予想されるため，コイルを縦方向ではなく内側に巻いていくスパイラル形状のアンテナを使用する（図6）。また給電部分を中央にするため，2層構造とする。実験での測定はベクトルネットワークアナライザを使用する（図7）。

アンテナ1素子の時の特性を図8に示す。周波数全域に渡ってほぼ全反射しているが，共振周波数においては銅損と放射損でエネルギーの消費が見られる。このアンテナでのエネルギーの損失は銅損が主な原因となっている。このアンテナを使用し，エアギャップを広げて行った時の周波数と電力伝送効率の電磁界解析結果を図9に示す。この時の入出力部のインピーダンスは50Ωである。エアギャップが大きい時には2つのピークにおいてインピーダンスがマッチングし，高効率の電力伝送となり，エアギャップが小さくなるにつれ2つのピークが一つになり，最終的効率が悪化する。

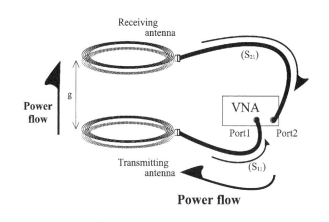

図7 電力伝送効率の測定構成

本技術は，共振周波数を合わせる事が重要である。所望の共振周波数と送信側と受信側の共振周波数をそれぞれf_0, f_1, f_2とすると，上記条件では$f_0 = f_1 = f_2 = 13.56$MHzである。そこで，等価回路を使用し，送信側のL_1の値をずらしてf_1の値を95%小さくした場合，また，更に90%小さくした場合の影響を図11に示す。$L_1 = L_2 = 11.02$ μH，$C_1 = C_2 = 12.50$pF，$R_1 = R_2 = 0.77\Omega$である。この様に，共振周波数が5%や10%ずれると，効率は共振周

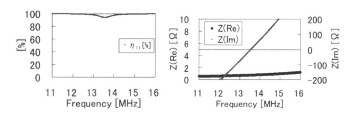

図8 電磁界解析によるMHz帯におけるアンテナ1素子の時の電力反射率（左）と入力インピーダンス（右）

第3章 応用技術―カップリング利用―

波数が合っていた時の 96.97% から 74.12% や 42.08% まで低下する。この様に共振周波数を揃える事は重要な事となる。もちろんインピーダンスマッチングを行なう事でこのずれの分はある程度改善する事は可能である。

2.3 MHz から kHz へ

本技術は初めの発表[2]において動作周波数が MHz であったため，以後 MHz 動作のアンテナ発表が相次いだが，その後の研究で MHz 以外での動作が可能である事が分かってきた[12]。電気自動車へのワイヤレス充電を行なうにあたって，低周波化は低コスト化，デバイスの高効率化，大電力化，制御の面などで多くのアドバンテージを持っている。デメリットとしてはアンテナの大きさが大きくなる事と周波数が下がる事によりエアギャップが短くなる事，効率が低下する事であるが，適切に設計する事でこれらは改善される。ここでは，大きさの事項を除き改善されたアンテナについて述べる。

等価回路から考察すると，この共振周波数は（13）式で表す事ができるので，L か C を調整する事により周波数を任意の値に設定できる事が分かる。C を大きくすると容易に周波数を下げる事が出来るが，同時に相互インダクタンスの低下を招く事になる。高効率の電力伝送を行なうにあたっては周波数が高い方が望ましく，相互インダクタンスの増加なしでの周波数の低下は高効率の電力伝送の

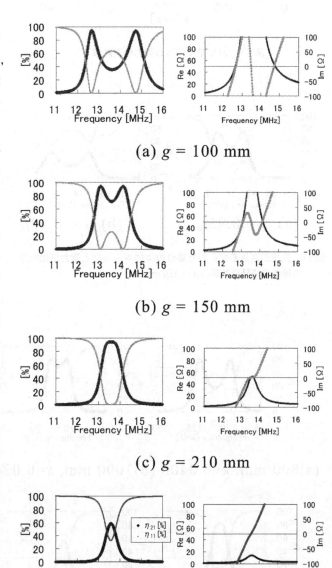

(a) $g = 100$ mm

(b) $g = 150$ mm

(c) $g = 210$ mm

(d) $g = 300$ mm

図9 MHz 帯におけるエアギャップと電力伝送効率（左）と入力インピーダンス（右）の電磁界解析結果

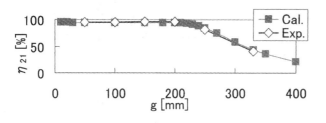

図10　MHz帯における電力伝送効率

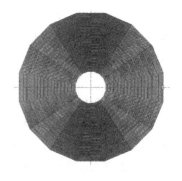

図12　kHz用スパイラルアンテナ電磁界解析用モデル

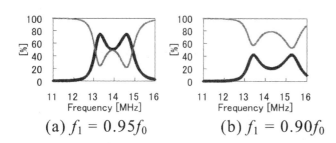

(a) $f_1 = 0.95 f_0$　　(b) $f_1 = 0.90 f_0$

図11　共振周波数をずらした場合のエアギャップと電力伝送効率の等価回路計算結果（$g = 150$ mm）

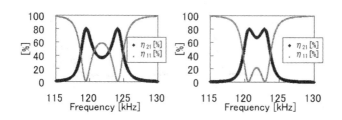

(a) 800 mm, $k=0.0406$　(b) 1000 mm, $k=0.0242$

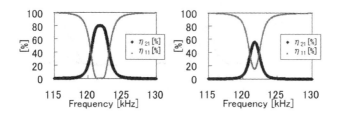

(c) 1200 mm, $k=0.0154$　(d) 1500 mm, $k=0.0086$

図13　電磁界解析によるkHz帯におけるエアギャップと電力伝送効率

観点から不利である[6]。そこで，Lを大きくする事にする。当然ながら，Lを大きくするとコイルが大きくなるため，2層構造のオープンタイプで120kHzにおいて動作するスパイラルアンテナを設計したところ，半径450mm，ピッチ5mm，巻71.5巻，アンテナ全長244メートルとなった。

MHzアンテナ同様にエアギャップを変化させた時の電力伝送効率の電磁界解析結果を図13に示す。図9で示した

第3章 応用技術—カップリング利用—

MHz動作の時と同様に2つのピークが1つになっていく様子が確認できる。効率とエアギャップのまとめを図14に示す。この様に，高効率で1m近い電力伝送が可能である。

$$f_0 = \frac{1}{2\pi\sqrt{LC}} \quad (13)$$

2.4 素早いインピーダンスマッチング[13]

120kHzという比較的低い周波数で動作するアンテナが実現した事により，一次側制御におけるパワーエレクトロニクスの技術をこの電磁共鳴においても取り入れる事が可能となる。一方，MHzを使用した場合，パワーエレクトロニクスの適応は不可能かというとそうではない。二次側の整流後であればkHz，MHz関係なく適応する事が出来る。厳密には，スイッチング速度による影響を考慮する必要があるが本稿では割愛する。これまで述べて来た様に，現時点ではkHzの方がコストの面など有利であるが，将来的にはアンテナの小型化が可能なMHzのシステムも期待されている。従来のインピーダンスマッチングは図15に示すように，受動素子を使用し，各素子を切り替える方法やバリコンをモータで動かす方法でインピーダンスマッチングを行なってきたため，どうしても制御に時間がかかってしまっていた。そこで，図16のように，昇降圧チョッパなどによって同様の機能かつ素早い制御を実現させる[13]。

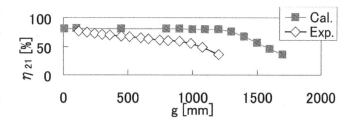

図14 kHz帯における電力伝送効率

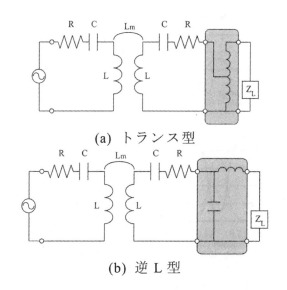

(a) トランス型

(b) 逆L型

図15 集中定数素子によるインピーダンスマッチング

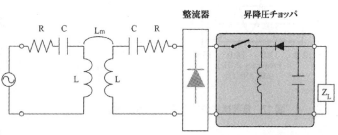

図16 提案するパワーエレクトロニクス技術を使用した負荷整合技術

ワイヤレス給電技術の最前線

表1 アンテナパラメータ

共振周波数 [MHz]	13.56	自己インダクタンス L [μH]	11.0
アンテナ直径 [mm]	300	キャパシタンス C [pF]	12.5
伝送距離 [mm]	250	内部抵抗 R [Ω]	1.53
結合係数 k	0.037	特性インピーダンス Z_0 [Ω]	50

このパワーエレクトロニクス技術を用いた2次側制御に関して説明する前に，負荷変動による反射電力の増加と効率の変化についての説明を行う。今回対象としているシステムでは共振周波数 13.56MHz の半径 150mm のスパイラルアンテナを用い，エアギャップを 250mm とする。負荷変動に対する影響を調べるためアンテナ間距離は固定とし，アンテナの各種パラメータは表1に示す。等価回路における負荷インピーダンス Z_L を純抵抗 R_L のみ（$X_L = 0$）とし，値を変化させた際の特性変化のシミュレーション結果を図17に示す。

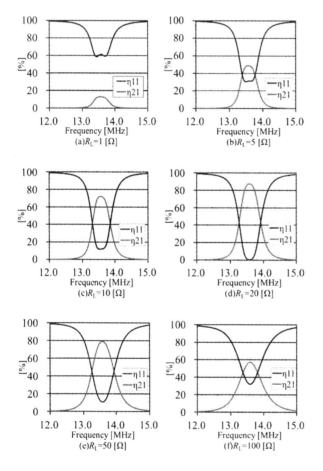

図17 負荷抵抗値による伝送効率の変化

図17より負荷値が変動することで，アンテナの特性が変わり，透過効率および反射比率が変化することがわかる。また周波数を 13.56MHz で固定した際の各負荷値による効率と反射電力の変化を図18に示す。負荷値が 20Ω 付近で透過効率が最大に，反射比率が最小になることを示している。この結果により，本システムにおいて反射電力のない高効率な電力伝送を行うには負荷インピーダンス値 Z_L が 20Ω となるように整合をとるような機構を組まなければならないことがわかる。

そこで，2次側の制御方針について述べる。DC/DC コンバータによる可変インピーダンス整合原理を示す。一例として図19に示すような降圧チョッパによる説明を行う。降圧チョッパはスイッチングの通流率 D により，入力された電圧 V_{in} に対して低い電圧 V_{out} を任意に出力するものである。その関係式はスイッチング通流率 D を用いて（14）式のようになる。損失がなく

第3章 応用技術―カップリング利用―

入力と出力電力が同じとするとエネルギー保存則より（15）式が成り立ち，負荷抵抗と電圧，電流の関係は式（16）のようになる。

$$V_{\text{out}} = DV_{\text{in}} \tag{14}$$

$$V_{\text{in}} I_{\text{in}} = V_{\text{out}} I_{\text{out}} \tag{15}$$

$$V_{\text{out}} = R_L I_{\text{out}} \tag{16}$$

この三つの関係式より，入力側から仮想的に見えるインピーダンス Z_L は（17）式となる。また通流率 D の範囲は $0 \leq D \leq 1$ なので，インピーダンス Z_L の可変できる範囲は（18）式となる。

$$Z_L = \frac{V_{in}}{I_{in}} = \frac{R_L}{D^2} \tag{17}$$

$$R_L < Z_L < \infty \tag{18}$$

このように降圧チョッパの場合，負荷の抵抗値より高いインピーダンスに可変することが出来る。他のコンバータでも同様に可変インピーダンスを実現することは可能であり，各方式の昇降圧比と可変できるインピーダンス範囲との関係式を表2に示す。昇圧チョッパにおいては，インピーダンスを負荷値より低い方向へ可変することが可能であり，昇降圧チョッパでは高い方向と低い方向の両方へ可変することが可能である。この原理を用いて，最適な負荷の値に可変し整合をとることで，負荷変動が発生しても最適な状態にできる。今回は降圧チョッパを用いたシステムについて紹介する。

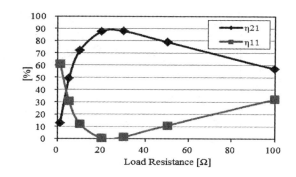

図18　負荷抵抗値による効率変化

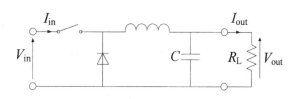

図19　降圧チョッパ回路

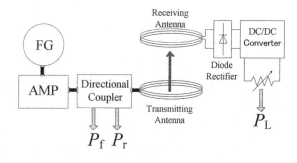

図20　実験システム

表2　コンバータ各方式と可変インピーダンス範囲

方式	入出力電圧	可変インピーダンス値	可変範囲
降圧チョッパ	$V_{\text{out}} = DV_{\text{in}}$	$Z_L = R_L/D^2$	$R_L < Z_L < \infty$
昇圧チョッパ	$V_{\text{out}} = 1/(1-D) \cdot V_{\text{in}}$	$Z_L = (1-D)^2 R_L$	$0 < Z_L < R_L$
昇降圧チョッパ	$V_{\text{out}} = D/(1-D) \cdot V_{\text{in}}$	$Z_L = (1-D)^2/D^2 \cdot R_L$	$0 < Z_L < \infty$

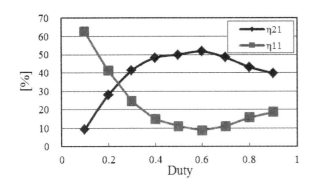

図 21　通流率による効率変化

図 20 に実験システムを示す。信号発生器より出力された 13.56MHz の正弦波信号はアンプを通して 20W まで増幅される。そして方向性結合器に接合された後に送信アンテナに接続される。進行波電力 P_f と反射波電力 P_r は方向性結合器で分離し，パワーメータにより測定を行っている。各装置は同軸ケーブルにより接続されている。受信アンテナにより受け取った電力は整流器を通して直流に整流される。整流器の回路構成は SiC ショットキーバリアダイオードを用いたブリッジ回路となっている。その後 DC/DC コンバータを通り可変の抵抗負荷へと繋がる。負荷抵抗の両端の電圧 V_L を測定することにより，負荷へ届いた電力 P_L を算出する。本実験システムにおいて透過効率は進行波電力 P_f と負荷電力 P_L を用いて式 (19) のようになる。なお DC/DC コンバータのキャリア周波数は 10kHz としている。

$$\eta_{21} = \frac{P_L}{P_f} \tag{19}$$

まず降圧チョッパの可変インピーダンスによる反射電力抑制効果と効率改善効果があることを示す。負荷抵抗値 R_L を最大効率点より小さな抵抗値 ($R_L = 4.7\Omega$) で固定し，通流率を変えて仮想的なインピーダンス値を作り出したときの反射比率と透過効率の結果を図 21 に示す。

図 21 において，$D = 0.6$ ((17) 式より入力インピーダンス $Z_L = 4.7/0.6^2 = 13.1\,[\Omega]$) において反射比率が最も小さくなっており，効率も最大値を示している。シミュレーションの結果においては 20Ω が最適値となっていたが，コンバータ内での寄生抵抗等によりずれが生じていると考えられる。負荷変動が発生した際には反射比率が最小となる最適な通流率でスイッチングすることで効率改善効果が得られる。

2.5　まとめ

今回，等価回路からみた電磁共鳴現象の解説を行なった。また，電気自動車向けのワイヤレス充電に取り組んでいる事柄を紹介した。電気自動車向けの電力伝送を行なう際には 120kHz の様な低い周波数を使用するとパワーエレクトロニクスの技術が一次側でも利用でき，大電力に対応しているデバイスも多いので，低い周波数での磁界共鳴は有利な点が多い。また，そのためには 120kHz において高効率で動作する磁界共鳴用のアンテナ作製が必要であり，120kHz で動作するアンテナについて紹介した。一方，二次側の整流後にチョッパを使用する事で kHz だけでな

第 3 章　応用技術—カップリング利用—

く MHz でも素早い制御を実現する事が可能であることについて紹介した。今回は磁界共鳴を用いた電気自動車へのワイヤレス充電システム構築にあたり特徴的なコンポーネントをピックアップして紹介させて頂いたが，今後はこれらを統合させ，kHz 用，MHz 用など様々なタイプの電気自動車用ワイヤレス充電システムを完成させる予定である。

文　　献

1) 「JHFC 総合効率検討結果」報告書，JHFC 総合効率検討特別委員会，財団法人 日本自動車研究所，平成 18 年 3 月
2) André Kurs, Aristeidis Karalis, Robert Moffatt, J. D. Joannopoulos, Peter Fisher, Marin Soljačić, "Wireless Power Transfer via Strongly Coupled Magnetic Resonances," in Science Express on 7 June 2007, Vol. 317. No. 5834, pp. 83–86.
3) Aristeidis Karalis, J. D. Joannopoulos and Marin Soljačić, "Efficient wireless non-radiative mid-range energy transfer," Annals of Physics, Volume 323, Issue 1, January 2008, Pages 34–48, January Special Issue 2008.
4) 居村岳広，岡部浩之，内田利之，堀洋一："等価回路から見た非接触電力伝送の磁界結合と電界結合に関する研究"，電学論 D, Vol. 130, No. 1, pp. 84–92（2010）.
5) Takehiro Imura, Hiroyuki Okabe, Toshiyuki Uchida, Yoichi Hori, "Study on Open and Short End Helical Antennas with Capacitor in Series of Wireless Power Transfer using Magnetic Resonant Couplings", IEEE Industrial Electronics Society Annual Conference, pp. 3884–3889, 2009. 11
6) 居村岳広，堀洋一，"等価回路から見た磁界共振結合におけるワイヤレス電力伝送距離と効率の限界値に関する研究"，電学論 D, Vol. 130, No. 10, pp. 1169–1174（2010）.
7) 柏木一平，大舘紀章，小川健一郎，尾林秀一，庄木裕樹，諸岡翼，"第 3 のコイルを用いた磁気共鳴型無線電力伝送の効率改善"，電気通信情報学会総合大会，B-1-31, 2010. 3
8) 橋口宜明，込山伸二，三田宏幸，藤巻健一，"磁界共鳴型ワイヤレス給電用中継デバイスの開発"，電気通信情報学会総合大会，B-1-25, 2010. 3
9) Takehiro Imura, "Equivalent Circuit for Repeater Antenna for Wireless Power Transfer via Magnetic Resonant Coupling Considering Signed Coupling", IEEE Conference on Industrial Electronics and Applications, WeP 2. 3, 2011. 6
10) 居村岳広，堀洋一，"電磁界共振結合による伝送技術"，電気学会誌，Vol. 129, No. 7, pp. 414–417（2009）
11) 居村岳広，内田利之，堀洋一，"非接触電力伝送における電磁誘導と電磁界結合の統一的解釈"，電気学会自動車研究会，VT-09-007, 2009. 1
12) 居村岳広，岡部浩之，堀洋一，"kHz〜MHz〜GHz における磁界共振結合によるワイヤレス電力伝送用アンテナの提案"，電子情報通信学会総合大会，2010. 3
13) 森脇悠介，居村岳広，堀洋一，"磁界共振結合を用いたワイヤレス電力伝送の DC/DC コンバータを用いた負荷変動時の反射電力抑制に関する検討"，電気学会産業応用部門大会，2011. 9

3 非対称結合構造を用いた電界結合型ワイヤレス給電システム

市川敬一[*]

3.1 はじめに

ワイヤレス給電技術はケーブルを用いずに無線で電力を供給する技術である。磁界，電界，電波，光など様々な形態で給電が可能であるが，磁界（電磁誘導）が主に利用されており，家庭用の小電力機器では電動歯ブラシ，シェーバ，コードレス電話などに応用展開されている。近年，電磁結合用コイルの薄型化や伝送特性の改善によって，ゲーム機のリモコン，スマートフォン，ラップトップなどポータブル機器に対してワイヤレス給電技術が応用され商品化されつつある。機器への応用に際しては，コイル間の位置ずれによる伝送特性劣化，コイル形状の制約，コイルの発熱，金属異物の誘導加熱などの課題を考慮する必要がある。

当社は準静電界を利用したワイヤレス給電技術に着目して商品開発を進めている[1]。この方式は電極を近接させたときに形成される静電容量に交流電圧を印加し，静電誘導の作用によって給電させる方式である。①位置自由度が高い，②電極形状・材質への制約が少ない，③給電部と発熱源を分離できる等，従来の電磁誘導方式にはない特徴がある。電界を利用した給電技術に関しては，共振を取り入れた電界共鳴（共振）方式[2]，共振を用いないアクティブキャパシタ回路方式[3]などが提案されている。

本稿では当社が提案する非対称結合構造を用いた電界結合型ワイヤレス給電システムの概要を紹介する。

3.2 基本構造と電力伝送システムの構成

3.2.1 基本構造

電力伝送系の基本構造を図1に示す[4]。受電部，送電部は非対称ダイポール構造である。受電部は高インピーダンス負荷を備え，送電部は交流電源（高電圧，微小電流）を備える。ダイポールを構成する2つの電極をアクティブ電極とパッシブ電極として区別する。アクティブ電極はパッシブ電極よりも小さい形状である。構造の非対称性を利用してアクティブ電極部をパッシブ電極部に対して高電位に保ち，アクティ

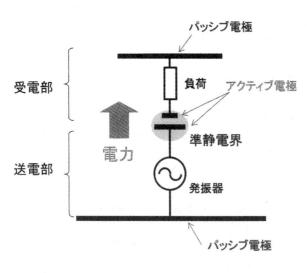

図1 非対称ダイポール構造の模式図

---

* Keiichi Ichikawa ㈱村田製作所 技術・事業開発本部 新規事業推進統括部

第3章 応用技術—カップリング利用—

ブ電極部に電界を集中させる。

基本原理は交流帯電する電気ダイポール間のクーロン相互作用である。電界が集中する送受のアクティブ電極を近接させ，静電誘導により送電部から受電部に向けて電力伝送を行う。電界エネルギーは送受ダイポール周辺（回路のコンデンサも含む）に蓄えられる。電力伝送効率を高めるために送電部と受電部に共振系を組込んで蓄えられた電界エネルギーを再利用する。

給電範囲は電界が集中するアクティブ電極近傍に限定される。送受のダイポールの中心軸をあわせて縦方向に配置した場合，相互作用を強くできるとともに水平方向の位置変動に対する特性変動を少なくすることができる。

給電周波数に対応する波長λに対してダイポールの外形寸法が同程度の場合，送電部，受電部自身がアンテナになり遠方に電磁波を放射する。ダイポールの形状（組込機器の形状）に応じて使用可能な周波数に上限がある。

3.2.2 電力伝送システムの構成

図2に伝送系の基本ブロックを示す。送電部では交流電圧を増幅・昇圧して送電電極を電圧で励振する。電界結合部のインピーダンスは高く，高電圧，微小電流で動作する。受電部では受電電極に誘導された交流電圧を降圧した後，整流回路で直流に変換する。整流回路と負荷の間にDC/DCコンバータや充電制御回路を挿入して安定化させた直流電圧・電流を負荷に供給する。

昇圧部，降圧部には巻線トランスのほか，低背化のために圧電トランス[5]を応用することができる。図3に昇圧部，降圧部を追加した模式図を示す。非対称ダイポールを共振器と見立てれば，相互に電界結合した送電・受電共振器に送電回路，負荷回路をトランスで結合させた構成である。

3.3 等価回路

3.3.1 電界結合部の等価回路

相互作用する2つの非対称電気ダイポールは4導体系で記述できる。図4に概念図を示す。

電極1と電極2と発振器で送電側ダイポール，電極3と電極4と負荷で受電側ダイポールを構成する。アクティブ電極周囲（電極2と電極3）は高電界，パッシブ電極周囲（電極1と電極4）は低電界である。物理条件（電極形状，誘電特性）と電荷分布（q_i）を定めて数値解析（静電界

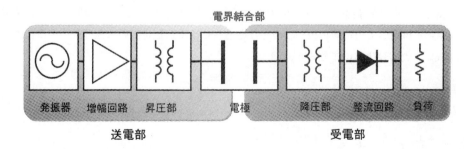

図2 ワイヤレス電力伝送システムの基本ブロック図

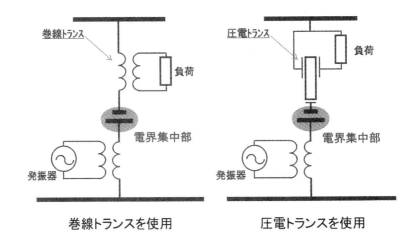

巻線トランスを使用 / 圧電トランスを使用

図3 昇圧部，降圧部を追加した場合の電力伝送システムの構成

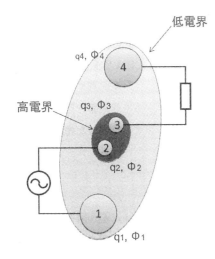

図4 電界結合部の概念図

解析）を行うことで電界分布と各導体の電位分布（ϕ_j），容量係数（c_{ij}）を求めることができる。

$$q_j = \sum_{j=1}^{4}(c_{ij}\cdot\phi_j)\quad(i=1,2,3,4) \tag{1}$$

図5に4導体の相互結合を静電容量で表現した等価回路を示す。アクティブ電極間の容量をC_{23}，パッシブ電極間の容量をC_{14}とする（ダイポール構造が非対称であるため$C_{14}>C_{23}$の関係になる）。送電・受電部の電極間容量（C_{13}，C_{14}，C_{23}，C_{24}）はブリッジ回路を構成する。平衡条件（$C_{23}\times C_{14}=C_{13}\times C_{24}$）を満たすと出力電圧$V_2$は0になる。給電時に平衡条件を満たさないように容量値は$C_{14}>C_{23}\gg C_{24}$，C_{13}に設定する。

等価並列容量C_1，C_2と等価相互容量C_m，結合係数k_eを導入すれば，変数の少ない簡単な等価回路（図6）で記述できる。各定義を式（2）（3）に示す。結合係数は通常0.2〜0.7の値である。誘電体（高誘電率）を併用して単位面積当たりの容量を増やせば電界結合部の電極形状の小型化や等価相互容量C_mの大容量化が可能である。

$$\begin{pmatrix}I_1\\I_2\end{pmatrix}=\begin{pmatrix}j\omega C_1 & -j\omega C_m\\-j\omega C_m & j\omega C_2\end{pmatrix}\begin{pmatrix}V_1\\V_2\end{pmatrix} \tag{2}$$

$$k_e=\frac{C_m}{\sqrt{C_1\cdot C_2}}\quad 0\leq k_e\leq 1 \tag{3}$$

第3章　応用技術—カップリング利用—

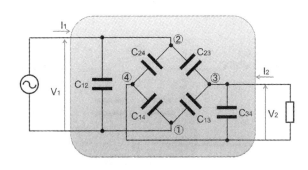

図5　4導体の相互結合をコンデンサで表記した等価回路

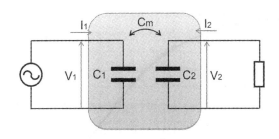

図6　電界結合部の基本等価回路図

3.3.2　電力伝送システムの等価回路

送電部を直列共振回路，受電部を並列共振回路にした場合の電力伝送システムの等価回路を図7に示す。送電部，受電部にコイルを追加して共振回路を構成する。コイルの特性はインダクタンス（L_1, L_2）とQファクタ（Q_1, Q_2）であらわす。入力電力（有効電力）をP_{in}，負荷での消費電力をP_{out}として電力伝送効率（η）を$\eta = P_{out}/P_{in}$で定義する。等価回路上の損失要因は送受コイルの損失のみであり，負荷は純抵抗R_Lである。

受電回路の共振素子（L_2, C_2）で決まる周波数（$\omega_0 = 2\pi f_0 = 1/\sqrt{C_2 L_2}$）を動作周波数として，入力インピーダンス$Z_{in}$の虚部が動作周波数で0になるように$L_1$の値を定める。電力伝送効率には負荷依存性があり，電力伝送効率を最大にする条件がある。電力伝送効率が最大になる負荷抵抗R_Lを式（4）に示す。効率を最大にする負荷条件を課した場合の電力伝送効率を式（5），図8に示す。電力伝送効率は$k_e\sqrt{Q_1 Q_2}$の関数である。電力伝送効率を高めるには$k_e\sqrt{Q_1 Q_2}$を大きくすればよい。結合係数が小さい場合でもQファクタを高くすれば高効率化が図れる。高効率な給電システムを構成するにはQファクタの高い共振デバイスが必要である。

$$R_L = \frac{1}{\omega_0 C_2} \frac{Q_2}{\sqrt{1+k_e^2 Q_1 Q_2}} \tag{4}$$

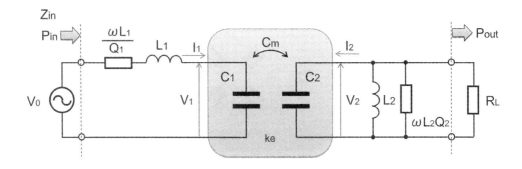

図7　電力伝送システムの等価回路図

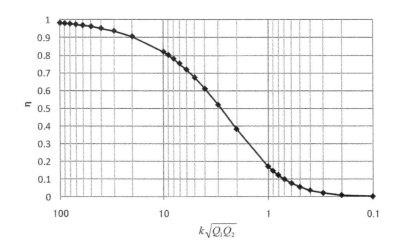

図8　結合係数とQファクタの積と電力伝送効率の関係

$$\eta = \cfrac{1}{1 + \cfrac{1}{\sqrt{1+k_e^2 Q_1 Q_2}} \left(1 + \left(\cfrac{1}{\sqrt{k_e^2 Q_1 Q_2}} + \sqrt{1 + \cfrac{1}{k_e^2 Q_1 Q_2}}\right)^2\right)} \tag{5}$$

図9に電力伝送効率・伝送電力の周波数依存性に関する計算例を示す（$k_e=0.2$，$Q_1=Q_2=100$）。複共振回路を構成するため強い結合状態では伝送電力の極大部が複数存在する。効率が極大になる周波数はω_0近傍であり，伝送電力が極大になる周波数とは一致しない。

図10に負荷抵抗R_Lを変化させた場合の電力伝送効率と伝送電力の計算結果を示す。強い結合状態では伝送電力と電力伝送効率の最適負荷は一致しない。

第3章　応用技術—カップリング利用—

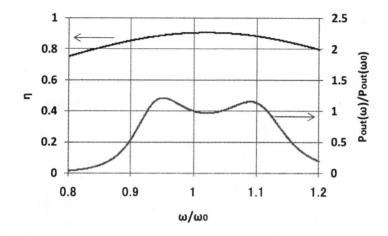

図9　電力伝送効率，伝送電力の周波数依存性

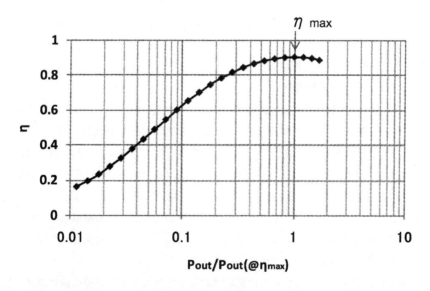

図10　負荷変動時の電力伝送効率

3.4 応用例

3.4.1 給電システムの構成

　給電システム全体のブロック構成例を図11に示す。送電部は送電モジュールと送電電極で構成し，受電部は受電電極，受電モジュールとDC/DCコンバータで構成する。送電モジュールは昇圧トランス，インバータ回路，制御回路で構成し，受電モジュールは降圧トランス，整流回路で構成する。電界を介して伝送した交流電力は受電側で直流電力に変換され，安定化させた電圧が機器（2次電池内蔵）に供給される。なお，当社は2011年8月にワイヤレス電力伝送モジュー

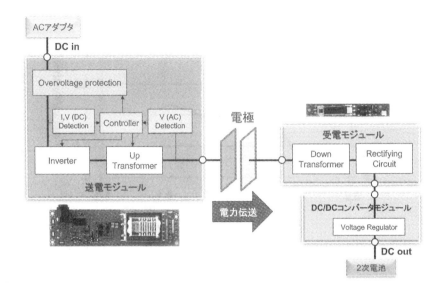

図11 システム全体のブロック構成例

ル（LXWS シリーズ）の量産を開始した[6]。

3.4.2 給電システムの組込み試作例

タブレット端末への充電を想定した試作例を図12に示す。タブレット端末には外付けのジャケット（カバー）を装着している。ジャケットには受電電極を形成し，受電モジュール，DC/DC コンバータを内蔵している。ジャケットを装着したタブレット端末を送電台に立てかけ電極間を対向させて送電する。タブレット端末の背面部（ジャケット）に電極を形成しており，横置き/縦置きでの充電に対応する。水平方向の給電可能領域は±15mm以上あり，送電台への位置決めを気にせず，立掛ければ充電できる。微小電流を取り扱うため電極形状・材質への制約が少なく，良導体を使用する必要はない。透明電極（ITO，メッシュ電極等）を利用することもでき，デザインの幅を広げることができる。

給電には非放射電界を利用しているため電磁波の放射ではなく装置近傍の漏れ電界に注意する必要がある。空間への漏れ電界はコモンモードノイズとして観測できるため，雑音端子電圧（伝導エミッション）を評価する。代表的な測定結果を図13に示す。動作周波数は 200-300kHz であり，基準値（CISPR22 ClassB）[7]を満足する。磁界とは異なり準静電界の遮蔽は容易であり，漏洩電界が課題になる場合には薄い導体フィルムでの対策が可能である。

電界結合で取り扱う電流は微小であるが，同時に高い電圧（～1kV）を使用する。安全性を確保するために電極部の絶縁，人が触れない機構，受電機器搭載時に限定した動作，給電動作の状態監視による異常動作検出，安全制御など高電圧への対応を実施する。

第 3 章　応用技術—カップリング利用—

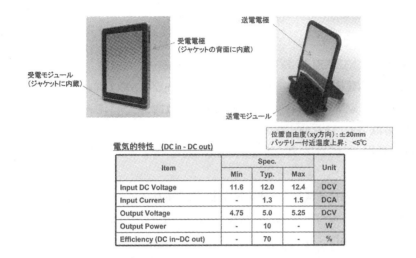

図 12　試作機の外観（タブレット端末への充電）

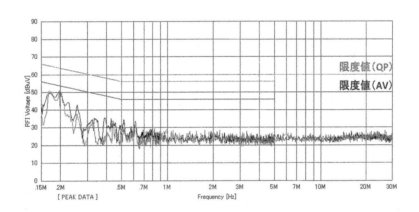

図 13　雑音端子電圧の測定結果

3.5　おわりに

　非対称結合構造を用いた電界結合型ワイヤレス給電システムについて等価回路，応用例を中心に紹介した。本方式は水平方向の位置自由度，ワイヤレス給電部の形状自由度が高いなどの特徴を備えており，従来技術では検討できないデザインや用途にも適用できる。今後，トランス部の小型化，給電範囲の拡張，複数機器への給電，伝送電力仕様の拡張などの技術課題に取り組む。

　本稿の内容は，Henri Bondar 氏（TMMS Co Ltd）との共同開発により得られた成果を含む。

文　　献

1) 家木英治ほか, NIKKEI ELECTRONICS, 7/25, pp87-94（2011）
2) 原川健一, 日本建築学会大会学術講演梗概集 D-1, pp597-598（2009）
3) 船渡寛人ほか, 電学論 D, 131（6）, pp858-859（2011）
4) FR 2875649, PCT/FR2006/000614
5) 中村僖良監修, 圧電材料の高性能化と先端応用技術, サイエンス＆テクノロジー, pp453-465（2007）
6) CISPR22：「情報技術機器―無線妨害特性―限度値及び測定法」（2008）
7) 村田製作所ホームページ/製品情報（http://www.murata.co.jp/products/wireless_power/index.html）

4 ワイヤレス電力伝送技術を統合した直流給電システム

原川健一[*]

4.1 はじめに

図1 スパゲティ状態のケーブル

家庭内で各種家電機器へ電力を供給し，インターネット回線に接続することは当たり前のことになっている。ステレオなどインターネットに接続することが無縁と思われる機器まで接続されるようになってきた。電力も，アダプタを介して直流送電することが多くなってきている。この結果，図1に示すような，ケーブルのスパゲッティ状態が多く見られるようになった。机回りの機器を挙げれば，ノートパソコン，携帯電話，テプラ，ヘッドホン，電子辞書，プリンタ，デジタルカメラ，HDD，ボイスレコーダ，音楽プレーヤー等があり，ケーブルが氾濫するのは当たり前である。

この状況は，大変見苦しく，埃が溜まっても掃除もしにくく，機器を移動させるときには，ケーブルを解くことから始めなければならない。

このような状況を踏まえ，どのような対策を打つべきかを考えてゆきたい。

4.2 理想の姿を考える

図1のような現状に対して，どのようにあるべきかという理想状態を筆者なりに考えてみた。

18世紀後半に作られたコンセントによる配線システムを現代的にアレンジするとなると，単に電力供給機能だけを考えれば良いものではなく，次の特性を備えていることが必要である。
(1) 高効率なエネルギー伝送能力を有すること。
(2) 高い安全性を有すること。(感電対策，EMI対策，防火性，抗たん性※)
(3) 高速通信機能を有する。(家電のスマート化，センサネットワークの構築)
(4) フリーポジションでの受電が可能なこと。
(5) 構造がシンプルで，安価であること。
(6) 資源的裏付けがあること。
(7) 施工・改修が容易なこと。

※「抗たん性」は，軍事用語であり，敵からの攻撃によってレーダーや通信施設が残存する能力を示しているが，ここでは地震等の被災時に機能を保持する能力まで拡張して述べている。

---

[*] Kenichi Harakawa ㈱竹中工務店 技術研究所 主任研究員

以上，電源コンセント代替えシステムの外観を示したが，これを実現するためには，階層化も考える必要がある。階層化としては，図2に示すような，3階層構造を提案したい。

図2　階層化構造

最下層の電力・通信統合層は，電力を供給するとともに，通信環境を提供する層である。

中間に位置する機能モジュール層は，電力を得るとともに，通信環境を得て各種の機能を発揮する層である。例えば，ワイヤレス電力供給機能や無線LANノード等がこの層に位置づけられる。

最上層のアプリケーション層は，センサ（温度センサ，ID認識センサ等），アク

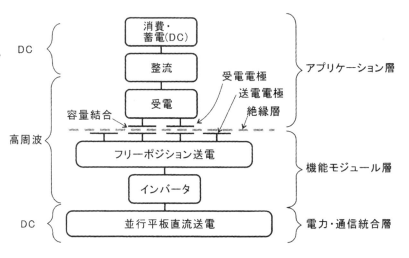

図3　階層における各種機能の配置（非接触電力供給の場合）

チュエータ（ディスプレイ，照明，スピーカ等），ロボットやパワードスーツ，家電機器，テーブル上に置かれる機器である。

このような階層構造の関係をワイヤレス電力供給機能を中心にまとめ，図3に示した。

本報告では，4.3項で最下部の電力・通信統合層について述べ，4.4項でエネルギー伝達方式としてワイヤレス電力供給技術について述べ，最後に4.5項で，このようなものが実現した時の適用イメージについて述べてみたい。

4.3　電力・通信統合層

4.3.1　直流送電

多くの家電製品やIT機器は，直流で動作する。現状は，変換効率の低いAC/DC変換を用いて使用されている。他方，太陽電池，燃料電池やEVとの相互電力供給などを考慮した場合にも，基幹配線が直流であることが望ましい。

ここで問題となることがある。既存の商用電源用配線に直接DCを流してもよいかという点である。結論から言えば，無理があると言うべきである。

導線の断面積が小さく抵抗が無視できないため，負荷が大きくなるほど電圧降下が大きくなる。電圧降下に対しては，印加電圧を大きくすることで対応できるが，施設の規模（送電距離）に応

第3章 応用技術―カップリング利用―

じて電圧を変えなければならなくなるとともに，大電圧を印加した際には安全上の問題（感電，絶縁破壊）が大きくなる。

さらに，取り出す電圧が送電端からの距離によって異なるという問題が発生する。

では，導線の断面積を増大させればよいのかというと，これも問題がある。断面積を大きくすれば，銅の使用量が増大する。すべての施設を直流化するとなると大変な銅資源が使用されることが予想される。ところが，銅資源は，頭打ちになってきているにもかかわらず，発展途上国での使用量が著しく増大してきていて，涸渇しないまでも市場価格が上昇して実質的に使用できない状態に陥る可能性がある[1,2]。これは，直流化するかしないかに係らず，中期的に起きる可能性が指摘されている（ベースメタル問題）。近年，レアメタルが問題になったが，ベースメタル問題はもっと深刻である。したがって，銅線の断面積を大きくするというのは取るべき方策ではないと思われる。

金属材料を導電率の高い順番で並べてゆくと，Ag（銀），Cu（銅），Au（金），Al（アルミニウム）…と続く。貴金属といわれる銀や金を利用することは論外であるので，アルミニウムが代替金属としては有望である。幸いアルミニウムの資源量は大変多く，安定している。ただし，アルミニウムの導電率は銅の約63％しかないため，配線としての断面積を約1.6倍にしなければならない。ちなみに，合金にすると，単一の金属よりも抵抗が増すため，解決策にはならない。

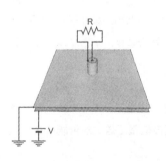

図4 平行平板パネルを用いた電力送電

ここで提案したいのが，アルミニウムサンドイッチパネルを活用することである。現在の建築には，外装および内装の一部には，アルミ複合機能建材パネルが使用されており，多くの実績が積まれている[3]。軽量であるが，かなりの機械的強度を有し，密閉性も高いのが特徴である。接合技術等の多くの問題を解決する必要があるが，このパネルを利用することを考えたい。

構造としては，図4に示すような，アルミニウム板を二層にした構造である。人に近い側をGND極にして用いることを考えている。スラブ側が（＋）極になるため，絶縁性を持たせて設置する必要がある。三層にして（＋）極をGND極で挟んだものを設置してもよい。

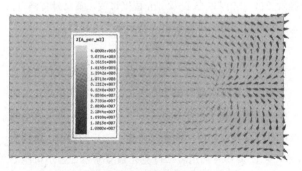

図5 平板を流れる電流密度分布（辺対点）

平面に電流を流したシミュレーション結果（ANSYS Maxwell 14による。）を図5に示す。この図は，0.15mm厚のアルミニウム板（2m×1m）の左側の端面に電圧（10V）をかけ，右側の端部から50cm内側の中央部に点電極（20mmφ）を設けた時の電流密度分布を示したものである。これより，直

241

流送電では均一に電流が流れることが判る。

我々は，建築用敷き鉄板に電流を流し，磁気センサにより電流分布を見たことがあるが，この場合には，電流はかなり大きく蛇行して流れていた。これは，不純物濃度，内部応力によって抵抗値分布が均一でないことによる。蛇行していても，面内の抵抗値分布の差の問題である。絶対的な抵抗値が低いのであれば，任意の場所に送電できることができ，問題ないかもしれない。アルミニウム板は，製造工程から見て鉄より均質である可能性が高く，シミュレーションに近い電流分布になると予想される（実験的には未確認である）。

さらに，点電極付近で電流が収束し電流密度が大きくなる。これは容易に推測できることである。ただし，点電極を適度な大きさにして電流密度の上昇を抑えることは可能である。今回例示したシミュレーション結果では，最大電流は $2000A/mm^2$ という大電流密度になる。これは，負荷側に抵抗がなく，ショート状態の電流値である。実際には，導線部が過熱してこのような電流は流れないし，ヒューズ等の遮断機能を設けるため，このような電流は流さないように設計する。それよりは，このような薄いアルミニウム板でも，相当な送電能力を有することに着目してもらいたい。

このような構造を採用することによる利点は下記のとおりである。

(1) アルミニウムを板状にして利用する

アルミニウムは，銅に比して1.6倍の断面積を必要とするため，ケーブルでは太くなって可撓性が失われてしまう。さらに，アルミニウムは，銅に比して粘りがないため，繰り返し屈曲した時には破断する。このため，アルミニウムを使って直流送電をする場合には，ケーブルよりは面材または棒材として使用する必要がある。

(2) 送電電圧を低く，一定にできる（低定電圧送電が可能）

面構造の採用により，伝送路として利用できる実効断面積を大きくできる。このため，電圧降下を極めて小さくすることが可能になる。このことは，50V程度の低電圧送電が可能になり，万が一の接触感電時にも被害を小さくできる。

さらに，部屋の大きさに応じてアルミニウム板の厚さを選定すれば，送電電圧を標準化でき，機器の標準化を進めやすくなる。住宅ではアルミニウムの厚さを0.15mm程度にし，負荷が大きく電圧降下が大きい場合や面積の広い施設ではその厚さを1～2mm程度に変えるだけで済み，建築設計時に厚さを決定する。断面積の大きな棒材と薄い平板を組み合わせても良い。

(3) 平面的に電力を分配できる

この機能こそが必要箇所に電力を分配でき，ワイヤレス化につながる点である。電流が流れていないときには，電圧は並行平板上で均一である。電力を取り出すためには，並行平板に穴を開けて電力ピックアップを設けなければならない。電力端子を作る毎に，アルミニウム板に穴を開けて図4の中央部に示すコネクタを作らなければならないのは問題である。この問題は，後述するワイヤレス電力伝送技術を組み合わせることにより，利用者には見えなくすることが可能である。

第3章 応用技術—カップリング利用—

(4) ノイズ抑制効果

並行平板電力送電パネルは，絶縁層の厚さが面積に比して十分小さく，巨大なキャパシタンスになる。このため，直流送電に商用周波数等のノイズが重畳していても，巨大バイパスコンデンサとして働くため，ハム雑音が取り除かれた良質な直流電力が供給可能になる。

4.3.2 通信機能

並行金属平板は，絶縁層の厚さと同程度に波長を短くしてゆくと，二次元伝送路として機能する。単純な並行平板ではあるが，いろいろな伝播方式，伝播モード，プローブ形状，電波吸収体の設置方法等について検討が進められている[4]。

並行平板パネル内の通信の利点は，いろいろな用途に電波が利用される一般空間と異なり，外界とは電磁的に遮断されているため，電磁波の漏洩，干渉が無く，広帯域を占有する超高速通信が実現できることである。

さらに，光ファイバーを適当な間隔で張り巡らせ，OE/EO 変換（O: Optical, E: Electricity）を伴う AP (Access Point) を要所に配置すれば，受電ポイントから近傍の AP まで通信できるようにすれば，減衰の問題から解放されてどこにでも通信可能になる。AP の電源は，並行平板の直流電源からとればよい。

光ファイバーを用いないまでも，複数の AP を用いてアドホック通信を行わせることも可能である。

4.4 ワイヤレス電力伝送

今までは，電力・通信統合層について述べてきたが，ここからは機能モジュール層におけるワイヤレス電力伝送技術について述べる。電力伝送技術としては，磁界結合技術，電界結合技術，マイクロ波送電技術があり，これらを適材適所で用いるべきである。しかし，壁に接触させて電力を得る目的には，電界結合ワイヤレス電力伝送技術について述べてゆきたい。

ワイヤレス電力伝送技術を機能モジュール層に用いれば，利用者は，家電機器等の受電体を，壁紙，テーブル表面等の絶縁層に密着させるだけで受電できる。このため，図4に示すように，アルミ板にいちいち穴を開けて受電する必要はなくなる。ただし，ワイヤレス電力伝送モジュールを取り付ける工事では，アルミ板に穴を開けてワイヤレス電力伝送モジュールに直流を給電する必要がある。

電界を用いる方式は，比較的低コストかつ軽量性であり，通信機能を組込みやすく，銅の使用を低減でき，電磁界放射が少ない等のメリットがあり，今回の適用には最適と思われる。欠点としては，距離を離すと，接合容量が急激に小さくなるため，距離をあまり離すことが出来ないことである（数枚の紙をはさんだり，水を通して送電したりすることは可能である）。ただし，多くの機器は壁に貼り付けたりテーブル上に置いたりして使用するため，距離の問題はないと思われる。

電界結合方式には，図6に示すように，直列共振方式，並列共振方式，アクティブキャパシタ

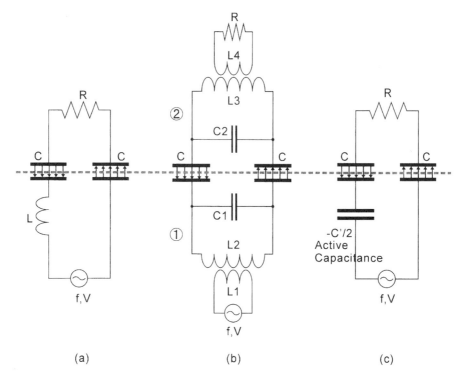

図6 電界結合電力送電方式

ンス方式[5]がある。本報告では，直列共振方式および並列共振方式を説明するとともに，本技術によって実際に送電した例を示す。

4.4.1 直列共振電力伝送方式

① 方式の説明

直列共振方式の電力伝送回路を図6（a）に示す。中央の破線は，床面やテーブル面等の絶縁層を示す。この絶縁層は，電源側の電極（以下，「送電電極」という）上に張り付けられている。テーブルに適用した場合には，テーブルの表面材になる。テーブルの上には，携帯電話，PC，プロジェクタ等の電力を必要とする機器が載せられている。これらの機器の底面には，送電電極に対向させた受側電極（以下，「受電電極」という）が付いており，送電電極と受電電極でコンデンサを形成している（以下，「接合容量」という）。さらに，本回路中に，インダクタ（コイル）と負荷を直列に接続している。

コイルのインダクタンスを L，一つの接合容量を C，電源の周波数を f，電源電圧を V，負荷抵抗を R とするならば，電流と電圧の関係として（1）式が成立する。いま，（2）式に示す直列共振条件が成立したとすると，（1）式の分母内の虚数成分は消えて（3）式となり，電源と負荷を直接接触させたのと同じ状態になる。

第 3 章　応用技術—カップリング利用—

$$i = \frac{v}{R+j\left(\omega L - \dfrac{2}{\omega C}\right)} \quad (\because \omega = 2\pi f) \tag{1}$$

$$f = \frac{1}{\pi\sqrt{2LC}} \tag{2}$$

$$i = \frac{v}{R} \tag{3}$$

② 接合部の問題点と対策

電界結合方式は，容量結合方式であるため，接合部の問題が付きまとう。すなわち，受電体を移動させる度に，ゴミ等によって接触状態が変化するために，接合容量が変化してしまう。このため，(2) 式に示す共振条件が変化してしまい，電力伝送が不安定になる。

この様な問題を解決する一方法として，受電電極を導電性ソフト電極にすることが考えられる。一般に送電電極と受電電極に硬いものを採用した場合には，平坦化した電極であっても，接触面は点接触となっており，微小ギャップが接触面を占有する。このために静電容量を大きくできない。しかし，一方の電極に導電性ソフト電極を用いて適度な圧力を加えて他方の面に馴染ませれば，接合容量を大きくすることが可能である。導電性ソフト電極として，導電性シリコーンゴム，導電性 CNT を混合して導電性を持たせた弾性ゴム[6] が利用可能である。これらは，ソフトであるため凹凸があっても馴染んで接合容量を維持できる。

ソフト電極を厚くすれば，微小な硬いゴミがあってもソフト電極が凹んで全体の密着面を維持させることも可能である。

水は，比誘電率が 80 とかなり高いため，水が隙間に入り込んだ場合には，高い接合容量が維持できる。

③ 実験結果

図 7 には，直列共振方式を用いて実際に製作したコードレス電力供給システムを示す。送電電極上の誘電体には，BaTiO$_3$ 粒子を混合したエポキシ樹脂を用い，比誘電率は 42，厚さ 0.3mm とした。上部電極には，Ag フィラーを混合した信越化学製の導電性シリコーン樹脂 ($\sigma = 40$ [S/m]) を用いた。電極サイズは，辺長 10cm の正方形とした。本装置では，600kHz の発振周波数にて 90W の電球を 90% の効率で点灯させることができた。

受電部を押し付けると，発光強度が多少変化

図 7　直列共振による送電の様子

するため，接合容量が変化して共振状態が変わっていることが判る。

受電体を取り外した状態で，送電電力を最大にして二つの誘電層付き送電電極に同時に素手で触っても感電しない。この状態で，受電体を付けると，発光する。すなわち，共振条件を満足しないものが，誘電層付き送電電極の上に載っても送電されない。これは，本方式が原理的に有している安全性である。

4.4.2 並列共振電力伝送方式

図6 (a) に示す直列共振回路は，送電部，受電部を通して共振回路が構成され，接合容量も共振回路の一部となっている。このため，受電体が移動して接合容量が変化すると，共振回路の共振周波数がずれる。これを補正するために，周波数を合わせるか，インダクタンスを可変しなければならない。

共振回路のQ値に比例して，インダクタンスや接合容量に電圧が印加される。この電圧による絶縁破壊が，送電電力の上限値を決定することになる。

これに対し，図6 (b) 並列共振型伝送回路は，①，②が並列共振回路であり，接合容量は，共振系の一部になっていない。さらに，②の並列共振回路は共振周波数においては，インピーダンスが大きくなるため，接合容量が多少変化しても電力が受電側に伝送される。言い換えれば，接合容量が多少変動しても電力が伝送できるロバスト性を有している。さらに，直列共振よりは接合容量に加わる電圧は低く抑えられる。

4.4.3 フリーポジション電力供給技術

ワイヤレス電力伝送技術は，フリーポジション化されて意義が出てくる。直列共振電力伝送方式，並列共振電力伝送方式，アクティブキャパシタンス方式および磁界結合のQi規格[7] を単純に適用しただけでは，固定位置で送電できるコンセントと変わりがないからである。

Qi規格では，可動コイル型，コイルアレイ型が提案されているが，移動距離やコストの点で不十分と言わざるを得ない。関谷らの提案する大面積ワイヤレス電力伝送シート[8] は望むべき方向性を示している。

電界結合方式でも，MEMS (Micro Electro Mechanical Systems) を用いた方式，ダイオードを用いた方式や村田製作所の取組[9] がある。

我々は，図8に示すように，受電電極を多電極構造とし，各電極にダイオードを付ける方式で，400×400のサイズ内で，自由位置で受電できる

図8　電界結合方式フリーポジション電力送電の様子

システムを完成させることができた。絶縁層は，市販の壁紙を使用している。現在は，各負荷4Wの電力しか送電できないが，さらに実用性を高めるべく検討している。

このフリーポジション方式は，アクティブ素子をフリーポジション部分に使用していないため低コストである。さらに，低放射であり，送電面積を拡大できる柔軟性を有している。

4.4.4 通信機能

電界結合電力伝送系は，二つの接合容量を通し，数百kHz～数十MHzの周波数を用い共振条件を満足させることで送電しているが，この接合容量は，数GHz～数十GHzの信号に対しては，カップリングコンデンサとして機能し，共振現象を用いずとも，低いインピーダンスが実現できて，通信信号を流すことが可能になる。このため，電力伝送系とは別に無線LANチップ等を組込めば，ビデオレートの通信回線を構成することも可能と思われる。

4.4.5 安全性

感電に対する安全性については，次のように考えている。

(1) 通信機能が，安全性の確保に重要な働きをする。送電部は常時スリープさせておき，通信部のみウェークアップさせておく。受電体からの送電要求信号を受けた時にのみ送電部をウェークアップさせて送電を開始する。省エネルギー化および不要電磁波抑制の点からも必要な事である。

(2) 送電している個所に手を触れたり，金属板が落ちたりしていても，共振条件が満足されない限り，効率的に電力が伝送されることはない。

(3) 受電体は，自身が送電電極をカバーすることで，人がアクティブな送電電極に触ることができないようにしている。

万が一，絶縁層が剥げて金属面が露出していたとしても，上記（1）および（3）の機能により，安全性が確保でき，コンセントよりも先進的な安全対策が取れる。

4.5 適用イメージ

直流送電と電界結合ワイヤレス電力伝送技術を組み合わせた家庭内での適用イメージについて述べてみたい。

図9はディスプレイの付けられた壁面，床面には，直流電力送電と通信を行える並行平板があり，その上にワイヤレス電力伝送機能が付けられている。

壁には，軽量なものならば磁石によって，重量物はねじによって取り付けられているが，設置部から電力が取り出せ，コードはなくなっている。さらに，高速のデータも得られるため，画像データや音声データが流されている。この場合には，ディスプレイはねじで固定されて電力とビデオデータを受けているが，テレビの両脇に置かれているスピーカは，磁石で付けられているだけであり，電力および音声データを受けている。このため，位置を変えるのも容易である。

床には，使用頻度の高いエリアにワイヤレス電力伝送機能が付けられていて，電動車いすに電力を供給している。車いすの底部には，受電ユニットが付けられており，数ミリの間隔をあけて，

図9　応用イメージ

移動中にも受電が可能である。ただし，床表面材料は木目調の仕上げにはなっているが，強誘電性を有している樹脂製の床である。床から電力供給を受けているものは，車いすだけではなく，介護用ロボット，掃除機，ごみ箱（微弱なオゾンを充満させてにおいを出さない），植木鉢（水分を監視して不足しているときには，多目的ロボットに指示を出す），多目的ロボット（例えば，水を供給したり，物を運搬したり，各種機器に補充する），電力供給テーブル，冷蔵庫，洗濯機等の家電機器等が考えられる。

　石でできた壁には，棚板が付けられているが，これらの棚板にもワイヤレス電力伝送機能がある。棚の上には，照明器具，アロマディフューザー，携帯電話等が置かれており，電力が供給されたり，充電されている。

　各受電体は，ID番号を有しており，稼働状況，消費電力等が常にモニターされている。家庭における最大電力が限界に達した時には，セーフティに電力送電が切られる等のスマートグリッド機能を有している。

　壁等にセンサーやカメラを張り付け，ソフトウェア的セッティングをすれば，センサーネットワークを容易かつフレキシブルに構築することができる。

4.6　まとめ

　図1に示すような，ケーブルのスパゲッティ状態を改善すること，低定電圧直流送電を採用すること，銅資源に依存しないアルミニウム主体のシステムにすること，スマート化したシステムにすること，機能を階層化すること，フリーポジション・ワイヤレス送電技術と組み合わせるこ

第 3 章 応用技術―カップリング利用―

と等を考えると，今回提案したシステムになってしまった。
　また，今回は触れていないが，
（1）　施工技術
（2）　本システムに適した建築設計
（3）　水濡れ対策
（4）　電力系統管理（過電流対策，ショート対策，ゾーニング）
（5）　耐火性
（6）　腐食対策
（7）　抗たん性
等，検討しなければならないことが山ほどある。
　資源の問題は，かなり深刻な問題と受け止めている。資源問題というのは，市場価格が上がると今までコスト的に採掘できなかった鉱山が採掘可能になったりする市場メカニズムが働いて安定化するのが常である。しかし，銅以外に実現できる方式・材料がない状態で，発展途上国における銅の消費量が急激に伸びれば，銅の需要と供給のバランスが崩れ，投機的な動きも加わって急激な価格の上昇が起き，実質的に使用できなくなる可能性があることは否定できない[2]。このため，銅を多消費することを前提とした技術を展開することには無理があると思われる。
　一方で，銅に依存しない今回の様な提案が直ぐに普及することは無く，仮に標準化されたとしても普及には相当に時間がかかる。このため，相当先を読んで対応しなければならない。
　他方，カーボン系の材料として，導電性 CNT（Carbon nanotube）やグラフェン（graphene）[10]は，極めて高い導電率を実現できる可能性があるため，大面積生産技術や接合技術等の周辺技術が開発できれば，ベースメタル問題は解決する。大いに期待したい。しかし，長尺のカーボナノチューブ，大面積のグラフェンができるとともに，接合部の処理技術も完成した時の話である。小素片のカーボナノチューブやグラフェンを樹脂等に混合して成型する方式では，金属よりも導電率が大幅に低下したものしか作れない。このように考えると，これらのカーボン系材料に期待を持ちつつ，アルミニウムの使用を真剣に考えた方が良いと思われる。
　一方，大きな地震を被災した時のことも考えなければいけない。筆者が提案するような，高度に機能化された空間は，地震等を被災した時には，脆弱になると考えがちであるが，被災時に機能を失ったのでは意味がない。特に，二次元平面の直流電力送電路は，面積が広い分，被災する可能性も高くなる。これに対しては，ゾーニングによって被災箇所を他と分離する方法で対応できると思われる。また，地震等によって建物が歪んで接合部が破断して機能しなくなることは避けたい。このような対策として，関谷らの提唱するストレッチャブル配線[7]の考え方は大変有効である。アルミニウム板および中間の絶縁材に，直流抵抗が増大しない範囲でエキスパンド可能な切れ込みを予め入れておき，歪を吸収できるような対策を講じる方法もある。

文　　献

1) 安達 毅: "元素の枯渇問題 鉱物資源の世界情勢と将来のゆくえ", 化学, Vol.62, No.12, 2007
2) 神谷夏実: "デマンドサイド分析 2010 (1) ―銅―", JOGMEC, 金属資源リポート, 2010
3) http://www.alpolic.com/japan/index.html （三菱樹脂　アルポリック）
4) H.Shinoda, Y.Makino, N.Yamahira and H.Itai: "Surface Sensor Network Using Inductive Signal Transmission Layer", Proceedings of Fourth International Conference on Networked Sensing System (INSS07), pp.201-206, 2007
5) Hirohito Funato, Yuki Chiku and Ken-ichi. Harakawa: "Wireless Power Distribution with Capacitive Coupling Excited by Switched mode Active Negative Capacitor", The 2010 International Conference on Electrical Machines and Systems (ICEMS2010), PCI-18, pp.117-122, 2010
6) T.Sekitani, H.Nakajima, H.Maeda, T.Fukushima, T.Aida, K.Hata and T.Someya: "Stretchable active-matrix organic light-emitting diode display using printable elastic conductors", *Nature Materials*, Vol.8, pp.494-499, 2009
7) http://eetimes.jp/ee/articles/1102/11/news010_2.html
8) T.Sekitani, M.Takamiya, Y.Noguchi, S.Nakano, Y.Kato, T.Sakurai and T.Someya: "A large-area wireless power-transmission sheet using printed organic transistors and plastic MEMS switches", *Nature Materials*, Vol.6, pp. 413-417, 2007
9) 家木, 郷間, 「電界結合のワイヤレス給電　薄い電極で携帯機器に対応」, 「日経エレクトロニクス」, 2011年7月25日号, no.1061, pp.87-94.
10) "グラフェン・イノベーション", 日経エレクトロニクス, 2011.2.25

5 携帯電話用ワイヤレス充電器の試作概要とエネルギー効率評価

竹野和彦*

5.1 はじめに

　携帯電話の高機能化に伴い，使用頻度の増大や動作電力の増加によって電池の容量不足が問題化している。現状，携帯電話用の電池としてはリチウムイオン電池が使われている。この電池は開発当初から約15年程度で2倍以上のエネルギー密度を達成しているが，今後劇的な容量アップは見込めない。さらに，リチウムイオン電池に変わる新しい電池としてマイクロ燃料電池を携帯電話やノートPCなどのモバイル機器に適用する検討も開始している。しかし，商用レベルまでに達するまでに相当時間がかかる見込みである。したがって，当面携帯電話用の電池に関しては，現状レベルのLiイオン電池の電池容量を用いて運用する必要がある[1,2]。

　一方，携帯電話用電池などの充電器に関しては，導入当初から商用AC 100Vを受電し，ACアダプタ（AC/DCコンバータ）などの充電器を経由して，コネクタを接続して携帯電話の充電を行っている。この構成は，導入当初から携帯電話などに適用しており，現在も同じ充電システム構成となっている。携帯電話にコネクタ端子があることの欠点としては，充電端子（コネクタ）の形状が異なるACアダプタが使えない，コネクタがあるために携帯電話の防水機能に制限が発生する，コネクタ自体が携帯電話のデザインに関して阻害要因になることが上げられる。これらの欠点がある充電コネクタをなくす技術として注目されるのがワイヤレス送電の技術であり，この技術を用いた充電器をワイヤレス充電器という。ワイヤレス送電技術とは，電気的な接触で電力を送電するのではなく，電磁誘導[3~6]，電界・磁界共鳴[7~9]，マイクロ波や可視光など[10]のエネルギー媒体を用いて電力を送電する技術である（表1）。本技術は別名，非接点送電やワイヤレス送電とも呼ばれており，充電コネクタなどの電気的接点を介さずに電力を送電する技術である。なお，本技術は一般家電品のワイヤレス充電器としてすでに実用化されている例もあり，防水機能を必要としかつ電力的にそんなに大きな送電を必要としないシェーバー・電動歯磨き器な

表1　ワイヤレス充電技術の種類

種類	電磁誘導型	共鳴型	レーザー送電	マイクロ波
特徴	電磁誘導（数100 kHz）による電力送電	電界，磁界共鳴結合による送電（kHz～MHz）による電力送電	可視光領域の電磁波（光）による送電	電波（数GHz）による電力送電
利点	簡易な回路で実現可能（トランス方式）	中距離送電可能	既存の太陽電池，レーザー技術の応用可能	遠方送電可能
欠点	近接送電のみ	実用化設計条件，安定化などが課題	室内の場合，効率の良い光源必要	送信部，受信側の高効率化必要

* Kazuhiko Takeno　㈱NTTドコモ　先進技術研究所　環境技術研究グループ

どで実用化している。また，通信機器などでも家庭用電話機の子機の充電器やPHS型携帯電話などにも適用済みの技術である。ただし，実用化した製品は送電電力が数100mWであり，かつあまり大きさの制限が無い機器が一般的であるが，同技術と魅力的な技術であり，現在の携帯電話に適用できればコネクタレスが可能になり，防水や小型化に貢献できると考えている。

本稿では，上記の状況の内，携帯電話に電磁誘導方式のワイヤレス充電回路を組み込んだ試作を実施し，実際の動作上の各種課題（エネルギー効率など）の明確化を行ったことについて述べる。

5.2 ワイヤレス充電器の概要

図1は今回試作をした電磁誘導型のワイヤレス充電器の概要を示す。本方式は表1中での電磁誘導型であり，一次，二次のコイルの間で，約243kHz程度の交流磁界を介して，電力を送る技術である。本技術は基本的にスイッチング電源などに使われている高周波電源トランスの動作を応用しており，同高周波トランスの一次側と二次側を分離して動作させるものである。この方式は現在広く普及しているスイッチング電源技術を用いており，簡易な回路構成で実現できる[11]。課題としては，本方式は同トランスの一次側と二次側間の距離に制約があり，コイル間を近接させる必要がある。

図2，3はそれぞれ今回用いた回路ブロック図，スイッチング回路部の回路概要を示している。図3の本回路中では，一次側で高周波スイッチング用のスイッチ（FET）に接続された空心トランス（インダクタ）を配置している。二次側のトランス（インダクタ）は整流回路や平滑用インダクタおよびコンデンサを介して負荷へ電力を供給する構成になっている。また負荷に関しては純抵抗

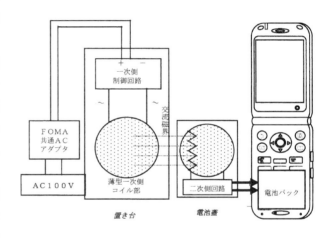

図1 携帯電話用ワイアレス充電器の概要

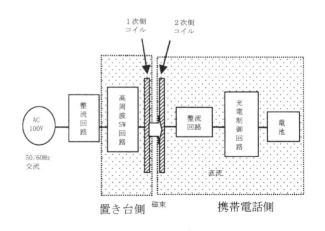

図2 ワイヤレス充電器のブロック図

第3章 応用技術—カップリング利用—

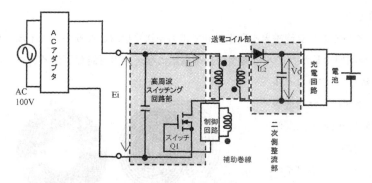

図3 ワイアレス充電回路の概要

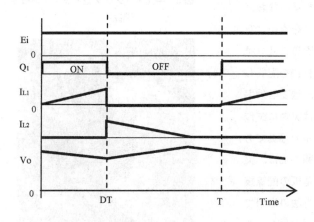

図4 回路の動作波形（概要）

表2 ワイアレス充電器の主要仕様

	項目	仕様
一次側	入力電圧，電流	5.4V，700mA（携帯電話の充電器を使用想定）
	スイッチング周波数	243kHz
	平面コイル	外形φ40mm，内空径φ10mm ターン数：20巻，線径0.4mm
二次側	オープン電圧	5.5V
	定格電圧（400mA時）	5.0V
	平面コイル	外形φ30mm，内空径φ10mm ターン数：17巻，線径0.4mm

Rと表記しているが，実際の回路では電池用の充電回路（リニアレギュレータなど）や電池に接続されている。図4は同回路の動作波形の概要を示している。各波形の記号は図1の回路中の電流・電圧状態を示しており，直流電圧 Ei は時間T（動作周波数fとした場合：スイッチング周波数周期 T＝1/f）の間でスイッチ FET1（FET4），FET2（FET3）を交互に ON/OFF することによりコイル L1 に交流電力（IL1）が印加され，一次側コイルから交流磁界が発生する。その交流磁界が二次側コイル（L2）に伝達され，コイル L2 に起電力が発生し，交流電流が流れることになる。この電力は，ダイオード D1（D3），D2（D4）の整流回路やコンデンサの平滑回路を経て，直流電圧 V0 に変換され，抵抗 R0 に給電される。

表2は今回試作評価を実施したワイアレス充電器の主要な仕様を示している ISM（Industrial Science Medical）規格に準拠した周波数やパワー（243kHzk，約3W送電）を規定し，

ワイヤレス給電技術の最前線

規制の範囲内で試作器を製作した。

図5は，本技術の重要デバイスである交流磁界を発生させて電力を送受信おこなう平面コイル（トランス）の概要を示す。今回使用したコイルは薄型の携帯電話に唯一適用可能な平面インダクタ技術を用いたコイルを用いた。このコイルは同心円状にコイルを巻いて平面にした構造をしており，一次側コイル（φ40mm）と二次側コイル（φ30mm）の直径を両端で5mmほどマージを持たせた構造をしている。このコイルを用いて，一次側のコイルに交流電力を流すことにより交流磁界を発生させ，交流磁界は直接空間を経由して二次側コイルに伝わり，二次側コイルにて再び交流電力に変換される。なお，基本的に本方式は磁性体であるコアを省いた空芯トランス方式の一種であるが，実際にはコイルの上下に防磁シートなどの磁性材料を配置して交流磁界が漏れないようにして，送受信効率を上げる工夫を行っている。図6は実際に試作を行った一次側および二次側コイルの写真である。平面インダクタの製造方法に関しては，実際の線材から作る技法，プリント基板の配線技術の応用で作る技法，LSIの製造方法の応用で磁性体等と共にコイルを作る技法などいろいろな手段があるが，今回，実際のリッツ線を用いて平面インダクタを構成している。このコア・トランス方式と比較して薄型化・平面化に有利であり，いろいろな場所に一次側の回路およびコイルを組み込むことが可能である。さらに，二次側の携帯電話などの薄型が求められる機器に適用できる唯一のワイヤレス送電用のコイルであるといえる。また，コイルを平面化して，一次側と二次側を近接させることにより，電力の送電効率を高めることも可能である。

以上で述べた回路，インダクタを用いて携帯電話に適用した。図7は試作した携帯電話本体およびワイアレス充電器（置き台）を示してい

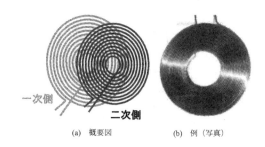

(a) 概要図　　　(b) 例（写真）

図5　平面インダクタ型トランスの概要

(a) 置き台と携帯電話

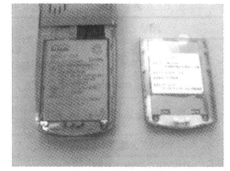

(b) 携帯電話の電池蓋

図6　ワイアレス充電器の試作機

第3章 応用技術—カップリング利用—

る。本ワイヤレス充電器のコンセプトは携帯電話の電池蓋に平面インダクタ（および整流回路）を内蔵するところにある。電池蓋に二次側コイルと交流電力を整流する整流回路を内蔵化することにより，電池蓋以外の携帯電話本体を極力変更しない構成を実現している。

本試作品の今後の課題としては，高効率化やコイル部分の薄型化などが課題とともに，位置や使用環境での影響などの課題がある。以下で各種評価を行った結果を述べる。

5.3 位置と効率の関係

ワイヤレス充電における大きな課題の1つとして位置あわせの課題がある。設置の自由度が高い反面，位置ずれなどにより送電効率やパワーが低下する。本項では試作を行った評価機での位置に関する特性を評価した。

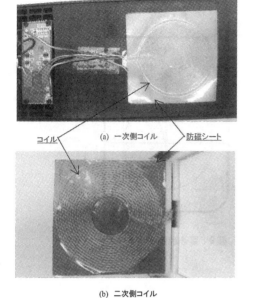

図7 平面インダクタ型トランスの写真

図8，9はそれぞれ試作機の一次側と二次側のコイルの配置（図8は一次側のコイルの平面図，図9は一次側コイルと二次側コイルの断面図）をしている。水平方向の移動をX，Y方向，垂直方向をZ方向として測定を行った。なお，図9より一次，二次コイルの両側には磁束が漏れないように防磁シートを配置している。特に，電池蓋の内部にはアルミケースに入ったリチウムイオン電池があるので，漏れ磁束によるアルミ表面の渦電流発生による温度上昇の防止もかねている。

図10，11はそれぞれX方向，Y方向に位置を変化させた場合（Z方向は原点）の送入力電力，出力電力および送電効率の測定結果である。図10と図11はほぼ相似形であり，同様な特性を示している。同図より，位置が4から5mmほど外れると送電効率が低下することが分かる。これは一次側コイルと二次側コイルの半径の差が5mmであることが影響していると考えられ，5mmを超える差が発生した場合，磁束の漏れが大きくなることを示している。また，出力電力としては，携帯電話の場合は最小でも1W程度は必要であるので，5mm以上に位置がずれた場合は充電停止することになる。したがって，本提案のコイル径での組み合わせでは5mm前後の自由度しかない状況が確認できた。

図12はZ方向（原点は置き台に携帯電話を置いた場合に相当）を変化した場合の送入力電力，出力電力および送電効率の測定結果である。同図より，位置が2mm以上外れると送電効率が急激に低下することが分かる。これは一次側コイルと二次側コイルの半径とZ軸の距離の比を比較して約1/20以下の比であり，すこしでもコイルが離れると漏れ磁束が多くなり，伝送効率が

大きくなることが分かる．特に，3mm以上はなれると携帯電話の充電に必要な1Wを下回るので，充電動作が停止する．この結果，Z方向に自由度は3mm前後しかないことがわかる．

以上の結果より，平面コイルを用いた携帯電話用の本試作結果では横方向のずれの許容は5mm程度，高さ方向の許容としては3mm程度となっており，置き台の作り方の制約や自由度が狭い結果となっている．この対策としては一次コイル径の拡大により横方向への対処は可能と考えるが，漏れ磁束などの増加も発生するために最適化が必要である．

5.4 充電場所と効率の関係

位置の変化の他に各種環境条件によってワイヤレス充電の充電特性に影響を与えるケースがある．本項ではワイヤレス充電用の置き台を木製の机に置いた場合とスチール（鉄製）の机に置いた場合での特性の比較を実施した．これは通常の木製の机のほかに鉄製などの磁性体から

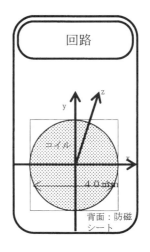

図8　置き台側のコイルの位置関係

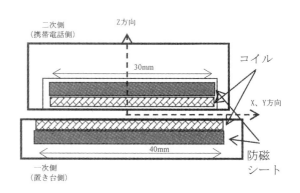

図9　一次側と二次側コイルの位置関係

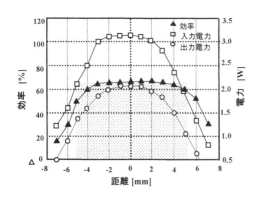

図10　位置による特性変化（X方向）

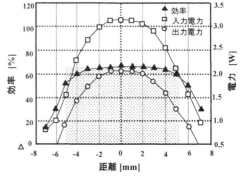

図11　位置による特性変化（Y方向）

第 3 章　応用技術—カップリング利用—

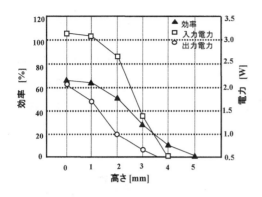

図 12　位置による特性変化（Z 方向）

なる材料をもちいたものの上に置かれる場合も想定した試験である。

図 13，14 はそれぞれ木製およびスチール製の机の上にワイヤレス充電器の置き台を配置し，通常の充電を実施した場合の充電電流，充電電圧，温度上昇（電池蓋の内側）を測定した結果であり，表 3 に代表値の比較を示す。通常の使用条件である図 13 では充電時間が約 140 分（CC 充電終了は約 105 分），充電電流が 430mA および温度上昇が約 20℃であった。一方，図 14 のスチール製机で充電を行った場合，充電時間が約 160 分（CC 充電終了は約 127 分），充電電流は 370mA および温度上昇が約 13 度の上昇に収まっている。上記の結果より，スチール製の机の場合，木製の机と比較して，充電電流が 14%程度少なくなっていることより，漏れ磁束がスチール製の机に吸収されて熱などでロスしたと考えられる。電池蓋の温度上昇の主因は二次側の整流部分のロスであるので，充電電流の低下により温度が低下したことと，スチール製机の放熱効果も関係があると予想される。

上記の結果より置き台を設置した机の材質により影響を受けることを確認した。今回は充電時間が長くなる等大きな影響は無かったが，その他の材質への影響評価や影響を出さないための漏れ磁束の防止などの対策が必要である。

5.5　充電時の放射雑音

さらにワイヤレス充電の実使用上課題となる放射雑音特性（不要輻射）の評価も実施した。試験基準としては VCCI クラス B（家庭機器）の 10m 法にて測定（30～1000MHz）を行った。

図 15 は携帯電話を充電させているときの不要輻射雑音の測定結果（水平，垂直）である。垂

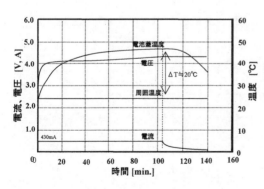

図 13　充電時の温度，電流，電圧（木机）

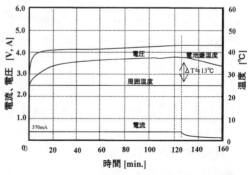

図 14　充電時の温度，電流，電圧（スチール机）

直方向においては125MHz，225MHz付近で高調波と考えられる輻射があり規格を満足できていない。水平方向に関しては，特に40から50MHz帯域でVCCIスペックを満足できていない結果が得られている。40から50MHzについては平面インダクタからの交流電力（243kHz）の高調波成分と推測される。また125MHz，225MHz付近は制御ICの動作周波数による影響と考えられる。いずれにおいても商品化の場合にはEMC対策が必要であり，コイルや高周波回路のシールド強化が必要である。

5.6 環境（省エネルギー）分析

最後に，ワイヤレス充電の電力損失が使用する電力全体に対する影響（割合）がどのようになるかの考察を行った。対象としては上記で検討を行ってきた携帯電話，ノートPCおよび液晶TVなどをワイヤレス給電にて一般家庭で使用した場合を想定している。

図16は，前項で検討を行ってきたワイヤレス送電回路の電流・電圧特性と電力変換効率を示す。定格（5.2V，0.5A）電力領域では電力変換効率が約70%と比較的高いが，軽負荷領域では電力変換効率が極端に小さくなる。図17は，同送電回路の電池への充電時の電流波形を示す。図中の直送充電はACアダプタと携帯電話に直接接続した場合の波形を参考に示している。図16，17よりワイヤレス送電時の総合的な電力変換効率は約68%程度と計算される[12,13]。

表3　ワイヤレス充電の測定結果比較

評価項目	木製机	スチール机
充電時間（50mAカット）	約140分	約160分
充電電流（CC領域）	約430mA	約370mA
温度上昇（電池蓋内）	約20deg.	約13deg.

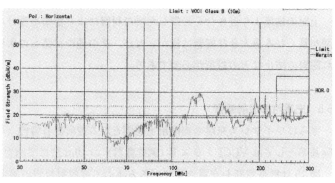

(a) Horizontal

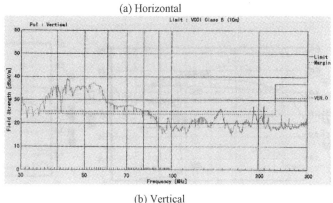

(b) Vertical

図15　放射雑音特性（水平，垂直）

第3章 応用技術―カップリング利用―

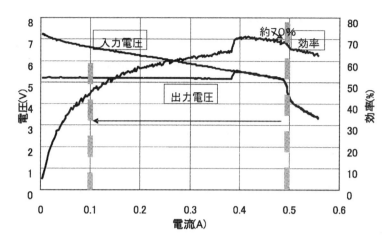

図16 ワイヤレス送電回路の効率と電流・電圧（試作例）

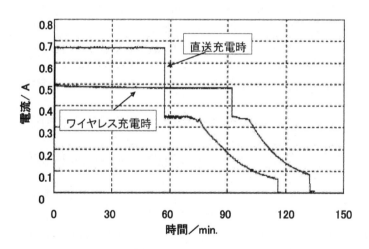

図17 ワイヤレス送電回路の充電波形（電流値）

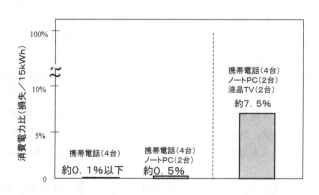

図18 ワイヤレス送電の省エネへの影響評価（一例）
（家庭の1日の電力：約15kWhと想定）

以上で求められた総合変換効率を家庭の情報家電機器へ適用して損失を評価する。なお，大型機器ほど電力の変換効率が良くなるが，今回は上記の効率（最悪値）をベースに評価した。図18は家庭にワイヤレス送電を適用した場合のエネルギー損失を分析した結果である。携帯電話（4台），携帯電話（4台）＋ノートPC（2台），携帯電話（4台）＋ノートPC（2台）＋液晶TV（1台）に適用した場合の1日の総電力量（15kWhと想定）に対する損失の比を求めている。図4より，携帯電話やノートPCへの導入による損失の増大はないが，液晶TVなどの機器は消費電力に占める割合が高い結果を得た。

5.7 まとめ

本稿では，電磁誘導方式のワイヤレス充電回路を携帯電話に適用して位置ずれの課題や各種使用環境の影響に関して測定を行った。その結果，位置連れの余裕度は横方向

で 5mm, 高さ方向で 3mm 程度であり, 設計の自由度が少ない結果となった。さらに, 置き台を置く下の材質の違いによって充電特性が変化することも示した。また, 不要輻射の課題も明らかにして干放射ノイズ対策の必要性を示した。また, 一般家庭に適用した場合, エネルギー効率の悪さにより電力を損失する特性が見えてくるケースがあることが分かった。

今後, 特に位置ずれの問題は大きな課題であり, 電磁誘導型の欠点であり, 位置ずれの改善として二次側の負荷整合の最適化やコンデンサなどの適用の検討, さらには電力変換効率を上げていくことが必要である。

文　　献

1) K. Takeno, J. Yamaki, "Methods of energy conversionand management for commercial Li-ion battery packs ofmobile phones", Proceeding of Intelec 03, pp. 310-316, 2003
2) K. Takeno, J. Yamaki, "Quick battery checker forlithium-ion battery packs with impedance measuringmethod", IEICE TRANS. COMMUN., Vol. E 87-B, No. 11, pp 3322-3330, 2004
3) 安田, 田村, 北村, 井上, 坂本, 原田, "携帯機器用ワイヤレス充電システム", 信学技報, EE 98-64, 1998
4) 安部, 坂本, 原田, "チョークインプット整流を有するワイヤレス充電回路の負荷特性," 電学マグネティクス研資", MAG-98-228, 1998
5) 安部, 坂本, 原田, "ワイヤレス充電システムにおける負荷特性", 電学論 vol. 119, NO. 4. April 1999
6) 安部, 坂本, 原田, "磁気結合コイルの正確な位置合わせを不要にしたワイヤレス充電", 電子情報通信学会論文誌 B, Vol. J 86-B No. 6 pp 987-996 2003
7) Andre Kurs, et, al., Wireless Power Transfer via StronglyCoupled Magnetic Resonances, *Science Express*, Vol. 317, No. 5834, pp. 83-86, 2007
8) 小紫公也, 居村岳広, 堀洋一ほか, 「ワイヤレス・エネルギー伝送技術」, 電子情報通信学会技術報告書, SAT 95-77, pp 31-36, 1995
9) 篠原, 松本, 三谷, 芝田, 安達, 岡田, 富田, 篠田, "無線電力空間の基礎研究", 電子情報通信学会技術報告書, SPS-18, 2003
10) マイクロエネルギー技術調査研究報告書, 社団法人電子情報技術産業協会発行(電子材料・デバイス技術委員会), 2007
11) 竹野和彦, 「携帯電話用のワイヤレス充電技術」, 携帯電話キーデバイスの開発と最新動向, 千葉耕司(監修), シーエムシー出版, 2007
12) 竹野, 上村, "携帯電話用ワイヤレス充電回路の実使用環境での影響", 信学技報, vol 110, n. 65, EE 2010-1, pp. 31-36, 2010
13) 竹野, 松岡, "ワイヤレス送電の電力効率と環境負荷影響の一考察", 電子情報通信学会全国大会, BS-6-5, 2011

6 非接触ICカード技術「FeliCa」での電力／信号伝送

北　真登*

6.1 FeliCaの概要
6.1.1 FeliCaとは

　FeliCa（フェリカ）とは，ソニーが開発した非接触ICカード技術方式である．偽造・変造しにくく，高い安全性を持ちながらも，高速なデータの送受信が可能であることが，その最大の特長．カードの抜き差しが不要な非接触方式ならではの使いやすさを持ち，データを書き換えることでカード自体を何度も再利用できるエコロジーなシステムである．また，形状の自由，大容量マルチアプリの実現により，その汎用性は非常に高く，携帯電話に代表されるようなカード形状に限定されない様々な分野での導入が始まっている．

6.1.2 導入事例

　FeliCaの国内外の導入事例を用途別に述べたい．まず第一に，乗車券としての用途が挙げられる．国内では，JR東日本の「Suica」，首都圏の鉄道／路線バスで利用できる「PASMO」，JR東海の「TOICA」，JR西日本の「ICOCA」等がその代表例である．国外では，香港の「オクトパスカード」等で導入されている．なお，これらのカードはプリペイド方式の電子マネー機能も併せて保有している場合が多い．

　次に，電子マネーとしての利用が挙げられる．電子マネー「Edy」の加盟店は全国に拡大しており，カードのみならず携帯電話にも採用されたことで，その利用範囲はさらに拡大傾向にある．

　また，社員証／学生証としての利用も挙げられる．FeliCaの高いセキュリティ特性を活かして，オフィスや研究所等の入退室管理や，個人認証に利用されている．また，これに関しても乗車券と同様に，電子マネー機能を併せて保有している場合が多い．

　国内におけるFeliCa導入状況を図1に，国内外におけるFeliCa ICチップ出荷状況を図2に示す．

6.2 FeliCaの技術
6.2.1 FeliCaの仕組み
① 動作原理

　リーダ／ライタとカード間の通信動作原理を図3に示す．2者間の通信は，リーダ／ライタから発せられる電磁波によって行われ，その周波数帯は13.56MHzを採用し，212kbps，424kbpsの速度でデータ転送を行う．ここで注目すべきは，カード自身は電源を持たないため，リーダ／ライタからの電磁波によって電力を生成しなければならないという点である．つまり，カードはデータ通信のみならず，電力を生成してCPU等に供給する機構も実装する必要があり，この両立が，常にハードウェアを設計する際の課題となる．

---

　* Masato Kita　ソニー㈱　半導体事業本部　研究開発部門　先端信号処理研究2部　1課

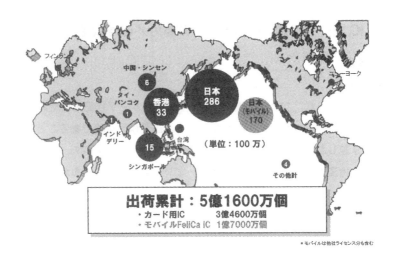

図1 FeliCa IC チップ累計出荷(2011/3末時点)

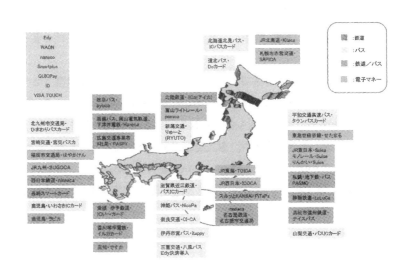

図2 日本国内での導入状況(2011/3末時点)

② 非接触通信方式に適した技術方式

現在,非接触ICカードで利用されている通信方式としては,FeliCaの他にISO/IEC14443 TypeA,B方式が存在する。リーダ/ライタからカードに送信される信号の各方式におけるビットコーディングを表1に示す。まず,TypeAとFeliCaを比較する(図4)。TypeAは100%変調方式を採用しており,データ転送中に搬送波成分がゼロになることがあるため,カードの電源が維持されない可能性がある。これに対してFeliCaは,変調率10%程度を採用しており,データ転送中も搬送波成分がゼロになることはないため,カードが安定して電力を生成できる機構を,より容易に設計することができる。次に,TypeBとFeliCaを比較する(図5)。非接触ICカー

第3章 応用技術—カップリング利用—

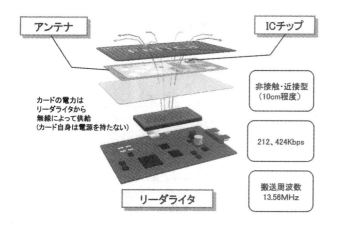

図3 リーダライタとカード間の通信動作原理

表1 ビットコーディング比較（リーダライタ→カード）

通信方式	ビットコーディング	ビットコーディングの特徴
TypeA	Modified Miller （100%変調）	「1」は，半ビット間隔後に瞬断を発生。「0」は，前ビットが「1」の場合，全ビット間隔無変調。前ビットが「0」の場合，ビット初めに無変調。
TypeB	NRZ （約10%変調）	「1」で高レベル，「0」で低レベル。
FeliCa	Manchester （約10%変調）	「1」は高レベルから低レベルに変化。「0」は，ビット区間の中央で低レベルから高レベルに変化。

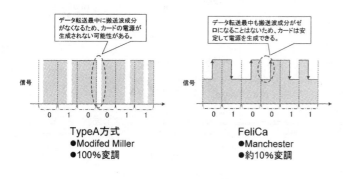

図4 TypeA方式とFeliCaの比較

ドでデータ通信を行う際，カードとリーダ／ライタの物理的な距離によって，カードが受信する電圧値は常に変動する。TypeBとFeliCaは同じ10%変調を採用しているが，TypeBの場合，一定の基準値との大小比較によりデータ判別を行うため，正しい判別を行うためには，カードとリーダ／ライタ間の距離の制約を受けることとなる。これに対してFeliCaは，1ビット内の高低変化を元にデータ判別を行うことができるため，通信距離による受信電圧値変動の影響を受けにくく，誤検出の可能性が低い。

これらの要因により，FeliCaは他方式と比較して，非接触高速通信の実用化により適した技術方式といえるのである。

6.2.2 ハードウェア構成とその課題

① カードアンテナ

カード構造の例を図6に示す。まず，チップ周辺部について述べる。ICカードチップにはステンレス板が接着されており，これは，カードの折り曲げや衝突等，外部からの衝撃によるチップ破損を防ぐことを目的としている。次に，アンテナ部分について述べる。カードのアンテナはコイルとコンデンサで形成されており，その共振周波数は，リーダ／ライタからのエネルギーを効率的に取得するため，

ワイヤレス給電技術の最前線

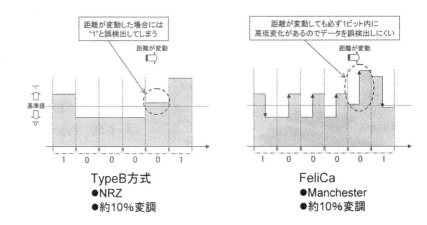

図5　TypeB方式とFeliCaの比較

搬送波周波数と同じ 13.56MHz に設定されることが多い。しかしカードの量産時においては，チップ構造の細密さから，共振周波数は必ずしも一定とはならず，バラツキが生じてしまう。この対策として，アンテナ内にトリマコンデンサを持たせ，これによって周波数調節を可能とし，一定周波数で安定したエネルギー取得を可能とするカードの量産を実現しているのである。

次に，カードアンテナの設計について述べる。非接触ICカードは，リーダ／ライタからのデータ受信に加えて，それ自体が電源を持たないため，リーダ／ライタからの磁界により電力を生成しなければならないという役割も持っている。よって，そのアンテナ設計には，データ受信と電力生成の両立を実現するためのパラメータチューニングが不可欠であり，これについて，アンテナのQ値を用いて解説したい（図7）。まず，エネルギー受信能力を高めるための一般的な方法である，Q値が高

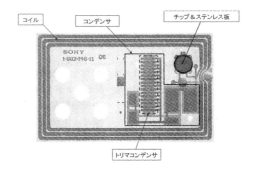

図6　カードの構造

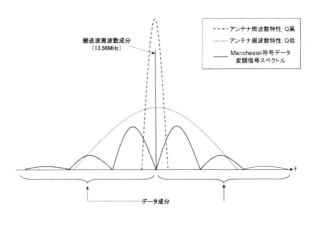

図7　スペクトルとアンテナの周波数特性

第3章　応用技術―カップリング利用―

い場合についてであるが，この場合，カードは搬送波周波数成分を大きく受信できるため，電力生成に必要な最低動作保証電圧を常に満たすことができ，カード内の電力生成には非常に効率的である。しかし，データ判別に必要なデータ振幅値が小さくなるため，データ検出に支障をきたすおそれがある（図8：case_1）。次にQ値が低い場合についてであるが，この場合，データ振幅値が大きくなるため，データ検出に関しては問題無いが，搬送波周波数成分が小さくなるため，カードの電力生成に必要な最低動作保証電圧が満たされず，電力生成が行われないおそれがある（図8：case_2）。では，リーダ／ライタの出力を大きくして，この課題を解決することも考えられるが，リーダ／ライタから発せられる磁界については，電波法により制限が定められているのが現状である。このように，カードのアンテナ設計には，データ受信と電力の生成，そして出力磁界の制限やチップの特性等，様々な検討要素が複合的に存在しており，これらを十分に考慮した上で，最適なパラメータチューニングを行う必要があるのである。

② リーダ／ライタからカードへの電力，信号伝送

　先に述べたとおり，カードはリーダ／ライタから得られる限られたエネルギーを元にデータ通信を行う必要があるため，大きな電力を消費するような複雑なデータ検出機構を実装することができない。よって，リーダ／ライタからカードへ送信されるデータは，単純な検出機構でも判定しやすい振幅の大きなものが理想的であるが，過度なデータ振幅を持つ信号を送信した場合，カードの受信電圧が電力を生成するための最低動作保証電圧を下回るおそれがある。最低動作保証電圧を維持しながら，いかにデータ振幅を大きくしてカードの負荷を軽減できるかを検討した結果，現在のFeliCaでは，リーダ／ライタから発せられる電磁界の変調率を10％程度で運用している。

③ カードからリーダ／ライタへの信号伝送

　前項までは，リーダ／ライタからカードへのデータ送信について述べたが，この項ではカードからリーダ／ライタへデータ送信する場合の課題について，負荷変調の手法を用いて解説したい。

　負荷変調とは，カード内に存在する負荷（抵抗）をスイッチングすることにより磁界の反射を発生させ，リーダ／ライタにデータを送信する手法である。具体的な例を，回路図を用いて解説

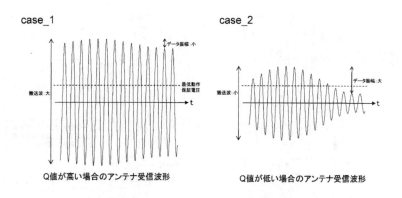

図8　Q値による受信波形の比較

する．図9は，カードがリーダ／ライタにかざされた状態を示しており，リーダ／ライタのアンテナ電圧は1.0Vとする．なお，この時，カード内の小抵抗のスイッチはOFFになっている．そして，カードがリーダ／ライタからの電磁波を受信し，次にカードがリーダ／ライタにデータを送信する際は，その小抵抗のスイッチをONにする．すると，リーダ／ライタから見ると，カードの負荷が大きくなるため，リーダ／ライタの電圧が下がり（0.7V），スイッチOFF時の状態との差分電圧（0.3V）がデータとして認識される．以上が負荷変調の概要であり，これはカード自身が磁界を発生する必要が無いため，エネルギー消費の節約には非常に有効な手法となっている．

ここで，差分電圧がデータとして認識されるのであれば，その差分が大きい程，つまり，カード側の小抵抗が小さい程，リーダ／ライタが受信する信号のSN比は大きくなり，データ送信が効率的に実行されるのではないかと考えるかもしれないが，この手法をやり過ぎると致命的な問題が生じる．カード電圧は，負荷変調抵抗をONにすると下がる．これは，CPU等を抵抗値として見なすと抵抗の並列接続となり，カードの負荷が大きくなるためである．その際，カード側の負荷変調用抵抗の値が低い程カード電圧の下落は著しく，結果として最低動作保証電圧未満となり，データ送信中にカード電源が落ちてしまう可能性があるためである（図10）．

このように，効率的なデータ通信とカードの電力生成は，基本的にはトレードオフの関係にある．この両者の相関性を理解した上で，可能な

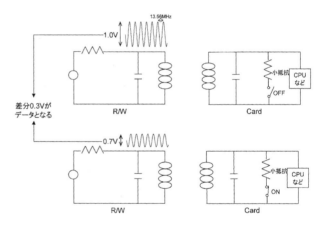

図9　負荷変調

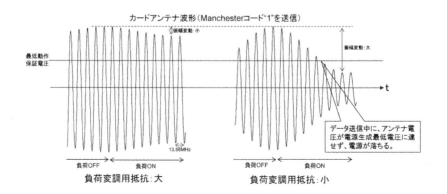

図10　負荷変調時のカードアンテナ波形

第3章 応用技術—カップリング利用—

限り最適な形での両立を図るための回路設計が，非接触ICカード通信には不可欠である。

6.2.3 ソフトウェア処理によるメモリ保護

カードのメモリ保護を目的とした実装について，2つの事例を用いて解説したい。

まず第一に，電源遮断による有効データの喪失について。非接触ICカード通信においては，カードはリーダ／ライタに近づけられ，遠ざけられるという一連の動作を行うが，この際カード内のメモリは，データの書き込み途中で，カードがリーダ／ライタからの磁界を検知できなくなり，ゆえに電源が遮断され，メモリ内のデータが不完全な状況に陥る場合がある。この時，処理によっては書き込み途中のデータのみならず，書き込み前のデータも同様に不完全なものとなってしまい，メモリ機能そのものが，喪失することとなる（図11）。この対策として考案されたのが，ライトバッファの活用である。メモリ内には，有効データとともに，常にバッファの領域が装備されており，新規データは，現在の有効データに上書きされるのではなく，まずこのバッファに書き込まれる。そして，バッファへの新規データの書き込みが終了したことを確認した後に，カード内で有効データの切り替えが行われる（図12：case_1）。仮に，電源遮断等の原因で新規データの書き込み完了が確認できない場合は，書き込み前の元データが有効データとして残り，読み出しも可能となる（図12：case_2）。よって，このライトバッファの活用により，電源遮断の場合にも常時カード内に有効データが保持されている状態となるのである。

第二に，電源遮断によるデータの二重書き込みについて。データ通信の際，リーダ／ライタは，カード内のメモリにデータ書き込みを指示するライトコマンドを送信し，書き込み終了後，カードはリーダ／ライタに書き込み終了のレスポンスを送信して，一連の通信作業が完了する。しかし，このレスポンスの送信途中で電源遮断が発生した場合，リー

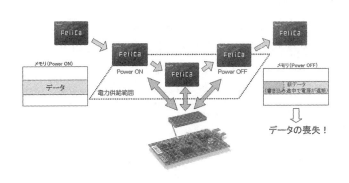

図11 電源遮断による有効データの喪失

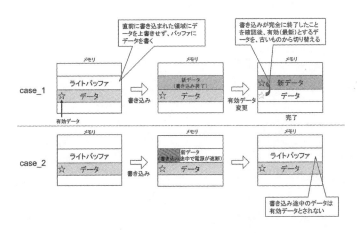

図12 メモリ保護手法

ダ／ライタは，カードがデータを受信していないとみなし，ライトコマンドのリトライを行うため，データの二重書き込みが発生する場合がある（図13）。仮に，電子マネー利用時に，この二重書き込みが発生した場合，二重請求（支払い）の原因となってしまう。この対策としてFeliCaでは，データの書き込み時にデータ内容の判定を行い，これによってデータの二重書き込みが発生することが無いよう設計されているのである。

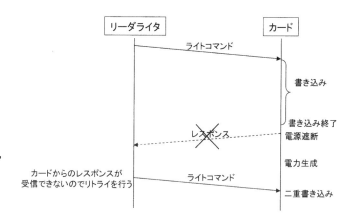

図13　電源遮断によるデータの二重書き込み

　このように，非接触ICカードのデータ通信には，その原理上，様々なリスクが伴う。しかし，そのようなリスクを解消し，データの安定性と高度なセキュリティを実現することが，非接触ICカードを市場に普及させるための必須条件である。FeliCaでは，電子マネーをインフラとして普及するため，あらゆるリスクを想定し，それに対応できる設計を行うことで，ハード／ソフトを含めたシステム全体としての最適性を保持しているのである。

7 医療用給電システム

佐藤文博[*1]，松木英敏[*2]

7.1 はじめに

 医療分野におけるワイヤレス給電技術は，言わば体外から体内へ，皮膚や生体組織を介して非接触で電力伝送を行う事であり，単純に電気機器を動作させるだけの電力源を構築する事ではなく，伝送した電力を体内でどの様なエネルギー形態として利用するかが重要となる。そして，生体親和性を考慮する事が必須の事項であり，一般的な産業用途や家電用途を対象に設計される伝送システムとは趣の違ったものとなる。また，非侵襲，無侵襲，低侵襲といった言葉に代表される様に，体内埋め込み機器へのエネルギー供給方法としては必要不可欠な技術であり，利便性を追求する商用用途のものとは一線を画す。一般的な工業用途や産業用途，もしくは家庭用電気機器を対象にした非接触電力伝送技術は，主に蓄電池を介して動作を行う機器アプリケーションが主要であるが，生体を想定した場合，若しくは医療機器を対象に考えると，多少扱いの異なったものとして整理できる。体外から何らかの媒体を介して行われる体内でのエネルギー変換構成を考えると，体外から伝送された電気エネルギーを機械的出力として使用するもの（いわゆるアクチュエータの動力源，電力源として使用するもの），電圧，電流として直接生体へ作用を行うもの，そして熱的な出力として利用するものに大別できる。また医療機器といってもその一部はいわば民生用機器に含まれるものもあり，一方では高度な生命維持，身体機能代替としての装置，その他介護機器や計測機器までを範疇に考えるとその取り扱いは多岐に亘る。これに関連して使用される周波数もkHzオーダから数十MHzオーダに渡り，扱う電力量もmWオーダから数kWオーダまでとその取り扱い範囲は非常に広い。この事から医療機器におけるワイヤレス電力伝送技術は，電気的にもその用途的にも幅広い領域を持ち，個々の最終的なアプリケーションによってその形態は大きく変わる事となる。以下，医療分野におけるワイヤレス・エネルギー伝送技術の具体例として，人工臓器を始めとして，治療機器，計測機器の各例について順次述べる。

7.2 人工臓器へのワイヤレス・エネルギー伝送技術

 人工臓器と言われる代表的デバイスには現在研究開発中のものを含めて，次のものが挙げられる。人工心臓（補助人工心臓），人工心肺，人工眼（人工網膜），人工内耳，人工肛門括約筋，人工食道，人工心筋等があり，その研究開発背景には様々な医学的意味や歴史上の成り立ちがある。
 表1に代表的な人工臓器，埋込治療機器と大凡の消費電力の関係を示す。（なおICD（埋込型除細動器），DBS（脳深部刺激装置）も実用化されているが消費電力に幅があるためここでは割愛した。）人工臓器の代表例として，特に移植代替の議論として大きな意味を持つ人工心臓を考えた場合，体内に非常に長期留置される事が想定されるため，医学的側面のみならず，機器と

  [*1] Fumihiro Sato 東北大学 大学院工学研究科 電気・通信工学専攻 准教授
  [*2] Hidetoshi Matsuki 東北大学 大学院医工学研究科 医工学専攻 教授

しての工学的視点からも，人工臓器として成立する要件は制約が多く非常にシビアである。従ってこれら機器に適用を考える場合のワイヤレス電力伝送システムも同様に厳しい条件が課される事になり，民生電気機器，産業用途機器への構成とは別のアプローチが必要となる。温度，湿度，大きさ，重さ，生体適合性，安全性等，直接生命に関わるデバイスであり厳しい要求がなされる。

表1 体内埋込機器と消費電力の一例

1mW～10mW	心臓ペースメーカー，人工内耳等
10mW～100mW	人工網膜等
100mW～1W	人工心筋，機能的電気刺激等
1W～10W	人工肛門括約筋，埋込ハイパーサーミア等
10W～40W	人工心臓（LVAD，TAH），人工食道等

一例として挙げる人工心臓へのワイヤレス電力伝送は，とりわけ TETS（Transcutaneousu Energy Transmission System：経皮的電力伝送）と称される事が多く，古くは1970年代頃に体外から体内への電気エネルギー供給方法として学術論文に掲載されている。

図1は代表的な TETS の一例である。完全埋め込み式人工心臓システムは，体内側では，埋め込まれる血液ポンプ，そのポンプを駆動するモータ，モータ制御ドライバ，体内通信回路，緊急時バックアップ用2次電池が装備され，体外側は電

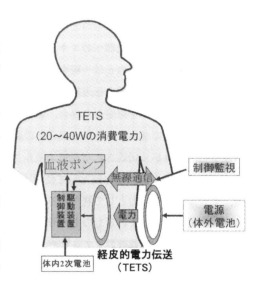

図1 TETS（経皮伝送システム）の例

池，直流電源，通信回路から構成されるが，その体外から皮膚を貫通することなく電力を供給するためのシステムがこの TETS である。

このシステムは皮膚上に置かれた体外コイルと皮下に埋め込まれた体内コイルを相対させ，高周波電磁界により電力を伝送するものである。同時に体内外での通信システムを備えた例もある。しかしながらこの TETS には課題が残されている。皮下に埋め込まれるために電機部品からの発熱に対して，血流による放熱効果は期待できず，温度上昇に対して設定される条件が厳しい。発熱量が大きければそれだけ放熱のために面積を必要とするから，都度デバイスは大型化する。特に人工心臓は世界的にみてもオーダーメードの感が強く，これに伴う TETS も同時に個別の機器として最適化されており，現在の所ノウハウ的な要素が多い。また TETS に用いられる体外コイルは患者の動作や呼吸により位置ずれが発生する事も考えられ，それに伴いコイル間の磁気的結合が変化し電圧変動が起きる。コイルの形状，材質によっては生体に対して圧迫壊死を起こす事から幾何的な工夫も必要であり，形状等は使用する患者にとってストレスとならないようなコスメティックへの配慮も重要である。コイル形状として，ポットコア，体外結合型等も開発

第3章 応用技術―カップリング利用―

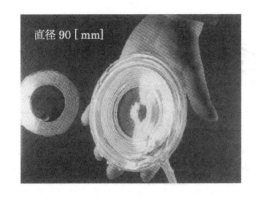

図2　TETS体外側コイル

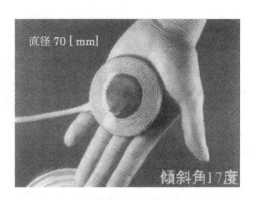

図3　TETS体内側コイル

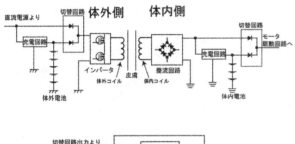

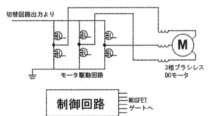

図4　人工心臓用TETS電源システムの一例

されているが，現在は平面渦巻き型が主流である。図2と図3はTETSの一例であり（東北大と東大の共同開発），前述の幾何的バランスにも配慮した構成となっている。図4にはTETSの電源システム例を示す。

TETSの体外コイルから送られた電力は体内コイルを経て整流回路で直流に戻される。半導体素子によって構成されるインバータによりモータを回転させ血液ポンプを駆動する。また体内の整流回路の出力電圧は駆動回路の動作可能な最大電圧，体内2次電池によりバックアップが開始される電圧（体内2次電池が完全放電した場合には駆動回路の停止する電圧）により決まる。体内2次電池とTETSの切り替えを行う必要があるがこれにはダイオードスイッチを用いる。その理由として，コイルの位置ずれ等によりTETSの出力電圧が低下した場合，TETSと体内2次電池両方から同時に電力供給が為される事と，完全にTETSと体内2次電池を切り替えるようなシステムではTETSの出力電圧が低下し体内2次電池に切り替わった際に負荷は開放状態になり，出力電圧は回復し再びTETSに切り替わる現象を考慮しての事である。図5は経皮的電力伝送システムの出力電流に対するインバータ入力から整流回路出力までの効率特性を示している。最大効率は93％～94％と高効率である。図6は出力電流に対する出力電圧特性を示したものである。

また図7には，参考として充電式心臓ペースメーカーの概要を示す。将来的な体内電池の容量拡充との兼ね合いになるが，十分期待される技術である。

7.3 治療機器へのワイヤレス・エネルギー伝送技術

機能的電気刺激（FES: Functional Electrical Stimulation）と称して，生体埋め込みデバイスへワイヤレス電力伝送を行い，その発生刺激パルスにより運動機能再建を図る治療方法がある。

現在わが国の肢体不自由者数は増加傾向にあり，これを受けて障害者の自立や社会参加を促す制度的取り組みが促進しているが，彼らに対する有効な治療法は確立されておらず，社会的自立は非常に困難な状況にある。このような患者への治療法として期待されているのがFESである。これは電気刺激が筋収縮を誘発することを利用したものであり，介護負担の軽減や障害

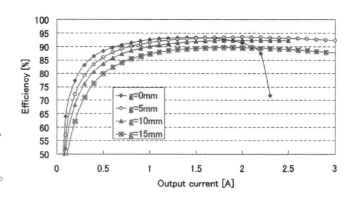

図5　TETS 効率特性

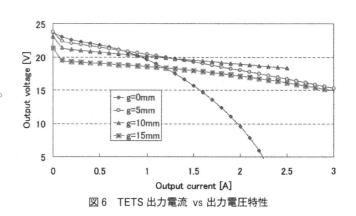

図6　TETS 出力電流 vs 出力電圧特性

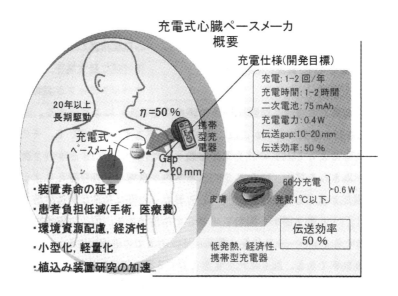

図7　充電式心臓ペースメーカの概要

第3章 応用技術―カップリング利用―

者の社会参加に大きく貢献するものと考えられている。以降，完全埋め込み型FESの代表的な刺激方式として，刺激精度の高さや管理の容易さから，直接給電法について述べる。これは，体内（皮下20mm）に埋め込まれた小型刺激素子へ，高周波電磁界を用いて体外から効率的にワイヤレス電力伝送および刺激命令信号を送信して四肢の筋肉・神経を刺激させる方式である。

この完全埋め込み型FESシステムの概念図を図8に，電力・信号伝送系と体内回路構成を図9に示す。まず体外側の一次コイルから，刺激情報を送るための信号と，その刺激情報を元に実際の刺激パルスを生成するのに必要な電子回路を駆動するための電力を同時に伝送する。体内側の埋め込み素子では，受電コイルが電力を受け取り，整流回路で直流にした後，復調回路と刺激生成回路を駆動，それと同時に受信コイルでは刺激情報を受け取り，復調回路を通過して刺激生成回路で情報処理した後刺激電極で刺激パルスを再生するというシステムである。電力及び刺激波形情報の伝送方式として，電力伝送と信号伝送で異なる周波数帯を使用して伝送する方式を採

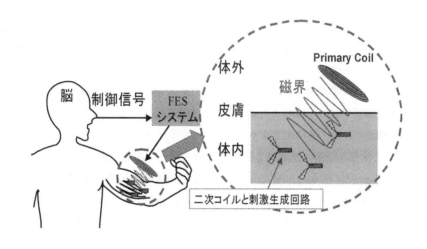

図8 完全埋込型FESシステムの構成

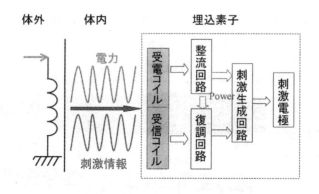

図9 電力・信号伝送系と体内回路構成

用している．また，信号伝送では，デジタル情報を ASK 変調により重畳させ，複数チャンネルの刺激波形情報を単一周波数のキャリア上で時分割多重（TDM：Time Division Multiplexing）方式により伝送している．用いる周波数として，電力伝送では生体への熱作用の影響が比較的少ないと思われる 100kHz の磁場を，信号伝送では時分割多重方式におけるキャリア周波数として 1MHz の周波数を採用している．

実際に埋め込みを想定している素子の形状は図 10 のようになっている．埋め込み素子は電力を受電するための受電コイル，信号を受信するための受信コイルと刺激波形を生成する電子回路からなる．コイルは棒状の高透磁率のフェライト（Ni-Cu-Zn 系）を用いたソレノイドコイルとした．フェライトのサイズは 0.7×0.7×10mm であり，コイルの巻線を巻いた状態でも 1.0×1.0×10mm ほどの小型なものとなる．この形状を用いることにより，小型の素子でもより多くの磁束を集めることができ，小型化・励磁条件の点で優れたものとなる．この方式を利用して，針状埋め込み素子（0.7×0.7×10mm）に対する約 100mW の同時給電・通信に成功している．

7.4　計測機器へのワイヤレス・エネルギー伝送技術（ワイヤレス通信）

放射線治療はがん治療法の 1 つで，主に他のがん治療法と併用して行われる．放射線治療の特徴として，外科療法や化学療法に比べ侵襲が少なく，がんの治癒を目的とする根治治療から痛みを和らげる緩和治療まで幅広い治療が可能である．放射線治療には外部照射法，小線源治療法と 2 つの種類の治療法があり，本研究では外部照射法に着目し検討を進めている．外部照射法では，外部機器を用いて体内の腫瘍へ放射線を照射し治療を行う．近年，CT（Computed Tomography）や MRI（Magnetic Resonance Imaging）などの画像診断装置の進歩により腫瘍のサイズや位置を正確に測定できるようになり，PET（Positron emission tomography）を用いることで，腫瘍の性質，悪性度を知ることができるようになった．これらにより照射精度は以前と比べ格段に向上しているが，実際の治療現場では過剰照射が起き，それによる副作用・障害が問題となっている．過剰照射の原因として，機器から照射された線量は分かるが，治療時の患部付近の実際の照射線量がわからないということがあげられる．このことからリアルタイムで患部の照射線量を測定することが必要となる．現在存在する唯一の体内線量測定システムに，Sicel 社が開

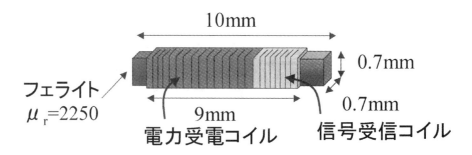

図 10　体内埋込素子構成

第3章 応用技術―カップリング利用―

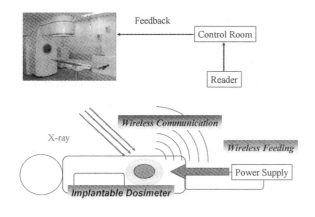

図11 リアルタイム体内線量測定システム

発した DVS（Dose Verification System）がある。特徴として線量測定のための検出器に RADFET を用いており，直径 2mm，長さが 18mm となっている。しかし DVS は治療後でないと線量を測定することができないため，治療時の過剰照射を防ぐことができない。そのため，新たに放射線治療時にリアルタイムで体内の腫瘍付近の線量を測定するシステムが望まれる。そこで我々は図11にあるリアルタイム体内線量測定システムを提案する。このシステムは，体内埋め込み可能な線量計，ワイヤレス通信システム，ワイヤレス給電システムで構成されており，体内で得られた線量情報をワイヤレスでリアルタイムに体外へ伝送することにより，過剰照射することなく正確な放射線照射が可能となる。本報告では，ワイヤレス給電システムとして電磁誘導による給電について検討を行い，給電範囲について検討を行っている。

リアルタイム体内線量測定システムは，体内埋め込み可能な線量計，ワイヤレス通信システム，ワイヤレス給電システムで構成される。DVS 同様，治療前に体内埋め込み可能な線量計をカテーテル等で腫瘍付近に留置し，放射線治療時に線量計内の X 線検出器を用い線量を測定する。X 線検出器から出力された微小信号を増幅，ディジタルデータ化し，ワイヤレス通信システムにより体外へ線量データの伝送を行う。線量の測定およびデータ伝送はリアルタイムで行われる。体外で受信した線量データをコントロールルームから外部照射機器へフィードバックすることで，治療時の環境に左右されることなく正確な放射線照射が可能となる。線量計に関して，サイズは直径 1.5mm，長さ 30mm 程度を目標としており，一生埋め込んだまま摘出しないことを想定している。これは線量計を摘出するのに深部のがんの場合には手術が必要であること，また摘出する過程においてがんの転移が考えられるためである。ワイヤレス通信システムに関して，コイルの電磁結合による磁場を用いた通信を採用している。伝送環境変化に強く，また通信距離，通信範囲に応じて自由な設計が可能という特徴がある。ワイヤレス通信システムに必要とされる通信距離は 200mm で，これは脂肪層，筋肉層，腹腔内を含めても十分な距離であり，治療時において皮膚から離して使用できるため，放射線照射を妨げることがないと考えられる。線量情報取得の際，埋め込まれた線量計を駆動させるため治療時にワイヤレスで給電を行う。線量計には電池を搭載しないことを想定しており，ワイヤレス給電はワイヤレス通信同様，コイルによる磁場を用いて行う。通常，外部照射では1日に1回，2Gy の放射線を病巣に照射し，総線量 60～70Gy を照射する。1回の治療時間は位置合わせを含めて約 30 分程度で，治療を完了するまで約 1 ヶ月半の日数を要する。使用頻度が多いこと，また治療後にがんの再発，転移等により埋め込まれ

275

た線量計を再度使用する可能性があることを考えると電池では十分な電力を供給できず，外部からワイヤレスで給電する必要がある。このシステムが実現されれば，リアルタイムで線量を測定でき，かつ照射機器に線量データをフィードバックすることが可能となるため，今まで問題となっていた過剰照射・過小照射を防ぐことができると考えられる。また先に記述したように線量計には電池は搭載しないことを想定している。このため体内回路駆動に必要な電力を線量計に給電できないということは，ワイヤレス通信も途絶えることにつながる。ゆえに，給電コイルは線量計の配置角度によらず給電を行えることが望ましい。そこで図12のような，スパイラルコイル2つを直交に配置したL字配置型給電コイルを提案する。Coil1，Coil2に流れる電流の位相差を90deg，振幅比を1とすることでxz平面において回転磁界を発生させることができると考えられる。実際の治療時において，線量計は腫瘍へ最短距離で刺入されるため，xz平面において回転磁界が発生していれば，線量計の配置角度によらず給電可能だと考えられる。

一般的に，直交するように配置された2つのコイルに流れる電流の位相差を90deg，振幅比を1とすることで回転磁界を発生させることができる。しかし，別々の電源を用いて2つのコイルを励磁する際，コイル間には結合により，誘起電圧が発生し電源に大きな負担がかかってしまう。この問題を解決するために，図13のような給電回路を提案する。L_1，L_2はCoil1，Coil2のインダクタンス，C_0，C_1，C_2はキャパシタンス，r_0，r_1，r_2は等価直列抵抗，Mは相互インダクタンスを表す。Coil1，Coil 2に流れる電流をI_1，I_2としたとき，2つの電流の関係は式（1）のように求めることができる。

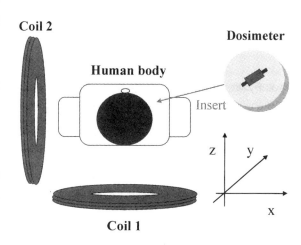

図12　スパイラルコイルによる直交L字配置型給電コイル

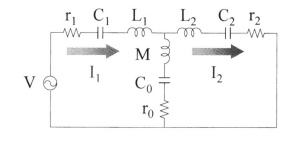

図13　体外等価回路

$$\frac{I_2}{I_1} = \frac{r_0 + j\omega(M - \frac{1}{\omega^2 C_0})}{r_0 + r_2 + j\omega(L_2 - \frac{C_0 + C_2}{\omega^2 C_0 C_2})} \quad \cdots\cdots (1)$$

式（1）よりC0の値を変化させることで2つの電流I_1，I_2の位相差と振幅比を調整することが可

第3章 応用技術—カップリング利用—

能であることを示している。

上記を確認するために1層外径420mm，内径200mm，50turns，片側3層1組のスパイラルコイルを作成した。作成したコイルサイズとコイル配置を図14に示す。コイルサイズは体内深部において，回転磁界を発生可能なサイズとした。$C_0=40$nFとしたときの2つの電流I_1，I_2の位相差（Arg（I_2/I_1））と振幅比（I_2/I_1）の周波数特性を測定した。結果を図15に示す。この結果から2つの電流I_1，I_2の位相差90deg，振幅比1となるC_0と周波数が存在し，しかも単電源で励磁可能であることを確認できた。本検討では，図14のコイル配置で$C_0=40$nFとしてL字配置型給電コイルを用いる。

本システムでは給電側と受電側のサイズの違いから結合が非常に弱い系である。また想定している体内回路の消費電力は20mWであるため，受電側の負荷変動が励磁電流に及ぼす影響は無視できると考える。よって，受電回路は，誘起電圧をVとして，図16のように表すことができる。Lは受電コイルのインダクタンス，C_s，C_pはキャパシタンス，rLは等価直列抵抗，Rは負荷を表す。このとき負荷とのマッチングのためにコンデンサを，受電コイルに対して直列に，負荷に対して並列に挿入した直並列共振回路を採用した。図16の等価回路をもとに，C_s，C_pを変数として供給電力最大条件を導出すると式（2）となる。受電回路の等価回路を図16に示す。負荷Rに流れる電流をI_Rとしたときの負荷に供給される電力P_Rを求めた式が式（3）である。式（3）より，最大供給電力は負荷Rによらないことがわかる。

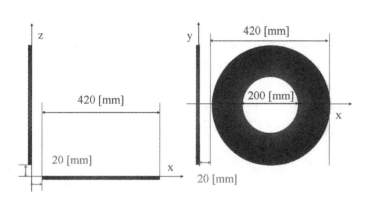

図14　L型回路の概形

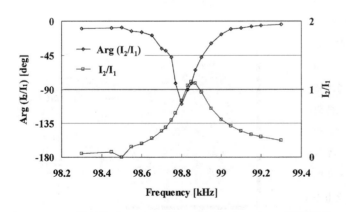

図15　I_1，I_2の位相差（Arg（I_2/I_1））と振幅比（I_2/I_1）の周波数特性

$$\begin{cases} C_s = \dfrac{-\omega L - \sqrt{r_L(R-r_L)}}{\omega\{r_L(R-r_L)-\omega^2 L^2\}} \\ C_p = \dfrac{C_s(\omega^2 L C_s -1)}{(\omega^2 L C_s -1)^2 + \omega^2 C_s^2 r_L^2} \end{cases} \quad \cdots (2)$$

$$P_R = R I_R^2 = \dfrac{V^2}{4r_L} \quad \cdots (3)$$

受電コイルについては，0.7mm×0.7mm×10mm のフェライトコアを用いたソレノイドコイルを用いることを考える．この大きさであれば，X線検出器，体内回路を含めても想定しているサイズ内に収めることができる．本検討ではコイルの巻幅を 8mm とし，径 0.05mm の線を用いて巻数 300turns のソレノイドコイルを採用した．

本検討ではL字配置型給電コイルを用い，受電コイルの配置角度 θ とコイルからの距離を変化させたときの受電電力の測定を行った．実験の概要図を図17に示す．想定している体内回路の駆動電圧は 2V，消費電力は 20mW であることから，受電回路の負荷Rには 200Ω の純抵抗を使用した．受電電力は負荷端電圧 V_R から P_R を計算し，これを受電電力とした．測定結果を図18に示す．図18によりコイルからの距離 200mm 地点，(x, y) = (200mm, 200mm) 地点では受電コイルの配置角度 θ によらず 20mW 以上の給電が行えていることが確認できた．また x＝140mm〜260mm，y＝140mm〜260mm に囲まれた平面 120mm×120mm 内においても 20mW 以上給電可能であった．実際の治療時において 1mm 以下の精度で治療計画が立てられていることを考慮して，本検討で得られた給電範囲は有用であると考える．

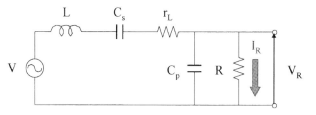

図16　体内受電等価回路

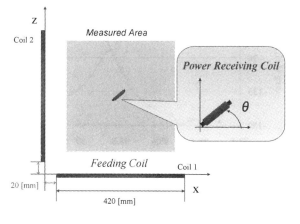

図17　実験回路モデル

続けて，体内埋め込み線量計に体外から給電を行うワイヤレス給電システムについての検討を行った．ワイヤレス給電システムとして1対のコイル間の電磁誘導を用いた磁場による給電を採用し，給電コイルとしてL字配置型コイルを作製し，体外の給電回路について検討を行った．体内の受電コイ

第3章 応用技術―カップリング利用―

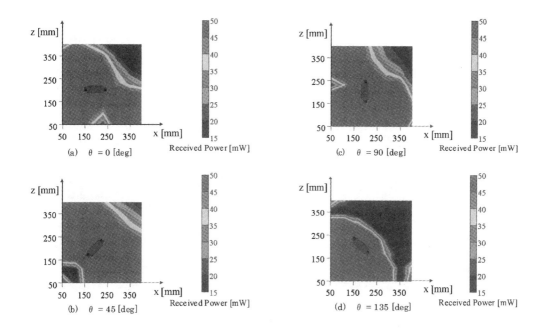

図18 電力供給エリアの実験結果

ルとしてソレノイドコイルを作製し，体内の受電回路として直並列共振回路の検討を行った。結果，給電距離200mmにおいて想定している体内回路駆動に必要な20mW給電を実現することができ，有用な範囲での20mW給電可能があることを確認した。

今後リアルタイム体内線量測定システム実現に向けて，電力と信号の同時伝送についての検討を行っていく必要がある。

以上医療分野におけるワイヤレス給電技術の一例として，人工臓器，治療機器，計測機器を対象に，非接触電力伝送の用途とその実際を述べた。医療現場で使用される機器はこれらに留まらず，飲込可能なカプセル内視鏡が実用化され，心拍，脈拍を含めた生体情報をあらゆる場所でモニタリング可能なシステム等も検討されており，今後様々な機器に対してエネルギー源を担う役割は続いて行くものと思われる。また昨今，電力伝送方式の手法として，従来より実現されている電磁誘導方式に加え電界等を用いた方式も検討されている事から，使用形態と消費電力，そして生体親和性も加味されて，電力伝送手法も更なる最適化が為されるものと思われる。より今後の発展を期待したい。

ワイヤレス給電技術の最前線《普及版》(B1178)

2011年12月28日　初　版　第1刷発行
2016年9月8日　普及版　第1刷発行

監　修	篠原真毅	Printed in Japan
発行者	辻　賢司	
発行所	株式会社シーエムシー出版	
	東京都千代田区神田錦町1-17-1	
	電話 03(3293)7066	
	大阪市中央区内平野町1-3-12	
	電話 06(4794)8234	
	http://www.cmcbooks.co.jp/	

〔印刷　あさひ高速印刷株式会社〕　　　　　　© N. Shinohara, 2016

落丁・乱丁本はお取替えいたします。

本書の内容の一部あるいは全部を無断で複写（コピー）することは，法律で認められた場合を除き，著作権および出版社の権利の侵害になります。

ISBN978-4-7813-1120-3　C3054　¥4400E